Schnittpunkt 7

Mathematik

Joachim Böttner
Rainer Maroska
Achim Olpp
Rainer Pongs
Claus Stöckle
Hartmut Wellstein
Heiko Wontroba

Ernst Klett Verlag
Stuttgart · Leipzig

Schnittpunkt 7, Mathematik

Begleitmaterial:
Lösungsheft (ISBN 978-3-12-742388-8)
Arbeitsheft mit Lösungen (ISBN 978-3-12-742376-4)
Arbeitsheft mit Lösungen inklusive Lernsoftware (ISBN 978-3-12-742375-6)
Schnittpunkt Kompakt, Klasse 5/6 (ISBN 978-3-12-740358-9)
Schnittpunkt Kompakt, Klasse 7/8 (ISBN 978-3-12-740378-7)
Kompetenztest 2, Klasse 7/8 (ISBN 978-3-12-740487-6)
Formelsammlung (ISBN 978-3-12-740322-0)

1. Auflage 1 6 5 4 3 | 14 13 12 11

Alle Drucke dieser Auflage sind unverändert und können im Unterricht nebeneinander verwendet werden. Die letzten Zahlen bezeichnen jeweils die Auflage und das Jahr des Druckes.

Internetadresse: www.klett.de

Autoren: Joachim Böttner, Rainer Maroska, Achim Olpp, Rainer Pongs, Claus Stöckle, Prof. Dr. Hartmut Wellstein, Heiko Wontroba
Redaktion: Annette Thomas, Elke Linzmaier

Zeichnungen / Illustrationen: Uwe Alfer, Waldbreitbach;
Bildkonzept Umschlag: SoldanKommunikation, Stuttgart
Umschlagfoto: Klaus Mellenthin, Stuttgart

Reproduktion: Meyle + Müller, Medien-Management, Pforzheim
DTP / Satz: media office GmbH, Kornwestheim
Druck: Stürtz GmbH, Würzburg
Printed in Germany

ISBN 978-3-12-742387-7

9 783127 423877

Liebe Schülerin, lieber Schüler,

der Schnittpunkt soll dich in diesem Schuljahr beim Lernen begleiten und unterstützen. Damit du dich jederzeit zurecht findest, wollen wir dir ein paar Hinweise geben.

Zu Beginn des Buches findest du **Basiswissen** aus den letzten Schuljahren zum Nachschlagen und Auffrischen.

Jedes neue Kapitel beginnt mit einer **Doppelseite**, auf der es viel zu entdecken und auszuprobieren gibt und auf der du nachlesen kannst, was du in diesem Kapitel lernen wirst. Innerhalb der Kapitel wirst du vor allem die **Aufgaben** bearbeiten – gemeinsam mit anderen oder allein.

Auf vielen Aufgabenseiten findest du bunt hervorgehobene Kästen, die Verschiedenes bieten:

- Wichtige mathematische Methoden und Vorgehensweisen, die du immer wieder brauchen wirst.
- Informationen, Daten und Diagramme zu einem interessanten Thema sowie einige Fragestellungen, zu denen du Antworten und Fragen finden kannst.
- Den Anstoß zu einer ausführlichen Beschäftigung mit einem Thema, bei dem es einiges zu entdecken gibt.
- Wissenswertes aus alter Zeit.
- Schaufenster in die Mathematik mit Interessantem, Staunenswertem, mit Spielen, Bastelideen, Gedankenexperimenten und echten Knobelnüssen.

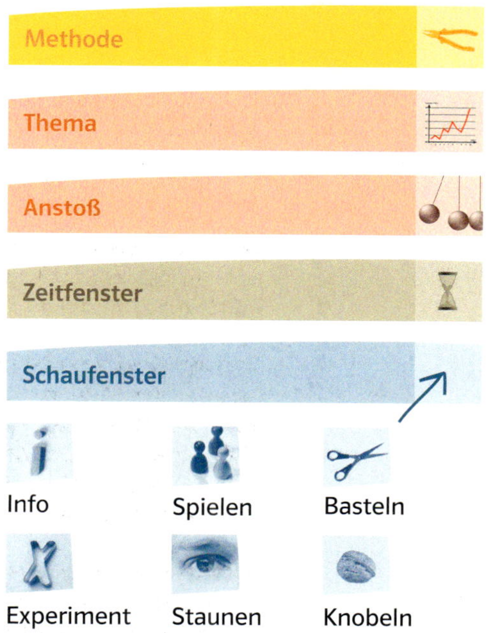

Am Ende jedes Kapitels findest du in der **Zusammenfassung** noch einmal alles, was du dazugelernt hast. Hier kannst du dich für die anstehenden Klassenarbeiten fit machen und jederzeit nachschlagen.
Unter **Üben • Anwenden • Nachdenken** sind Aufgaben zum Üben, Weiterdenken und Anknüpfen an früher Gelerntes zusammengestellt.
Die letzte Seite des Kapitels, der **Rückspiegel**, bietet dir eine Aufgabenauswahl, mit der du dein Wissen und Können testen kannst. Links findest du die leichteren, rechts die schwierigeren Aufgaben. Wenn du einen Aufgabentyp schon sehr gut beherrschst, kannst du nach rechts springen, wenn dir eine Art von Aufgaben noch Schwierigkeiten bereitet, wechselst du auf die linke Seite. Die Lösungen zu diesen Aufgaben findest du alle am Ende des Buches.
Manche Aufgaben haben eine blaue Aufgabenziffer. Bei diesen musst du ein bisschen länger überlegen oder brauchst eine gute Idee.

Und jetzt wünschen wir dir viel Spaß und Erfolg!

Inhalt

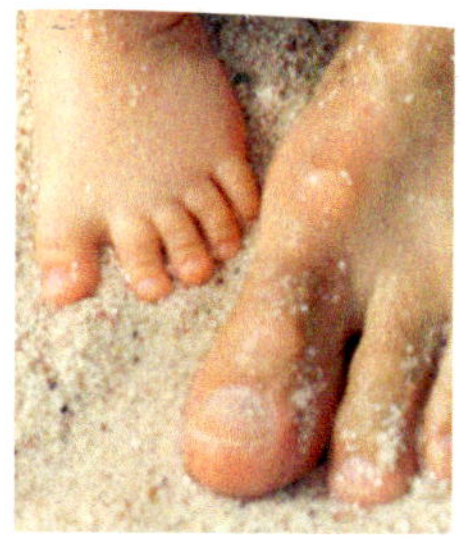

[1] Diese Inhalte sind für Hessen nicht verbindlich.

[2] Diese Inhalte sind für Schleswig-Holstein nicht verbindlich.

Basiswissen | Kreis und Winkel

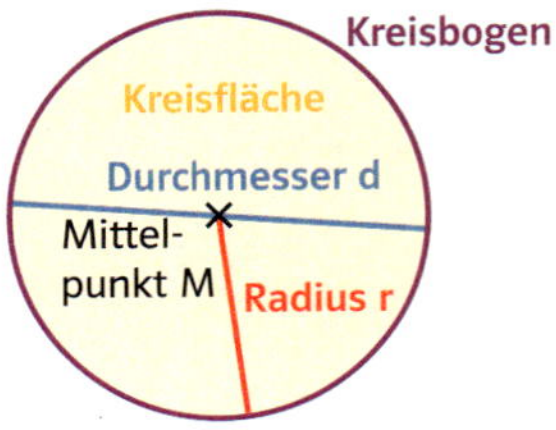

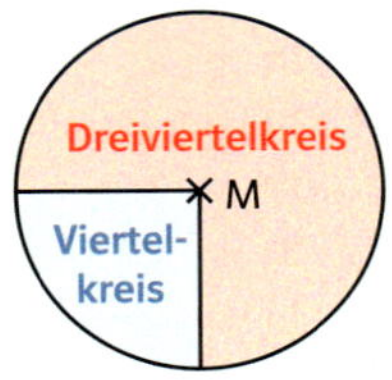

Alle Punkte des Kreises haben vom Mittelpunkt dieselbe Entfernung.
Es gilt: $d = 2 \cdot r$.

Ein von zwei Radien und einem **Kreisbogen** begrenztes Stück der **Kreisfläche** heißt **Kreisausschnitt**.

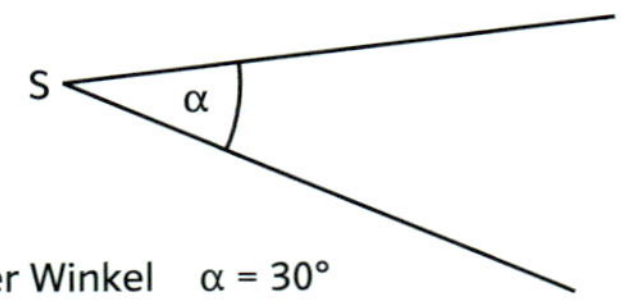

spitzer Winkel $\alpha = 30°$

Ein **Winkel** wird von zwei **Schenkeln** mit gemeinsamem Anfangspunkt S begrenzt. Der Punkt S heißt **Scheitel** des Winkels. Die Maßeinheit für die Größe eines Winkels heißt **Grad** (kurz: °).

Winkel werden nach ihrer Größe eingeteilt. Es gibt **spitze** (kleiner als 90°), **rechte** (90°), **stumpfe** (zwischen 90° und 180°), **gestreckte** (180°), **überstumpfe** (zwischen 180° und 360°) und **volle** Winkel (360°).

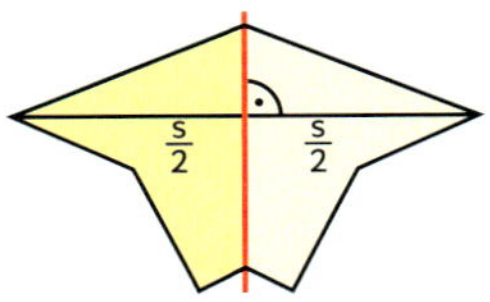

Eine Figur mit zwei spiegelbildlichen Hälften heißt **achsensymmetrisch**.
Die Verbindungsstrecke spiegelbildlicher Punkte steht auf der **Symmetrieachse** senkrecht und wird von ihr halbiert.

a)

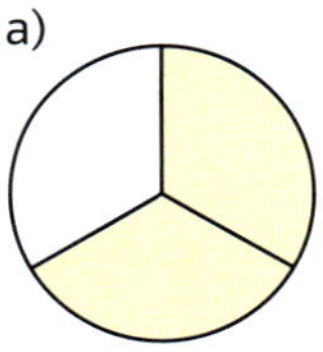

b)

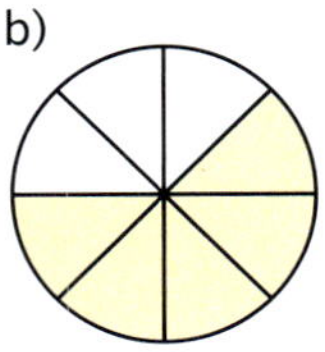

c)

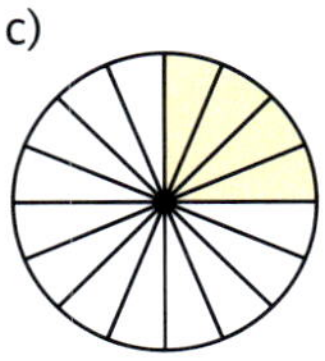

1 Zeichne je einen Kreis.
$r = 2{,}0\,cm$ $\quad r = 45\,mm$ $\quad d = 6{,}0\,cm$

2 In wie viele Teile wurde zerlegt? Benenne jeweils einen Kreisausschnitt und den gefärbten Anteil der Kreisfläche.

3 Berechne den Winkel α mithilfe der Winkeldifferenz.

a)

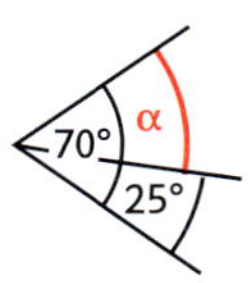

b)

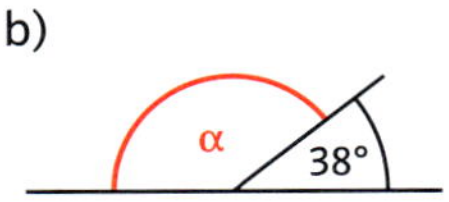

c)

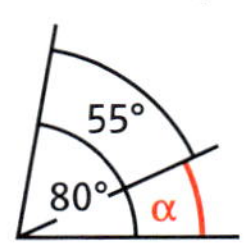

d)

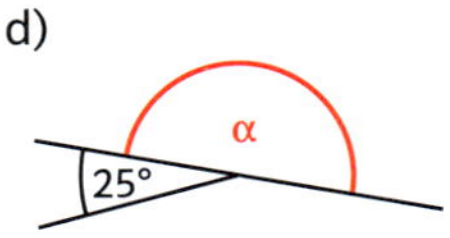

4 Zeichne je einen Winkel mit
45°; 90°; 135°; 240° und 310°.
Um welche Winkelarten handelt es sich?

5 Übertrage die Figur ins Heft und zeichne die Symmetrieachsen ein.

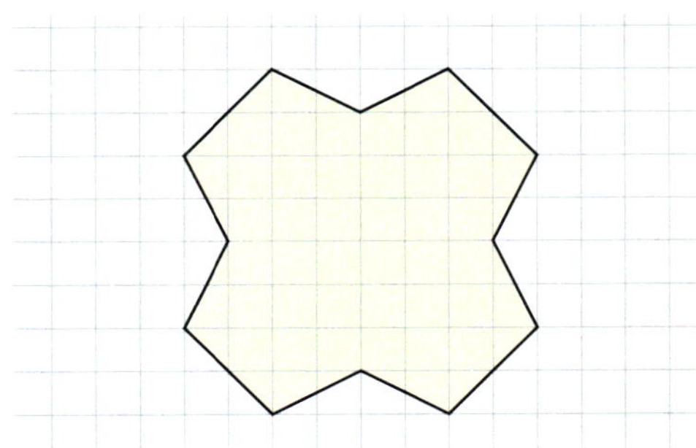

Basiswissen | Rechnen mit Brüchen

Brüche werden **erweitert**, indem man Zähler und Nenner mit derselben Zahl multipliziert. Brüche werden **gekürzt**, indem man Zähler und Nenner durch dieselbe Zahl dividiert. Beim Erweitern oder Kürzen ändert sich der Wert des Bruches nicht.
Brüche **vergleicht** man, indem man sie auf den gleichen Nenner erweitert oder kürzt und dann die Zähler vergleicht.

Erweitern →, ← Kürzen: $\frac{5}{8} = \frac{5 \cdot 3}{8 \cdot 3} = \frac{15}{24}$

Kürzen →, ← Erweitern: $\frac{6}{10} = \frac{6 : 2}{10 : 2} = \frac{3}{5}$

$\frac{3}{4} < \frac{4}{5}$, da $\frac{3 \cdot 5}{4 \cdot 5} = \frac{15}{20}$ und $\frac{4 \cdot 4}{5 \cdot 4} = \frac{16}{20}$

1 Erweitere.

a) $\frac{2}{3}$ mit 2; 3; 4
b) $\frac{2}{3}$ auf $\frac{\square}{15}$; $\frac{\square}{18}$; $\frac{\square}{30}$
c) $\frac{3}{4}$ mit 6; 8; 10
d) $\frac{3}{4}$ auf $\frac{\square}{8}$; $\frac{\square}{12}$; $\frac{\square}{16}$
e) $\frac{5}{6}$ mit 2; 5, 8
f) $\frac{5}{6}$ auf $\frac{\square}{18}$; $\frac{\square}{24}$; $\frac{\square}{60}$

2 Kürze vollständig.

a) $\frac{24}{42}$ b) $\frac{20}{32}$ c) $\frac{28}{42}$
d) $\frac{45}{54}$ e) $\frac{60}{80}$ f) $\frac{75}{125}$

3 Vergleiche.

a) $\frac{3}{8} \square \frac{1}{4}$
b) $\frac{3}{5} \square \frac{7}{10}$
c) $\frac{2}{3} \square \frac{4}{5}$
d) $\frac{5}{6} \square \frac{5}{9}$
e) $\frac{5}{6} \square \frac{4}{5}$
f) $\frac{7}{8} \square \frac{8}{9}$

4 Ordne die Brüche nach der Größe.

a) $\frac{1}{4}$; $\frac{5}{6}$; $\frac{7}{12}$; $\frac{17}{24}$; $\frac{3}{8}$; $\frac{1}{2}$
b) $\frac{37}{50}$; $\frac{2}{3}$; $\frac{17}{25}$; $\frac{3}{5}$; $\frac{11}{15}$; $\frac{52}{75}$; $\frac{7}{10}$

Zwei Brüche werden **addiert** oder **subtrahiert**, indem man beide Brüche auf einen gemeinsamen Nenner erweitert und dann die beiden Zähler addiert oder subtrahiert.
In Summen dürfen die Summanden vertauscht
und beliebig Klammern gesetzt und weggelassen werden.

$\frac{1}{6} + \frac{3}{4} = \frac{1 \cdot 2}{6 \cdot 2} + \frac{3 \cdot 3}{4 \cdot 3} = \frac{2}{12} + \frac{9}{12} = \frac{11}{12}$

$\frac{4}{5} - \frac{2}{3} = \frac{4 \cdot 3}{5 \cdot 3} - \frac{2 \cdot 5}{3 \cdot 5} = \frac{12}{15} - \frac{10}{15} = \frac{2}{15}$

$\frac{2}{3} + \frac{1}{2} = \frac{1}{2} + \frac{2}{3}$, denn $\frac{2}{3} + \frac{1}{2} = \frac{4}{6} + \frac{3}{6} = \frac{7}{6} = 1\frac{1}{6}$ und $\frac{1}{2} + \frac{2}{3} = \frac{3}{6} + \frac{4}{6} = \frac{7}{6} = 1\frac{1}{6}$

$\left(\frac{2}{3} + \frac{2}{5}\right) + \frac{1}{5} = \frac{2}{3} + \left(\frac{2}{5} + \frac{1}{5}\right) = \frac{2}{3} + \frac{3}{5} = \frac{10}{15} + \frac{9}{15} = \frac{19}{15} = 1\frac{4}{15}$

5 Berechne im Kopf.

a) $\frac{2}{5} + \frac{3}{5}$ b) $\frac{5}{7} - \frac{2}{7}$ c) $\frac{3}{4} + \frac{5}{4}$
d) $\frac{2}{3} + \frac{1}{4}$ e) $1 - \frac{1}{5}$ f) $\frac{2}{3} + \frac{2}{5}$
g) $\frac{1}{3} + 1$ h) $\frac{3}{4} - \frac{3}{8}$ i) $\frac{5}{6} - \frac{1}{3}$

6 Addiere und subtrahiere.

a) $\frac{5}{6} + \frac{3}{8}$ b) $\frac{3}{4} + \frac{4}{5}$ c) $\frac{3}{4} - \frac{5}{9}$
d) $\frac{7}{8} + \frac{4}{5}$ e) $\frac{3}{5} - \frac{2}{7}$ f) $\frac{2}{3} - \frac{2}{5}$
g) $\frac{6}{7} - \frac{5}{8}$ h) $\frac{5}{7} + \frac{2}{9}$ i) $\frac{3}{8} - \frac{2}{9}$

7 Rechne in gemischter Schreibweise.

a) $1\frac{3}{4} - \frac{1}{2}$
b) $2\frac{2}{3} + 1\frac{1}{2}$
c) $1\frac{2}{3} + 2\frac{7}{8}$
d) $1\frac{4}{5} - 1\frac{1}{8}$
e) $1\frac{4}{9} - \frac{1}{6}$
f) $\frac{1}{2} + 1\frac{5}{6}$

8 Berechne.

a) $\frac{3}{4} + \frac{4}{3} + \frac{1}{4}$
b) $\frac{1}{6} + \left(\frac{1}{4} + \frac{5}{6}\right)$
c) $\frac{1}{2} + \left(\frac{3}{7} + \frac{1}{4}\right) + \frac{9}{14}$
d) $\left(\frac{2}{7} + \frac{5}{8}\right) + \left(\frac{5}{7} + \frac{3}{4}\right)$
e) $\frac{1}{12} + \left(\frac{3}{7} + \frac{5}{6}\right) + \frac{2}{7} + \frac{1}{3}$
f) $\left(\frac{1}{6} + \frac{2}{3}\right) + \frac{1}{2} + \left(\frac{8}{9} + \frac{3}{4}\right)$

Basiswissen | Rechnen mit Brüchen und Dezimalbrüchen

Zwei Brüche werden **multipliziert**, indem man Zähler mit Zähler und Nenner mit Nenner multipliziert.
Zwei Brüche werden **dividiert**, indem man den ersten Bruch mit dem Kehrbruch des zweiten Bruches multipliziert.
In Produkten dürfen die Faktoren vertauscht und beliebig Klammern gesetzt und weggelassen werden.

$\frac{2}{3} \cdot \frac{5}{7} = \frac{2 \cdot 5}{3 \cdot 7} = \frac{10}{21}$

$\frac{2}{3} : \frac{4}{5} = \frac{2}{3} \cdot \frac{5}{4} = \frac{2 \cdot 5}{3 \cdot 4} = \frac{10}{12} = \frac{5}{6}$

$\frac{3}{5} \cdot \frac{4}{7} = \frac{4}{7} \cdot \frac{3}{5}$, denn $\frac{3}{5} \cdot \frac{4}{7} = \frac{3 \cdot 4}{5 \cdot 7} = \frac{12}{35}$, $\frac{4}{7} \cdot \frac{3}{5} = \frac{4 \cdot 3}{7 \cdot 5} = \frac{12}{35}$

$\left(\frac{2}{3} \cdot \frac{2}{5}\right) \cdot \frac{5}{2} = \frac{2}{3} \cdot \left(\frac{2}{5} \cdot \frac{5}{2}\right) = \frac{2}{3} \cdot 1 = \frac{2}{3}$

9 Berechne im Kopf.

a) $\frac{3}{5} \cdot \frac{1}{2}$ b) $\frac{1}{2} \cdot \frac{9}{5}$ c) $\frac{2}{3} \cdot \frac{1}{2}$
d) $\frac{3}{8} \cdot 1$ e) $\frac{3}{4} : \frac{7}{3}$ f) $1 \cdot \frac{5}{7}$
g) $1 : \frac{5}{6}$ h) $\frac{2}{3} \cdot \frac{3}{4}$ i) $\frac{8}{9} : 1$

10 Multipliziere und dividiere.

a) $\frac{3}{5} \cdot \frac{7}{6}$ b) $\frac{3}{7} : \frac{8}{5}$ c) $\frac{4}{9} \cdot \frac{4}{5}$
d) $\frac{7}{9} \cdot \frac{1}{4}$ e) $\frac{5}{6} : \frac{6}{7}$ f) $\frac{4}{9} : \frac{7}{4}$
g) $\frac{11}{9} : \frac{6}{5}$ h) $\frac{5}{9} \cdot \frac{7}{8}$ i) $\frac{3}{8} : \frac{8}{7}$

11 Berechne. Kürze wenn möglich.

a) $\frac{5}{4} : \frac{15}{8}$ b) $\frac{8}{25} \cdot \frac{5}{12}$
c) $\frac{5}{9} \cdot \frac{3}{10}$ d) $\frac{3}{5} \cdot \frac{10}{3}$
e) $\frac{9}{8} : \frac{3}{10}$ f) $\frac{25}{12} : \frac{5}{6}$

12 Benutze die Rechengesetze.

a) $\left(\frac{2}{5} \cdot \frac{3}{4}\right) \cdot \frac{5}{3}$ b) $\frac{3}{8} \cdot \left(\frac{5}{7} \cdot \frac{4}{3}\right)$
c) $\left(\frac{8}{9} \cdot \frac{7}{5}\right) \cdot \left(\frac{3}{4} \cdot \frac{15}{14}\right)$ d) $\frac{5}{8} \cdot \left(\frac{14}{3} \cdot \frac{12}{25}\right) \cdot \frac{4}{7}$
e) $\frac{8}{6} \cdot \left(\frac{2}{25} \cdot \frac{4}{7}\right) \cdot \left(\frac{15}{8} \cdot \frac{21}{16}\right)$ f) $\left(\frac{8}{9} \cdot \frac{3}{10}\right) \cdot \frac{7}{20} \cdot \left(\frac{5}{4} \cdot \frac{10}{21}\right)$

Dezimalbrüche sind Brüche mit den Nennern 10; 100; 1000; … Sie lassen sich direkt in der Dezimalschreibweise (Kommaschreibweise) darstellen.

$\frac{3}{10} = 0{,}3$; $\frac{87}{100} = 0{,}87$; $\frac{156}{1000} = 0{,}156$

Die Ziffern hinter dem Komma heißen **Dezimalen** oder Nachkommaziffern. Die Stellenwerttafel erklärt die Bedeutung der Dezimalen.

Hunderter	Zehner	Einer		Zehntel	Hundertstel	
H	Z	E		z	h	
7	3	0	,	2	5	730,25

Zum **Vergleichen** und **Ordnen** von Dezimalbrüchen untersucht man die Ziffern von links nach rechts, bis sie sich erstmals unterscheiden.

5,2763
5,2736 Es gilt also: 5,2763 > 5,2736.

Beim **Addieren** und **Subtrahieren** von Dezimalbrüchen stehen die Zahlen so untereinander, dass **Komma unter Komma** steht.

```
  187,35        2,074
+  49,2       - 0,965
  236,55        1,109
```

Dezimalbrüche werden zunächst ohne Berücksichtigung des Kommas **multipliziert**. Dann setzt man das Komma. Das Ergebnis hat so viele Nachkommastellen wie beide Faktoren zusammen.

3,9 · 2,75 = 10,725
1 Dezimale 2 Dezimalen 3 Dezimalen

Beim **Dividieren** von zwei Dezimalbrüchen muss man bei Dividend und Divisor das Komma so weit nach rechts verschieben, bis der Divisor eine natürliche Zahl ist. Beim Überschreiten des Kommas schreibt man das Komma im Ergebnis.

1,248 : 0,52

```
124,8 : 52 = 2,4
- 104
   208
 - 208
     0
```

Basiswissen | Rechnen mit Dezimalbrüchen

1 Schreibe als Dezimalbruch.
a) $\frac{9}{10}$ b) $\frac{23}{100}$ c) $\frac{901}{1000}$
d) $\frac{7}{50}$ e) $\frac{49}{200}$ f) $5\frac{9}{20}$

2 Schreibe als Bruch.
a) 0,7 b) 0,45 c) 0,567
d) 1,6 e) 54,3 f) 10,01

3 Ordne nach der Größe.
a) 0,42; 0,95; 0,951; 0,036; 0,36; 4,02
b) 6,52; 2,65; 5,62; 6,25; 2,56; 5,26
c) 0,087; 0,0878; 0,0788; 0,0877; 0,0780

4 Schreibe ohne Komma.
a) 1,36 m b) 3,4 dm c) 8,250 km
d) 19,350 kg e) 1,75 t f) 4,5 g
g) 4,2 m^3 h) 0,55 a i) 123,4 cm^2

5 Wie heißen die markierten Zahlen?
a)
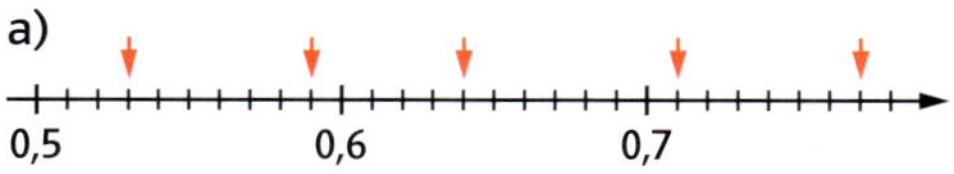

b)
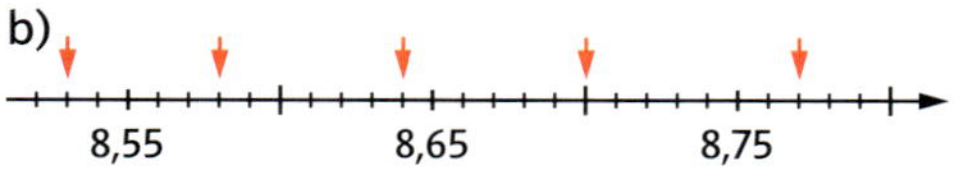

6 Rechne im Kopf.
a) 4,3 + 2,5 b) 7,5 − 3,2
c) 12,8 + 7,6 d) 32,5 − 20,7
e) 0,85 − 0,48 f) 9,72 + 0,81

7 Addiere oder subtrahiere.

a)
```
   4,285
 + 7,063
```
b)
```
   6,248
 − 5,724
```
c)
```
    56,2
 +   7,051
 + 108,09
 +  12
```
d)
```
   8,508
 − 4,07
 − 0,9
 − 0,099
```

8 Berechne.
a) 9,98 + 1,384 + 51,98 + 14,3 + 0,5
b) 10,03 + 400,01 + 0,09 + 25,6825
c) 100,5 − 12,698 − 0,056 − 8,54 − 17,026
d) 99,654 − 0,0258 − 30,098 − 5,007
e) 76,807 + 23,092 + 0,97 − 57,906
f) 0,8052 + 11,015 − 9,097 + 0,0413 − 2,6645

9 Nutze Rechenvorteile.
a) 2,8 + 4,9 + 2,2 + 5,1
b) 4,35 + 7,27 + 1,65 − 4,27 + 0,50
c) 3,54 + 11,23 + 4,5 − 9,73 + 2,46

10 Multipliziere.
a) 41,6 · 5 b) 1,49 · 3
c) 36,5 · 2,8 d) 4,6 · 11,3
e) 84,39 · 7,2 f) 8,92 · 0,43
g) 5,02 · 1,035 h) 0,07 · 0,095

11 Dividiere.
a) 3,9 : 13 b) 0,45 : 9
c) 8,46 : 5 d) 35,7 : 42

12 Rechne schriftlich.
a) 5,4 : 0,27 b) 9,6 : 0,48
c) 18,2 : 6,5 d) 24,48 : 7,2
e) 74 : 0,06 f) 17 : 0,004
g) 0,434 : 0,62 h) 0,9315 : 69

13 Setze die richtige Zahl ein.
a) 30,72 : 2,4 = □ b) 0,64 : 2,5 = □
c) 21,84 : □ = 2,73 d) 56,95 : □ = 8,5
e) □ : 10,2 = 0,75 f) □ : 96,8 = 0,042

14 Berechne.
a) 4,5 + 8,4 · 12,5
b) 23,56 : 7,6 − 2,95
c) 10,9 − 45,76 : 5,2 + 0,7
d) 0,28 · 6,8 − 4,8 : 12,5 − 0,52

15 Achte auf die Klammern.
a) 29,5 − (6,2 + 2,5 · 9,2)
b) 5,5 − (49,2 − 8 · 5,7) : 0,9
c) 0,3 − (3,2 · 0,85 − 0,76) : 7
d) 17,5 − ((3,5 + 8,9) · 0,75 − 6,6) : 0,18
e) 0,8 · (2,75 − (2,4 · 0,45 + 0,52) : 0,64) − 0,1

16 Setze die Ziffern 9; 7; 4 und 0 so in die Kästchen ein, dass
a) ein möglichst großer Wert entsteht.
b) das Produkt den Wert 4,23 hat.
□ , □ · □ , □ = ?

17 Subtrahiere vom Produkt der Zahlen 7,5 und 2,4 den Quotienten der Zahlen 19,6 und 3,5.

Wer, wie, was und zu wem?

Fingerrennen

Mit dem Mittelfinger und dem Zeigefinger kannst du auf der Tischplatte die Strecke vom Start zum Ziel durchlaufen.

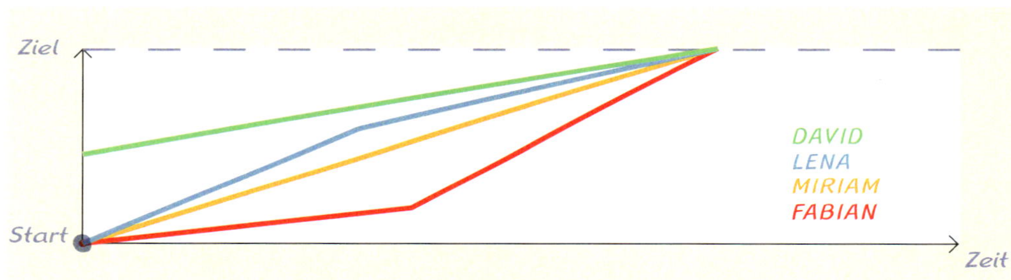

Aus dem Schaubild kannst du ablesen, wie David, Miriam, Lena und Fabian eine Strecke mit ihren Fingern zurückgelegt haben.

- Beschreibe, wie die Schülerinnen und Schüler gegangen sind. Worin bestehen Gemeinsamkeiten und Unterschiede?
- Wandere mit deinen Fingern wie David, dann wie Miriam und schließlich wie Fabian.

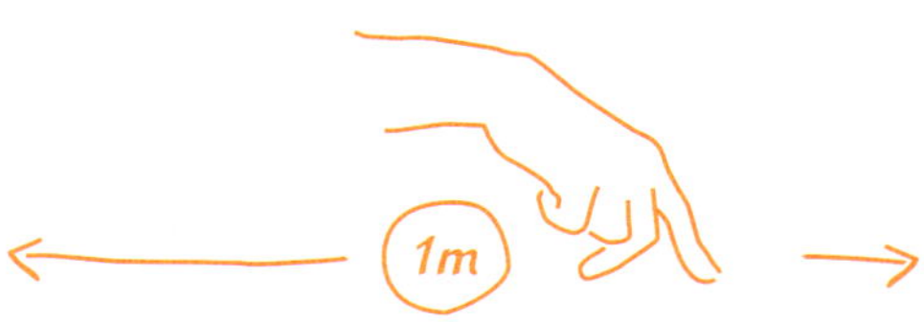

- Statt mit den Fingern über den Tisch könnt ihr auf dem Schulhof selbst eine festgelegte Strecke abgehen. Bildet eine Vierergruppe und versucht gleichzeitig wie die vier Schülerinnen und Schüler zu gehen. Das ist nicht ganz so einfach, wie es aussieht.
- Versuche eine 1m lange Strecke möglichst gleichmäßig mit deinen Fingern über den Tisch zu gehen. Wie kannst du die gleichmäßige Bewegung kontrollieren?
- Führt den Gehversuch in Partnerarbeit aus. Einer wandert mit den Fingern über den Tisch, der andere kontrolliert. Fertigt ein Schaubild der Bewegung an.

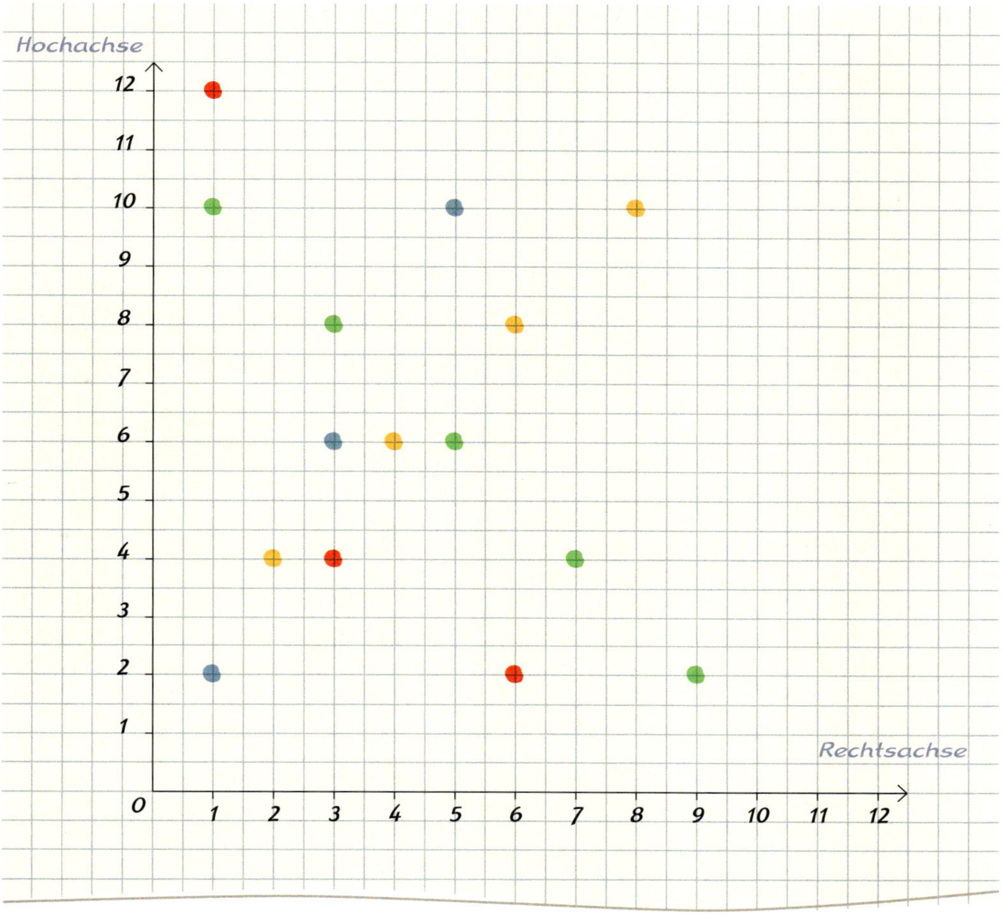

Punkte im Quadratgitter

- Übertrage das Schaubild in dein Heft.
- Bei Punkten gleicher Farbe haben Rechts- und Hochwerte einen Zusammenhang.
- Wenn du die Gesetzmäßigkeiten gefunden hast, trage für jede Farbe mindestens drei weitere Punkte im Schaubild ein.
- Stimmt die Gesetzmäßigkeit auch für Dezimalzahlen?
- Bei drei Farben kannst du mit dem Lineal schnell alle Punkte mit gleicher Gesetzmäßigkeit finden, bei einer Farbe nicht. Begründe.

In diesem Kapitel lernst du,

- was Zuordnungen sind,
- wie man Zuordnungen darstellen kann,
- was proportionale Zuordnungen sind,
- wie man mit proportionalen Zuordnungen rechnet,
- was antiproportionale Zuordnungen sind,
- wie man mit antiproportionalen Zuordnungen rechnet.

1 Zuordnungen und Schaubilder

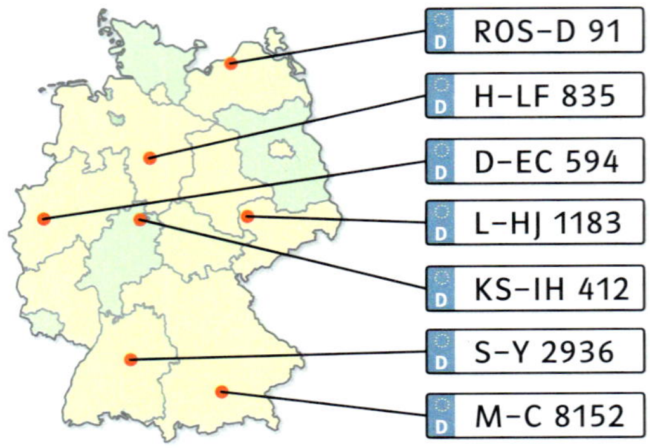

Zu allen Orten Deutschlands gehören Autokennzeichen.

→ Skizziere die nebenstehende Karte in dein Heft.

→ Kennzeichne Berlin, Frankfurt und Kiel in der Karte und gib mögliche Autokennzeichen an.

→ Bestimme mithilfe der angegebenen Autokennzeichen die markierten Städte.

→ Kann man am Kennzeichen auch den Ort erkennen? Begründe deine Antwort.

Die 24 Schülerinnen und Schüler der Klasse 7b haben überprüft, wie die Augenfarben in ihrer Klasse verteilt sind. Braune Augen haben zwölf Schülerinnen, blaue Augen acht und grüne Augen die übrigen.
Zuordnung *Augenfarbe → Anzahl der Schüler*.

Augenfarbe	braun	blau	grün
Anzahl der Schüler	12	8	4

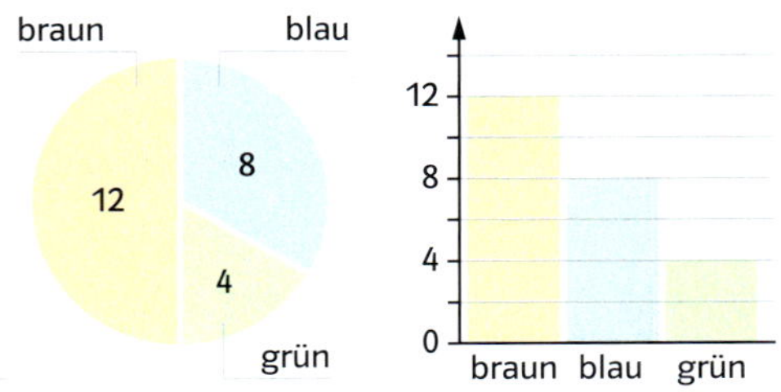

Zuordnungen findet man in vielen Alltagssituationen. Sie werden häufig durch Tabellen, Schaubilder, Pfeile oder Texte dargestellt. Bei einer **Zuordnung** werden zwei Bereiche zueinander in Beziehung gesetzt. Jeder **Eingabegröße** wird eine **Ausgabegröße** zugeordnet.

Beispiel

Familie Merker fährt in den Urlaub. Für die Fahrtkosten rechnet sie 180,00 €, für jeden Urlaubstag 120,00 €.

Tabelle

Anzahl der Urlaubstage	Urlaubskosten
1	300,00 €
2	420,00 €
3	540,00 €
4	660,00 €
5	780,00 €

Schaubild

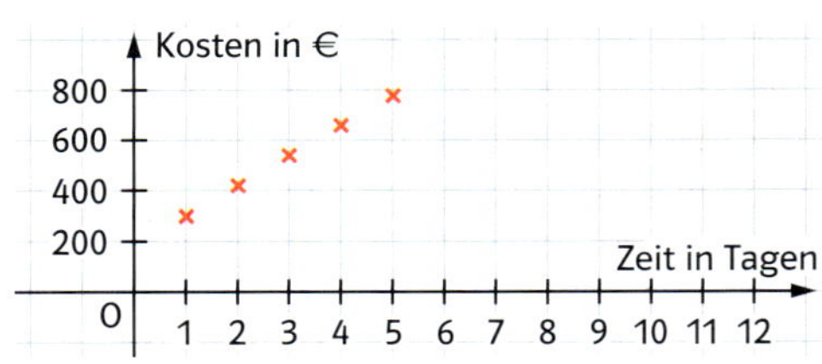

Beachte: Zuordnungen sind umkehrbar, d. h. Eingabegröße und Ausgabegröße lassen sich vertauschen: Will man z. B. wissen, was man für 5 Urlaubstage bezahlt, so ist der Eingabewert 5 Urlaubstage und man erhält als Ausgabewert 780 €.
Man betrachtet also die Zuordnung: *Anzahl der Urlaubstage → Urlaubskosten*.
Will man aber wissen, wie lange man für 660 € im Urlaub bleiben kann, so ist der Eingabewert 660 € und man erhält als Ausgabegröße 4 Urlaubstage.

Aufgaben

1 Miss die Länge der Finger einer deiner Hände und lege eine Tabelle für die Zuordnung *Finger → Länge* an.

2 Stellt auf einem großen Plakat für eure Klasse die Zuordnung *Schüler/-in → Lieblingsessen* mit Pfeilen dar.

3 Stelle in zwei verschiedenen Darstellungen die Zuordnung *Alter → Anzahl der Schüler/-innen deiner Klasse* dar.

4 Ein Wasserbecken wird gefüllt
- mithilfe eines Feuerwehrschlauchs.
- mithilfe eines Gartenschlauchs.
- mithilfe eines Wassereimers.

a) Skizziere in einem Schaubild, wie die Wasserstandshöhe im Becken in den drei Fällen steigt.
b) Trage in das Schaubild von Aufgabe a) den Fall ein, dass der Feuerwehrschlauch und der Gartenschlauch gleichzeitig das Becken füllen.
c) Trage in einem Schaubild den Fall ein, dass das Becken gleichzeitig mit Gartenschlauch und 10-Liter-Eimer gefüllt wird.
d) Wie sieht das Schaubild aus, wenn erst mit dem Gartenschlauch Wasser eingefüllt wird und nach einiger Zeit der Feuerwehrschlauch hinzugenommen wird?

5 Ein Kubikmeter Wasser kostet 1,50 €. Außerdem ist eine Grundgebühr von 84,00 € pro Jahr zu bezahlen.
a) Familie Aretz verbrauchte in einem Jahr 120 m³ Wasser. Stelle eine Rechenvorschrift auf.
b) Familie Simon verbrauchte 60 m³, Familie Stein 96 m³.
c) Für das Abwasser ist Kanalgebühr zu zahlen. Die Grundgebühr beträgt 72,00 € pro Jahr. Pro m³ Abwasser müssen 4,00 € gezahlt werden. Dabei wird mit der gleichen Menge wie beim Frischwasser gerechnet.
d) Für das kommende Jahr wird eine monatliche Abschlagszahlung für Frischwasser und Abwasser berechnet. Wie hoch fällt sie für die drei Familien aus?

6 Das Schaubild zeigt, wie sich die Wasserstandshöhe verändert, wenn der Becher gleichmäßig gefüllt wird.

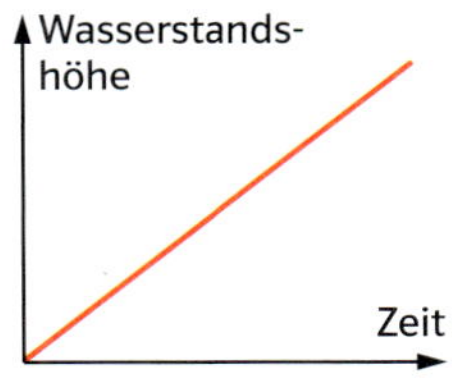

Zeichne das Schaubild für das abgebildete Gefäß.

a)

b)

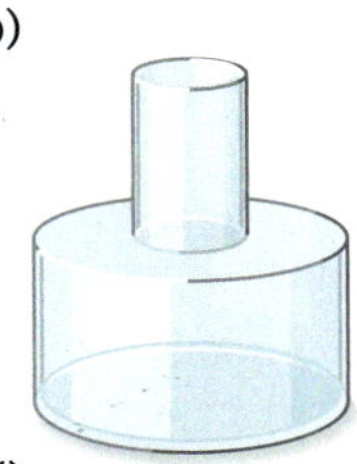

c)

d)

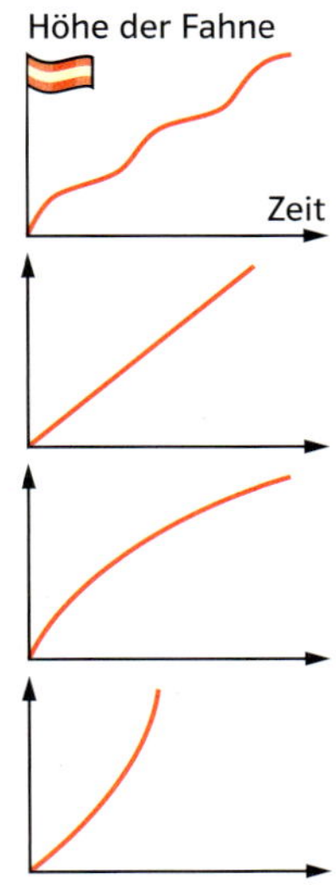

Erkläre, wie das Hochziehen der Fahnen durchgeführt wurde. Welches Schaubild entspricht am ehesten der Realität?

7 Je schneller ein Auto fährt, umso mehr Benzin verbraucht es auf 100 km.
Die folgende Tabelle gibt Beispielwerte an.

Geschwindigk. in $\frac{km}{h}$	40	80	120	160
Verbrauch in $\frac{l}{100\,km}$	6,8	8,0	10,9	13,5

Übertrage die Werte in ein Schaubild und verbinde die Punkte. Lies die Verbrauchswerte für 60 $\frac{km}{h}$; 100 $\frac{km}{h}$ und 140 $\frac{km}{h}$ ab.

8 a) Stelle das Abbrennen der Kerze in einem Zeit-Längen-Schaubild dar.
b) Lies im Schaubild ab, wie lang die Kerze nach 2; 5; 6; 8 Stunden ist.
c) Übertrage die Wertetabelle in dein Heft und fülle sie aus.
Was musst du beachten?

Zeit in Stunden	0	2	4	…
Länge in cm	15	12	…	…

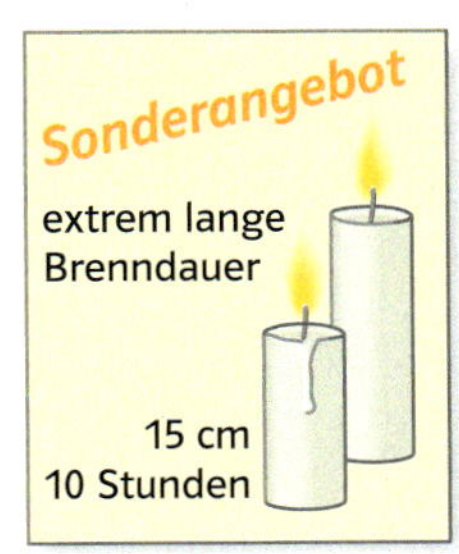

2 Graphen von Zuordnungen

Paketservice

Unsere Tarife für den Paketversand innerhalb Deutschlands

Gewicht	Gebühren
bis 5 kg	18,75 €
über 5 kg bis 6 kg	19,00 €
über 6 kg bis 7 kg	19,50 €
über 7 kg bis 8 kg	20,00 €
über 8 kg bis 9 kg	20,50 €
über 9 kg bis 10 kg	21,00 €
über 10 kg bis 12 kg	22,50 €

Aus der Tabelle kannst du die Paketgebühren eines Paketdienstes innerhalb von Deutschland ablesen.
Die Werte der Zuordnung werden häufig in einer Tabelle oder einem Karogitter veranschaulicht.
→ Finde Zuordnungen, bei denen es deiner Meinung nach sinnvoller ist, diese als Tabelle darzustellen.
→ Finde Zuordnungen, bei denen es deiner Meinung nach sinnvoller ist, diese durch Schaubilder darzustellen.

Hat man für eine Zuordnung viele Daten zur Verfügung, können Tabellen sehr unübersichtlich werden. Durch Graphen lassen sich Zuordnungen oft übersichtlicher darstellen.

Eigenschaften der Zuordnungen lassen sich gut ablesen, wenn man sie in einem Quadratgitter durch einen **Graphen** darstellt.
Man erkennt zum Beispiel auf einen Blick, wo zugeordnete Werte
- am größten oder kleinsten sind,
- ansteigen oder abfallen.

Beispiele

a) Die folgende Tabelle gibt die Temperaturen an, die an einem Ort gemessen wurden.

Uhrzeit	0	1	2	3	4	5	6	7	8	9	10	11	12	13	14	15	16	17	18	19	20	21	22	23	24
Temperaturen	1,9	1,2	0,8	0,3	0,2	0,4	0,8	1,3	2,6	5,0	7,1	9,0	10,4	10,9	10,9	10,5	9,8	8,8	7,5	6,2	5,2	4,6	4,0	3,3	2,9

Wertepaare als Punkte im Koordinatensystem:
; … (6|0,8); (7|1,3); (8|2,6); (9|5,0); (10|7,1); (11|9,0); (12|10,4); (13|10,9); …

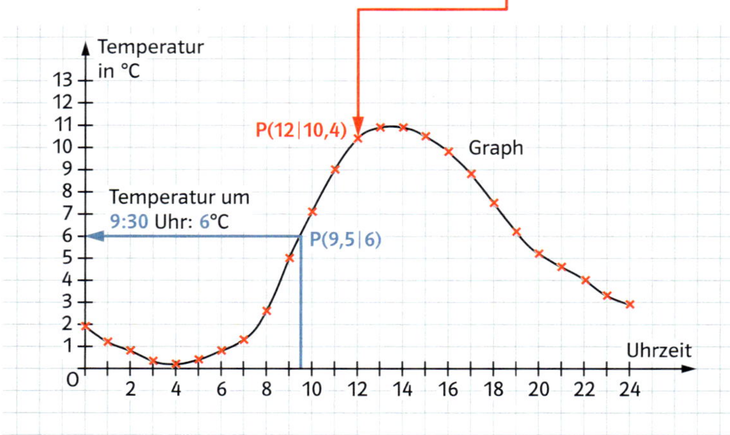

Die Zuordnung *Uhrzeit* → *Temperatur* kann in einem Quadratgitter veranschaulicht werden.
Man zeichnet ein Quadratgitter und beschriftet die Achsen sinnvoll. Zu jedem Eintrag in der Tabelle zeichnet man einen Punkt in das Quadratgitter.
Die Gesamtheit aller so entstandenen Punkte nennt man **Graph** der Zuordnung.
Da man bei der Zuordnung zu jeder Uhrzeit die Temperatur messen könnte, kann man die Punkte durch eine passende Linie verbinden. Man erhält so als Graph eine Kurve.
Umgekehrt lassen sich auch aus einem Graphen die Werte der Tabelle ablesen:
In diesem Beispiel gehört zur Uhrzeit 9.30 Uhr die Temperatur 6 °C.

b) Bei einem Fluss werden an einem Messpunkt stündlich die Wasserstände gemessen. Diese geben an, um wie viel die Wasserhöhe von der durchschnittlichen Höhe abweicht.

Uhrzeit	6	7	8	9	10	11	12	13	14	15	16	17	18	19	20	21	22
Wasserstand in cm	6	5	8,5	14	19,5	23,5	24,5	23,5	21	16	14	12,5	12,5	12,5	11	9	7

Anhand des Graphen kann man beispielsweise Folgendes leicht ablesen:
Um 13.30 Uhr war der Wasserstand bei etwa 22,5 cm.
Der höchste Wasserstand war etwa um 12.00 Uhr, der niedrigste um 7.00 Uhr.
Der Wasserstand ist etwa zwischen 10.00 Uhr und 14.30 Uhr höher als 20 cm.
Der Wasserstand ist zwischen 7.00 Uhr und 12.00 Uhr gestiegen und zwischen 6.00 Uhr und 7.00 Uhr sowie zwischen 12.00 Uhr und 22.00 Uhr gefallen.

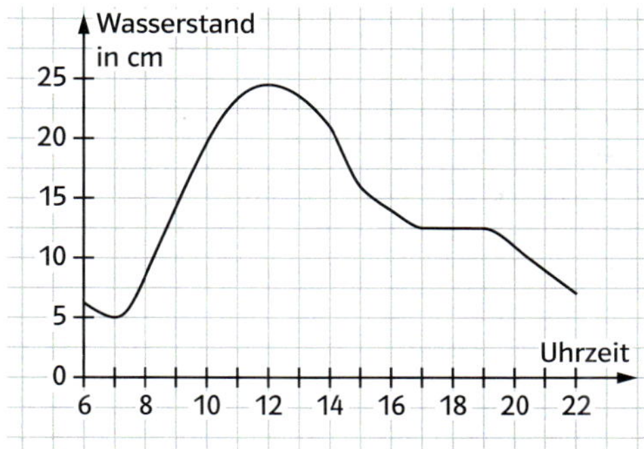

Aufgaben

1 Auf einem Berg wurden zu verschiedenen Zeiten die Schneehöhen gemessen und in eine Tabelle eingetragen.

Uhrzeit	9	10	11	12	13	14	15	16	17
Schneehöhe in cm	7	7	7	12	17	25	28	27	22

a) Zeichne einen Graphen der Zuordnung *Zeit → Schneehöhe* in ein Quadratgitter.
b) Wie hoch wird der Schnee um 12.30 Uhr vermutlich gelegen haben?
c) Wann hat es vermutlich geschneit?
d) Wann hat es aufgehört zu schneien?
e) Wann stieg die Temperatur über 0 °C?

2 Die Tabellen geben die Temperaturen von heißem Wasser an, das in zwei unterschiedlichen Gefäßen abkühlt.

Zeit in min	0	5	10	15	20	25
Gefäß 1, Temperatur in °C	50,0	34,2	26,7	23,2	21,5	20,7
Gefäß 2, Temperatur in °C	50,0	40,1	33,5	29,5	26,1	24,1

Zeit in min	30	35	40	45	50	55	60
Gefäß 1, Temperatur in °C	20,3	20,2	20,1	20,0	20,0	20,0	20,0
Gefäß 2, Temperatur in °C	22,7	21,8	21,2	20,8	20,5	20,4	20,2

a) Zeichne die Graphen der Zuordnungen *Zeit → Temperatur* für die beiden Gefäße in dasselbe Quadratgitter.
b) Welche Temperatur hat das Wasser in den Gefäßen etwa nach 22 Minuten?
c) Gib mögliche Ursachen für den unterschiedlichen Verlauf der Graphen an. Wie hoch ist die Umgebungstemperatur vermutlich?

3 Stelle ein zylinderförmiges Gefäß unter einen gleichmäßig fließenden Wasserhahn und miss die Füllhöhe in geeigneten Zeitabständen. Zeichne den Graphen der Zuordnung *Zeit → Füllhöhe* in ein Quadratgitter.

4 Die unten abgebildeten vier Gefäße werden unter einem gleichmäßig fließenden Wasserhahn gefüllt. Die Graphen veranschaulichen die Zuordnung *Zeit → Füllhöhe*. Welcher Graph gehört zu welchem Gefäß? Begründe.

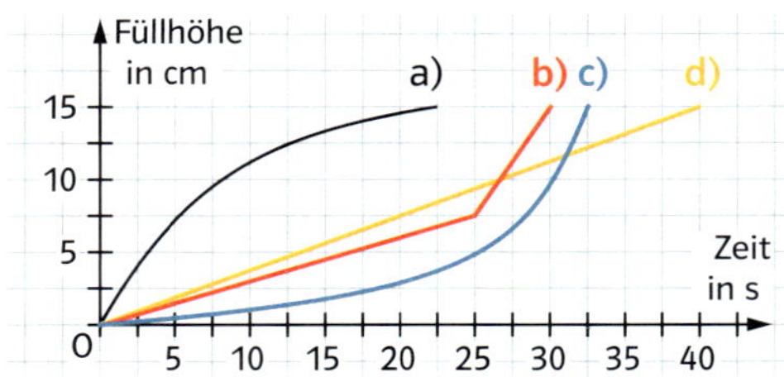

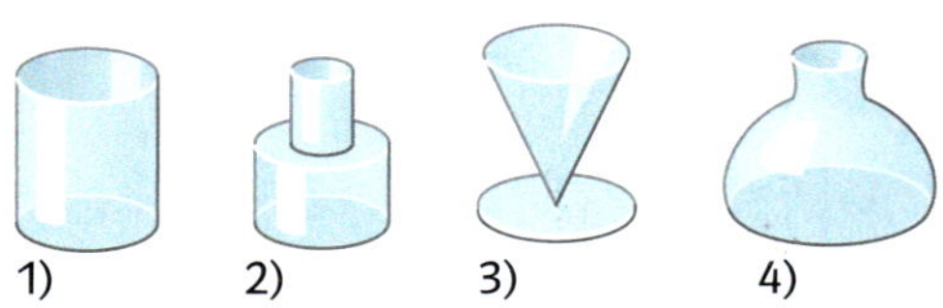

5 Eine Kugel rollt die abgebildete Bahn hinunter. Welche der drei Graphen gehört zu der Zuordnung
Zeit t → Geschwindigkeit v? Begründe deine Entscheidung.

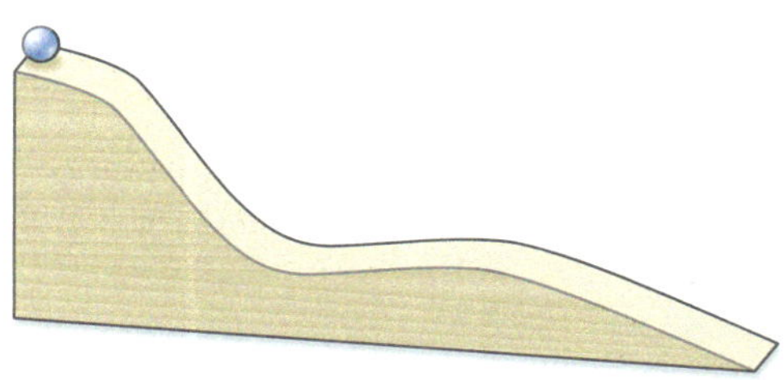

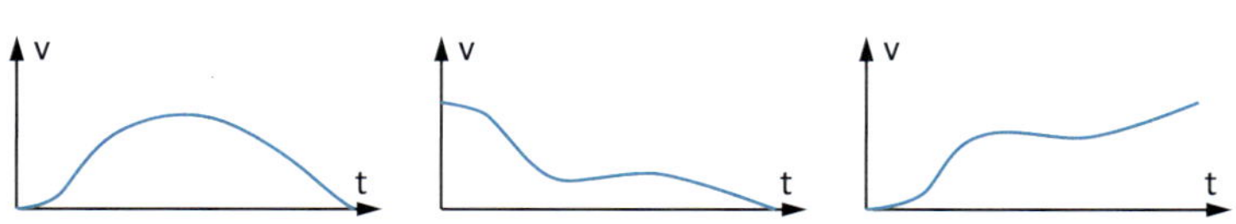

6 Gib verschiedene Zuordnungen an, die zu den drei in Aufgabe 5 dargestellten Graphen gehören können. Vergleiche deine Ergebnisse mit deinem Nachbarn.

7 Will man von Stadt A zu Stadt E fahren, so gibt es drei Wege (rot, blau und gelb).
a) Beschreibe für die drei Wege, wie sich die Geschwindigkeiten während einer möglichen Fahrt verändern.
b) Skizziere für die drei Wege je einen möglichen Graphen der Zuordnung *zurückgelegte Wegstrecke → Geschwindigkeit*.

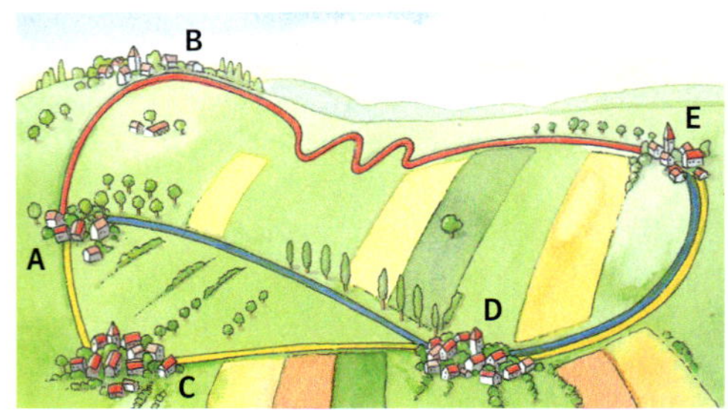

8 Skizziere einen Graphen für die Zuordnung *zurückgelegte Wegstrecke → Geschwindigkeit* für eine Autofahrt und beschreibe in einer kurzen Geschichte den Verlauf der Fahrt (z. B.: Welche Straßen wurden benutzt? Wann wurden Pausen eingelegt? Gab es Besonderheiten während der Fahrt?). Besprich die Geschichte mit deinem Nachbarn.

9 Unten siehst du den Wasserverbrauch einer Gemeinde am Abend eines Fußballendspieles grafisch dargestellt.
a) Wie hoch war der Wasserverbrauch um 21.00 Uhr (19.15 Uhr)?
b) Wann begann das Spiel? Wann war die Halbzeit? Gab es eine Verlängerung?
c) Wie könnte der Graph aussehen, wenn ein Eishockeyspiel (Tennisfinale) übertragen würde?

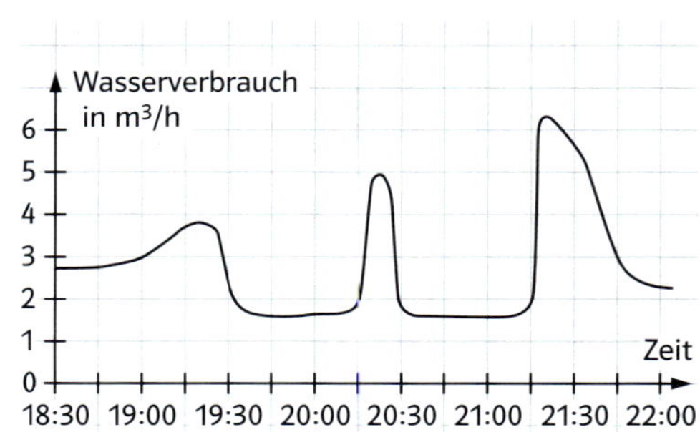

Kurze Geschichten

Laura ist älter als Tim.
Tim ist leichter als Laura.

- Finde weitere solche Sätze.

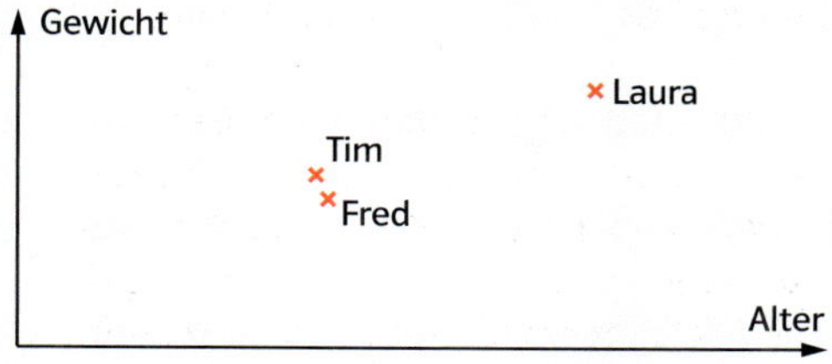

- Schreibe zu den beiden Schaubildern unten vergleichende Sätze auf.

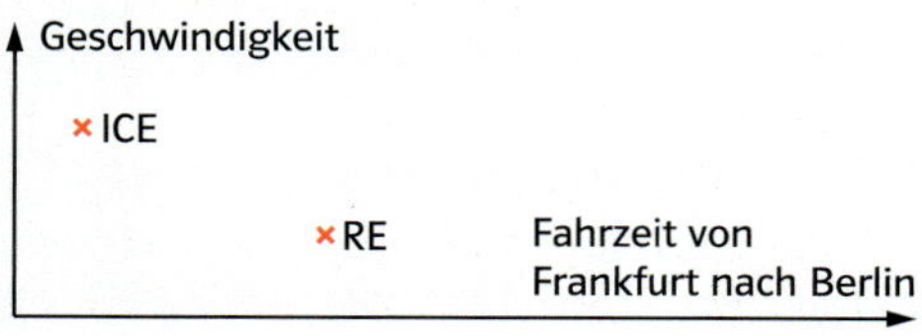

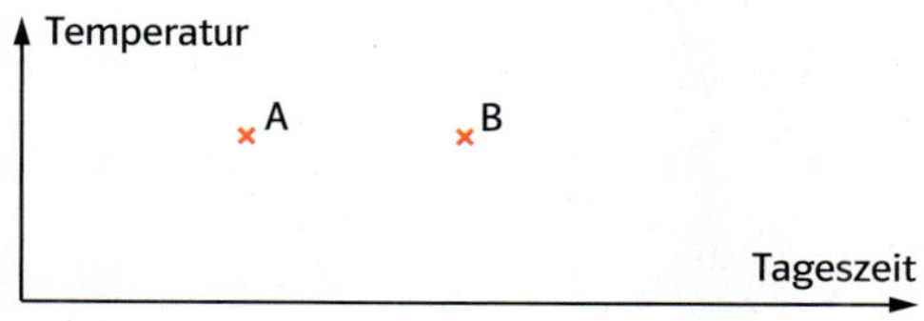

Geschichten mit mehr Mitspielern

- Gib für jeden Punkt an, welches Fahrzeug er darstellt.

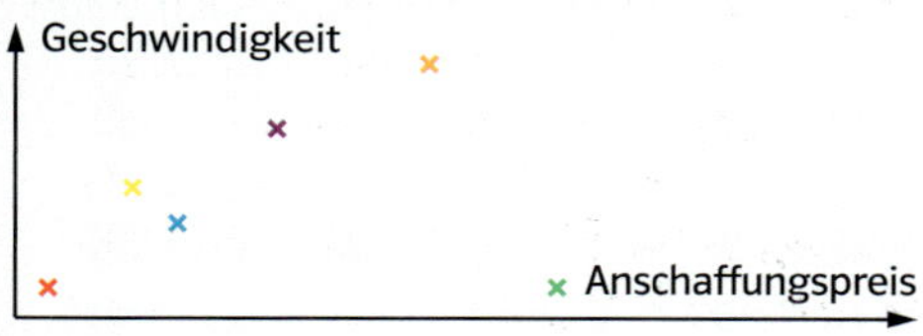

Verzwicktere Geschichten

Peter badet.

- Erzähle eine „Badewannengeschichte“, die zum Schaubild passt.

Überlege, wodurch sich die Wasserstandshöhe verändert.

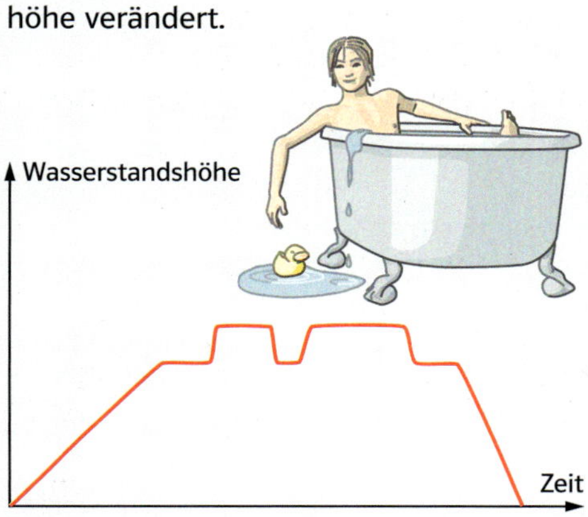

Das Schaubild zeigt die Leistungsfähigkeit eines Menschen in Abhängigkeit von der Tageszeit.

- Erkläre das Schaubild und beantworte die Fragen.
  - Zu welcher Tageszeit bist du besonders leistungsfähig?
  - Wann sollte eine Klassenarbeit geschrieben werden?
  - Wann solltest du die Hausaufgaben machen?
  - Was kannst du sonst noch aus dem Schaubild ablesen?

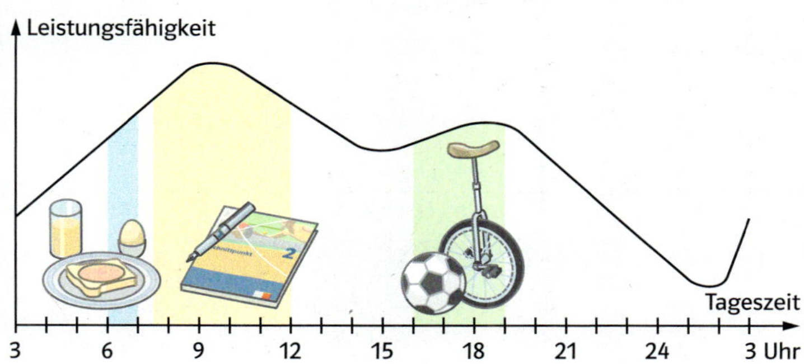

3 Proportionale Zuordnungen

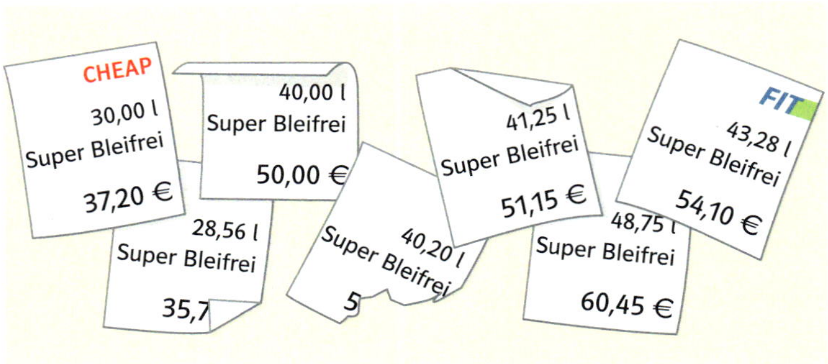

Die sieben Fahrzeuge einer Firma wurden alle am selben Tag betankt, einige bei FIT!, die anderen bei CHEAP.
→ Welche Tankquittungen kommen von derselben Tankstelle?
→ Hätte es sich gelohnt, alle Fahrzeuge zur günstigeren Tankstelle zu fahren?

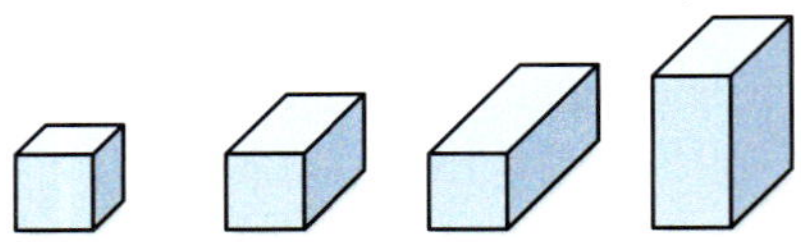

Kantenlängen in cm	2 × 2 × 2	2 × 2 × 4	2 × 2 × 6	2 × 4 × 4
Volumen in cm^3	8	16	24	32
Masse in g	62,4	124,8	187,2	249,6
Masse : Volumen in g/cm^3	7,8	7,8	7,8	7,8

In einem Schülerexperiment werden Quader aus Stahl gemessen und gewogen. Hat ein Quader das doppelte, dreifache oder halbe Volumen eines anderen Quaders, so hat er auch die doppelte, dreifache oder halbe Masse.
Der Quotient aus den Maßzahlen von Masse und Volumen hat immer denselben Wert 7,8. Ein Würfel mit $1\,cm^3$ Volumen wiegt 7,8 g.

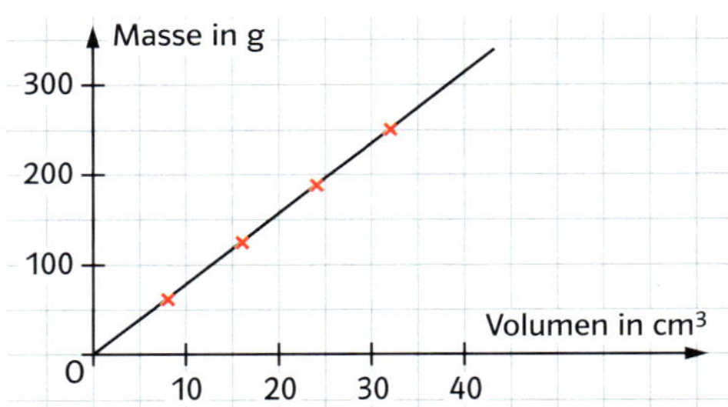

Man kann die Masse eines Körpers aus Stahl ohne zu wiegen berechnen, indem man das Volumen dieses Körpers mit dem Faktor $7{,}8\,g/cm^3$ multipliziert.

Zu jedem Wertepaar aus Eingabegröße und Ausgabegröße gehört ein Punkt im Quadratgitter. Diese Punkte liegen auf einer Geraden durch den Punkt O.

Die Ausgabegrößen erhält man durch Multiplizieren der Eingabegrößen mit dem Proportionalitätsfaktor.

Eine Zuordnung heißt **proportional**, wenn zum Zweifachen, Dreifachen, Halben, … der Eingabegröße das Zweifache, Dreifache, Halbe, … der Ausgabegröße gehört.
Dividiert man die Ausgabegrößen durch die Eingabegrößen, ergibt sich immer der gleiche Quotient. Er heißt **Proportionalitätsfaktor**.
Alle Punkte der Zuordnung liegen auf einer **Geraden durch den Ursprung**.

Dies lässt sich auch als Tabelle darstellen:

	Gewicht in kg	Kosten in €	
:5	5	3	:5
·3	1	0,60	·3
	3	1,80	

Bemerkung

Mit dem **Dreisatz** lässt sich berechnen, wie viel man für 3 kg Kartoffeln bezahlen muss, wenn 5 kg Kartoffeln 3,00 € kosten.

1. Satz: 5 kg kosten 3,00 €
2. Satz: 1 kg kostet 3,00 € : 5 = 0,60 €
3. Satz: 3 kg kosten 0,60 € · 3 = 1,80 €

Beispiele

a) Da in beiden Spalten von Zeile zu Zeile dieselben Rechenoperationen ausgeführt werden, handelt es sich hier um eine proportionale Zuordnung.

b) Die Kosten für Heizöl sind proportional zur Menge. Der Quotient ist der Preis. Durch Multiplikation mit dem Preis kann man die Kosten für beliebige Mengen Heizöl ausrechnen.

	Anzahl Gurken	Preis in €	
: 8	8	4,40	: 8
· 3	1	0,55	· 3
	3	1,65	

Menge Heizöl in l	1	500	1250	1680
Kosten in €	0,59	295,00	737,50	991,20
Preis in €/l	0,59	0,59	0,59	0,59

Aufgaben

1 An die 370 Schüler der Realschule am Berg werden an Schultagen 240 Portionen Essen ausgegeben. Auch an drei anderen Schulen mit 450; 390 und 515 Schülern soll Essen angeboten werden. Daher übernehmen sie die Zahlen der Realschule am Berg als Planungsgrundlage. Welche Zahlen sind zu erwarten?

2 Gib die fehlenden Ausgabewerte der proportionalen Zuordnung an. Wähle zusätzlich drei Eingabewerte und berechne dazu die Ausgabewerte.

a)

Anzahl Pferde	1	5	18
tägl. Trinkwassermenge in l		300	

b)

Anzahl Arbeitsstunden	50	150	200
Lohnkosten in €			3200

c)

Wandfläche in m²	20	70	110
Wandfarbe in l	3,5		

3 Ein Ausgabewert der proportionalen Zuordnung ist falsch. Korrigiere ihn.

a)

Gewicht in g	12	18	30	42
Kosten in €	0,50	0,75	1,20	1,75

b)

Zeit in h	3	5	6	7,5
Weg in km	240	420	480	600

4 Was sagst du hierzu?

a) Um ein weich gekochtes Ei zu bekommen, muss man es 4,5 Minuten kochen. Peter kocht vier Eier 18 Minuten lang.

b) Lea läuft 100 m in 14 Sekunden. Sie rechnet aus, dass sie dann 1000 m in 2 Minuten und 20 Sekunden laufen kann.

c) Das Gemälde „Mona Lisa" wurde für 39,9 Mio. € verkauft. Wie viel kosten zwei solche Gemälde?

5 Das leichteste Holz ist das Balsaholz, das schwerste ist das Pockholz. Die einheimischen Holzarten liegen dazwischen.

- Lies an den Schaubildern ab, wie schwer Würfel von 1 dm³ Volumen aus jeder der fünf Holzarten sind.
- Lies selbstständig weitere Werte ab.
- Welches Volumen haben 1 kg schwere Würfel aus den fünf Holzarten?

Pockholz

Eiche

Buche

Fichte

Balsaholz

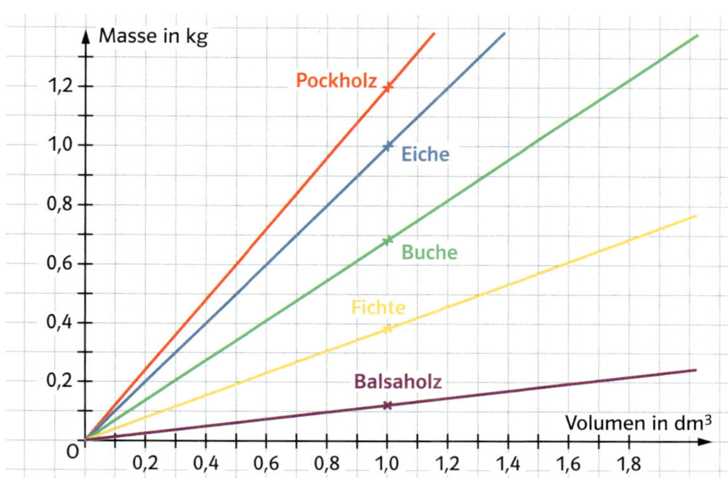

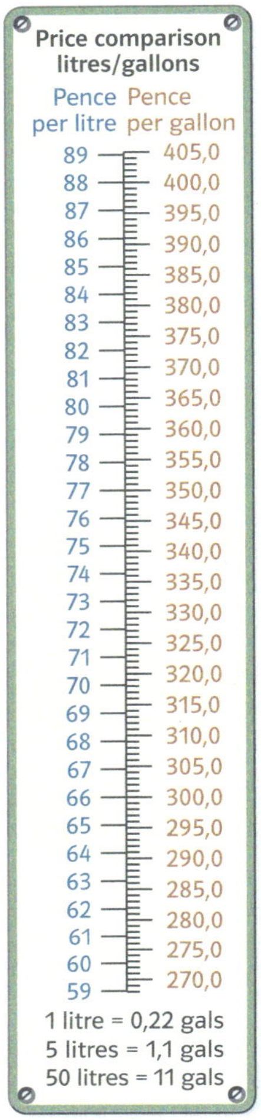

6 An manchen Tankstellen in Großbritannien sind auf den Tanksäulen Tabellen aufgeklebt. Sie sollen helfen, den Preis „Pence per litre" in den Preis „Pence per gallon" umzurechnen und umgekehrt.
a) Wie viel Pence per gallon sind 68,0; 75,0; 87,0 Pence per litre?
b) Wie viel Pence per litre sind 370,0; 300,0; 347,0 Pence per gallon?
c) Suche sechs besonders gut zusammenpassende Paare Eingabegröße/Ausgabegröße heraus. Notiere sie in einer Tabelle und zeichne ein Schaubild. Ist diese Zuordnung eine Proportionalität?
d) Gib den Proportionalitätsfaktor an.

7 Welche Zuordnung ist proportional, welche nicht? Begründe deine Antworten.

Eingabegröße	Ausgabegröße
Alter eines Kindes	Körpergröße
Anzahl der Arbeitsstunden	Lohn
Anzahl der Waffeln	Backzeit
Fahrtstrecke	Fahrtdauer
Anzahl der Maschinen	Zeit, um 10 000 Nägel herzustellen
Dauer des Spiels	Anzahl der Tore
gefahrene Strecke	Fahrzeit
Anzahl der Äpfel	Gewicht

8 Faserstifte bekommt man einzeln für 0,49 € oder in einer 16er-Box für 4,49 €.
a) Zeichne im selben Quadratgitter Schaubilder für Einzelkauf und den Kauf in Boxen. Nimm als Eingangsgröße auf der x-Achse die Anzahl der Stifte.
b) Wie viel kosten 1; 2; 3; …; 32 Stifte bei günstigstem Einkauf? Stelle diese Kosten in einem Schaubild dar. Was sagst du zum Ergebnis?

9 Zugvögel können in erstaunlich kurzer Zeit sehr weit fliegen.

Kranich

Rauchschwalbe	120 h	5000 km
Star	96 h	7000 km
Kranich	60 h	3250 km
Regenpfeifer	66 h	6000 km

Zeichne ein Schaubild und lies ab:
- die Flugstrecken in 24 h
- die Zeiten für 1000 km
- die Durchschnittsgeschwindigkeiten.

Rasten Zugvögel eigentlich?

Proportionale Zuordnung: Kraftstoffmenge zu Fahrtstrecke

Herr Anders trägt die Fahrten, die er für seine Firma unternimmt, immer am Ende der Woche in ein Fahrtenbuch ein.
Für die Übersicht benutzt er ein Tabellenkalkulationsprogramm.
- Was vermutest du: Ist die Zuordnung *Streckenlänge → Benzinverbrauch* eine proportionale Zuordnung oder nicht?
- Berechne den Durchschnittsverbrauch für die vier Wochen einzeln und über die gesamte Zeit.
- Was fällt dir auf? Woher könnten die Unterschiede kommen?
- Stelle die Auswertung in einem Diagramm dar.

Günstig ist es, die Spalte C als Eingabe und Spalte D als Ausgabe zu wählen und einzelne Punkte zeichnen zu lassen. Verbinde den Punkt (1487 | 123,35) durch eine Gerade mit dem Punkt O.
- Informiere dich, wie Autohersteller den Durchschnittsverbrauch für ein Modell berechnen.

	A	B	C	D	E
1	Datum	Fahrtage	Strecke in km	Benzin in l	Durchschnittsverbrauch in l auf 100 km
2	07.04.	5	377	32,24	=D2/(C2/100)
3	14.04.	3	339	27,71	=D3/(C3/100)
4	21.04.	2	230	20,85	=D4/(C4/100)
5	28.04.	4	541	42,55	=D5/(C5/100)
6	April	14	1487	123,35	=D6/(C6/100)
7					
8					
9					
10					
11					
12					
13					
14					
15					
16					

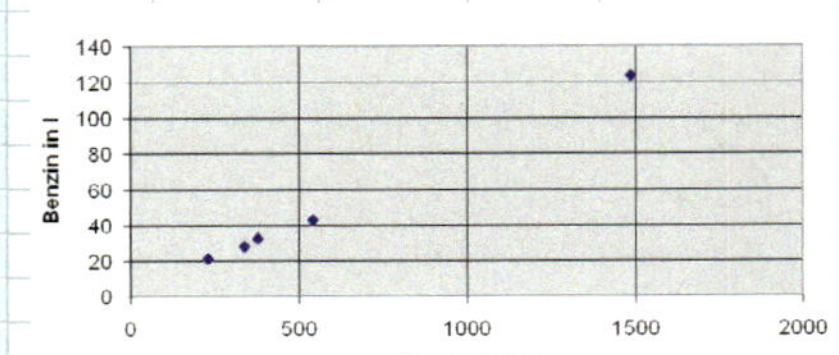

4 Antiproportionale Zuordnungen

In der Schulaula wird ein Musical aufgeführt. 180 Stühle sollen gestellt werden.
→ Auf welche Arten kann man die Stühle in gleich lange Reihen stellen?
Welche Arten sind zweckmäßig, welche nicht?
→ Messt die Aula eurer Schule aus und überlegt euch eine gute Möglichkeit.
→ Erkundigt euch, wie die Stühle in der Regel gestellt werden.

Die Inhaberin eines Obstbaubetriebes möchte ein Erdbeerfeld abernten lassen. Im Vorjahr haben das 5 Helfer in 3 Stunden geschafft. Diesmal kann sie aber nur 2 Helfer einstellen. Die benötigte Zeit lässt sich in drei Schritten berechnen:

1. Satz: 5 Helfer brauchen 3 h
2. Satz: 1 Helfer braucht 5 · 3 h = 15 h
3. Satz: 2 Helfer brauchen = 15 h : 2 = 7,5 h

Dies lässt sich wie folgt in Tabellenform schreiben:

Anzahl der Helfer	Zeit in Stunden	Gesamtzeit in Stunden
:5 ↓ 5	3 ↓ ·5	5 · 3 = 15
·2 ↓ 1	15 ↓ :2	1 · 15 = 15
2	7,5	2 · 7,5 = 15
10	1,5	10 · 1,5 = 15

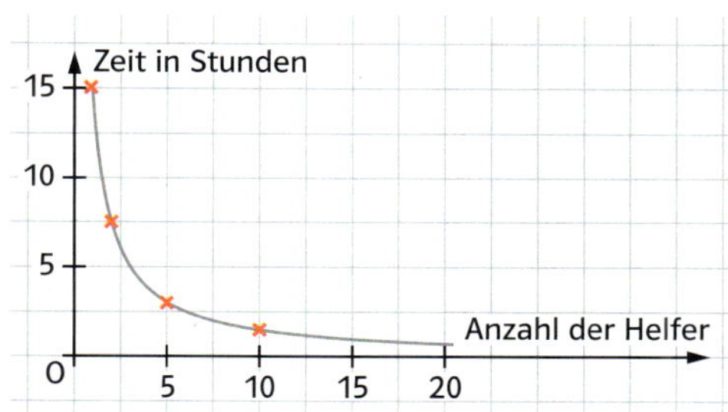

Das Produkt aus Anzahl der Helfer und Anzahl der Stunden ist immer dasselbe, nämlich 15 Helferstunden. Zu jedem Wertepaar aus Eingabe- und Ausgabegröße gehört ein Punkt im Quadratgitter. Diese Punkte liegen alle auf einer Hyperbel. Sie dürfen nicht geradlinig verbunden werden.
Reduziert sich die Anzahl der Helfer auf ein Fünftel, so verfünffacht sich die benötigte Erntezeit, helfen doppelt so viele, so verringert sich die Erntezeit auf die Hälfte.

Eine Zuordnung heißt **antiproportional**, wenn zu der Hälfte, einem Drittel, … der einen Größe das Doppelte, das Dreifache, … der anderen Größe gehört.
Alle Punkte der Zuordnung liegen auf einer Kurve. Sie heißt **Hyperbel**.

Beispiel
Drei Pumpen mit gleicher Leistungsfähigkeit brauchen zum Entleeren eines Wasserbeckens 15 Stunden.
Eine solche Pumpe braucht 45 Stunden, dann brauchen fünf solche Pumpen neun Stunden.

Anzahl der Pumpen	Zeit in h
:3 ↓ 3	15 ↓ ·3
·5 ↓ 1	45 ↓ :5
5	9

Aufgaben

1 a) Der Futtervorrat für 16 Tiere reicht neun Tage. Es sind nur 12 Tiere im Stall.
b) Aus einem Eichenstamm werden 24 Bretter von 5 cm Dicke gesägt. Ein gleich starker zweiter Stamm wird zu 30 Brettern zersägt.
c) Normalerweise fährt Kajo mit dem Rad $20\,\frac{km}{h}$ und braucht für den Heimweg vom Sportplatz 10 Minuten. Heute fährt er aber $25\,\frac{km}{h}$.
d) Ein Gewinn soll an acht Personen verteilt werden. Jeder bekommt 70 €.
Eine Person verzichtet nachträglich.
e) Paul und Tim laden zu einer Party 30 Gäste ein. Die Kosten von 100 € teilen sie sich. Aishe beteiligt sich auch und lädt noch 6 Leute ein.

2 Übertrage die Tabelle ins Heft und gib die fehlenden Werte der antiproportionalen Zuordnung an.

a)

Anzahl der Personen	Gewinn pro Person in €
4	300
:2 → 2	□ (·2)
:□ → 6	□ (:□)
:6 → 1	□ (·□)
·□ → □	150 (:□)

b)

Schrittlänge in cm	Anzahl der Schritte
80	120
:2 → 40	□ (·2)
:□ → 10	□ (·□)
·□ → □	96 (:□)
:□ → 50	□ (:□)

Antiproportionale Zuordnung: Länge zu Anzahl von Leisten

Leisten von 3,00 m Länge werden in gleich lange Teile geschnitten. Je nach Länge der Teile erhält man unterschiedliche Anzahlen. Ein Tabellenkalkulationsprogramm hilft beim Rechnen.

	A	B	C	D	E	F	G	H	I	J
1	Stücklänge in cm	10	15	20	25	30	35	40	45	
2	300 cm : Stücklänge in cm	30,00	20,00	15,00	12,00	10,00	8,57	7,50	6,67	
3	Anzahl der Teilstücke	30	20	15	12					

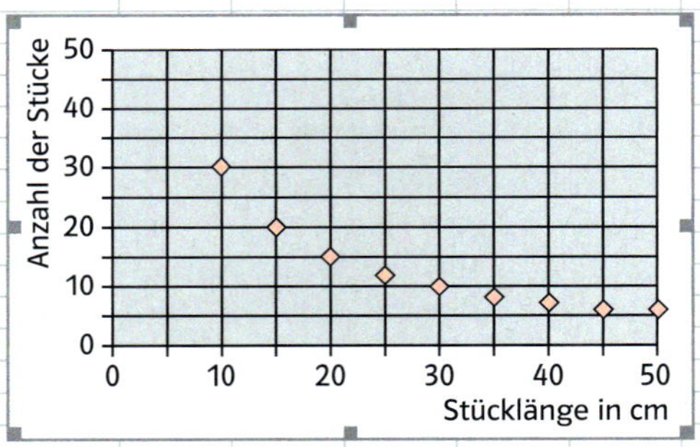

- Ergänze die Einträge in der dritten Zeile.
Warum kannst du Dezimalzahlen hier nicht wie gewohnt runden?
- Erstelle dieses Rechenblatt selbst.
Stelle die Zuordnung der Länge zu den Divisionsergebnissen in der zweiten Zeile in einem geeigneten Diagramm dar.
- Was kannst du aus dem Diagramm ablesen?
- Bei jedem Schnitt werden 2 mm Material verbraucht.
Wie ändert sich dadurch die Anzahl der Teilstücke?
- Erstelle Tabellen und Diagramme für andere Leistenlängen.

3 Beim Schulfest verkauft die Klasse 7c Pizza vom Blech.
Lisa und Jan überlegen:
Wir können 16 Stücke pro Blech schneiden und 1,50 € nehmen.
Wir könnten auch 20 Stücke schneiden, verlangen dann aber entsprechend weniger.

4 Ein Wanderverein mietet einen Bus für 50 Personen. Die Kosten von 630 € sollen gleichmäßig verteilt werden. Die Vereinsvorsitzende erwartet Absagen und überlegt, wie hoch der Kostenbeitrag ist, wenn nur 45; 40; 35; 30 Personen mitfahren.

5 Ein Sportverein beschließt, dass seine 141 Mitglieder einen Kostenbeitrag für den Bau eines Hartplatzes leisten müssen.
Auf jedes Mitglied entfallen 75 €.
Durch einen Aufruf in der Zeitung werden 47 neue Mitglieder geworben, die alle bereit sind, sich an den Kosten zu beteiligen.

6 Sechs Schülerinnen und Schüler geben eine Zeitungsanzeige auf.
Alle beteiligen sich mit 1,45 € an den Kosten. Jetzt entschließen sich noch drei andere Schülerinnen mitzumachen.

Wir übern. Babysitten Hund ausführen Einkaufen
Tel. 0177 123456

7 Ein Flugzeug fliegt in einer Stunde 950 km. Von Düsseldorf nach Chicago braucht es neun Stunden. Auf dieser Strecke bläst oft Gegenwind. Die Geschwindigkeit des Flugzeugs verringert sich dann um die Windgeschwindigkeit.
a) Wie lange dauert der Flug bei einem Gegenwind mit der Geschwindigkeit $25\,\frac{km}{h}$; $50\,\frac{km}{h}$; $75\,\frac{km}{h}$; $100\,\frac{km}{h}$; $125\,\frac{km}{h}$?
b) Stelle die Flugdauer bei den verschiedenen Fluggeschwindigkeiten in einem Schaubild dar.
c) Stelle die Verlängerung der Flugdauer bei den verschiedenen Windgeschwindigkeiten in einem Schaubild dar. Ist diese Zuordnung proportional, ist sie umgekehrt proportional?

Runde auf Minuten!

Punkte einmal anders

Die Schriftgröße wird in der Einheit „Punkt", abgekürzt pt, gemessen. Schreibt man das Wort „Regenbogen" in 8-pt-Schrift mehrfach ohne Abstände hintereinander, passen in eine 16 cm lange Zeile 114 Buchstaben. In 12-pt-Schrift sind es 76 Buchstaben. Diese zwei Zeilen sind im Bild unten in Rot bzw. Orange ausgedruckt.

- Zähle in den folgenden vier Zeilen aus, wie viele Buchstaben in den Schriftgrößen 16 pt; 20 pt; 24 pt und 28 pt in eine Zeile passen.
- Ist die Zuordung „Schriftgröße" zu „Buchstabenzahl" umgekehrt proportional?
- Experimentiere mit anderen Schriftgrößen, anderen Buchstaben, anderen Schriftarten.

RegenbogenRegenbogenRegenbogenRegenbogenRegenbogenRegenbogenRegenbogenRegenbogenRegenbogenRegenbogenRegenbogenRege
RegenbogenRegenbogenRegenbogenRegenbogenRegenbogenRegenbogenRegenbogenRegenb
RegenbogenRegenbogenRegenbogenRegenbogenRegenbogenRegenbo
RegenbogenRegenbogenRegenbogenRegenbogenRegen
RegenbogenRegenbogenRegenbogenRegenbog
RegenbogenRegenbogenRegenbogenRe

Zusammenfassung

Zuordnung

Bei einer **Zuordnung** werden zwei Größen zueinander in Beziehung gesetzt. Jeder **Eingabegröße** wird eine **Ausgabegröße** zugeordnet.

Jedem Alter eines Menschen wird eine Körpergröße in Zentimeter zugeordnet.

Proportionale Zuordnung

Eine Zuordnung heißt **proportional**, wenn zu einem Vielfachen oder Teil der Eingabegröße dasselbe Vielfache oder derselbe Teil der Ausgabegröße gehört.
Dividiert man die Ausgabegrößen durch die Eingabegrößen, ergibt sich immer derselbe Wert.

Alle Punkte der Zuordnung liegen auf einer **Geraden** durch den Punkt O.

Ölmenge in l	Preis in €	$\frac{\text{Preis in €}}{\text{Ölmenge in l}}$
500	250	0,5
600	300	0,5
1500	750	0,5
1700	850	0,5

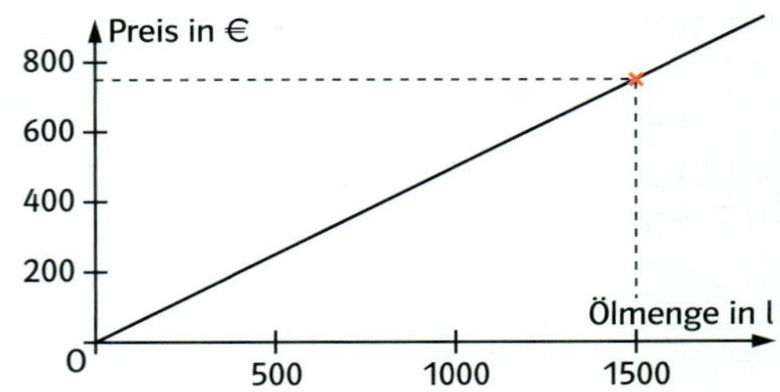

Dreisatz

Gesuchte Werte der Ausgabegröße einer proportionalen Zuordnung kann man in drei Schritten berechnen. Man schließt zuerst durch Division auf die Einheit und dann durch Multiplikation auf das Vielfache.

1200 l Heizöl kosten 600 €.
Wie viel kosten 1700 l?

		Ölmenge in l	Preis in €	
1. Schritt		1200	600	
2. Schritt	:1200	1	0,5	:1200
3. Schritt	·1700	1700	850	·1700

1700 l Heizöl kosten 850 €.

Antiproportionale Zuordnung

Eine Zuordnung heißt **antiproportional**, wenn zum n-Fachen der Eingabegröße der n-te Teil der Ausgabegröße und zum n-ten Teil der Eingabegröße das n-Fache der Ausgabegröße gehört.
Das Produkt aus zusammengehörigen Eingabe- und Ausgabegrößen hat immer denselben Wert.
Alle Punkte der Zuordnung liegen auf einer Kurve. Sie heißt **Hyperbel**.

Anzahl der Tage	3	4	5	6	7	8
Tagesstrecke in km	140	105	84	70	60	52,5

$140 \cdot 3 = 420$; $105 \cdot 4 = 420$; usw.

Umgekehrter Dreisatz

Gesuchte Werte der Ausgabegröße einer umgekehrt proportionalen Zuordnung kann man ebenfalls in drei Schritten berechnen. Der Division der Eingabegröße entspricht die Multiplikation der Ausgabegröße und umgekehrt.

Eine Radtour ist anfangs mit sieben Etappen zu je 60 km geplant. Die Radfahrgruppe hat aber nur fünf Tage Zeit.

		Anzahl der Tage	Strecke in km	
1. Schritt		7	60	
2. Schritt	:7	1	420	·7
3. Schritt	·5	5	84	:5

Die Tagesstrecke muss 84 km betragen.

Üben • Anwenden • Nachdenken

1 Handelt es sich um eine proportionale oder umgekehrt proportionale Zuordnung?

a)

Länge in m	8	12	24	32	36
Kosten in €	32	48	96	128	144

b)

Anzahl Maschinen	2	3	4	6	8
Zeit in h	48	32	24	16	12

c)

Stückzahl	56	64	88	136	168
Gewicht in kg	7	8	11	17	21

2 Ergänze die Tabelle zu einer

a) proportionalen Zuordnung.

Kosten in €	1	3	5		14
Nägel in g		1200		5200	

b) umgekehrt proportionalen Zuordnung.

Zeit in h		18		6
Anzahl der Arbeiter	1	2	3	6

3 Entscheide am Schaubild, ob die Zuordnung proportional oder umgekehrt proportional ist. Fülle die Tabelle weiter aus.

a)

Eingabegröße	...	3	4	5	...
Ausgabegröße	...	6	7	8	

b)

Eingabegröße	...	3	4	5	...
Ausgabegröße	...	8	6	4,8	

4 Welche Zuordnungen sind dargestellt?

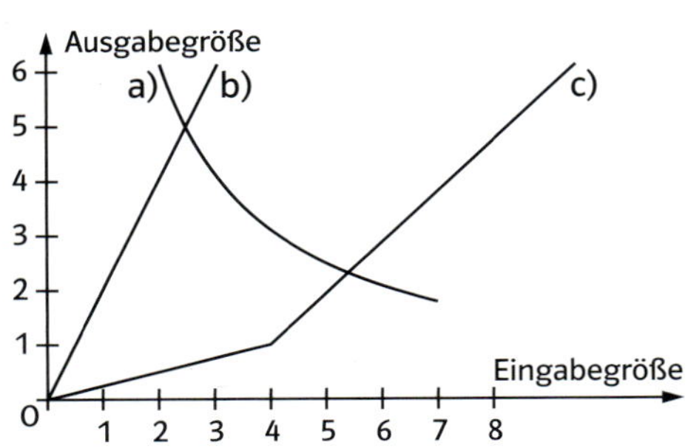

5 Um den Müll einer Stadt abzufahren, benötigen sechs Müllwagen fünf Tage. Wegen eines Feiertags stehen nur vier Tage zur Verfügung.

6 Um die Fenster der Schule zu reinigen, benötigen drei Reinigungskräfte acht Stunden. In welcher Zeit hätten 6; 12; 24; 60; 120; 240 Reinigungskräfte die Fenster geputzt?

7 Das Wertepaar (1|4) gehört zu einer proportionalen und zu einer umgekehrt proportionalen Zuordnung.

a) Suche für beide Zuordnungen weitere Wertepaare und fertige für jede Zuordnung eine Tabelle an.

b) Zeichne die beiden Schaubilder.

8 Lucia hat zwei Katzen. Eine Katze braucht in drei Tagen zwei Dosen Katzenfutter.

a) Lucia kauft einen Monatsvorrat.

b) Lucia überprüft ihren Vorrat an Katzenfutter und stellt fest, dass sie noch zwölf Dosen hat.

9 Wie groß ist die ganze Statue?

10 a) Trage 10 Paare natürlicher Zahlen mit dem Quotient 34 in eine Tabelle ein.

b) Trage 10 Paare natürlicher Zahlen mit dem Quotient 1,5 in eine Tabelle ein.

11 Trage alle Paare natürlicher Zahlen in eine Tabelle ein, die denselben Produktwert haben wie

a) 6 und 8. b) 7 und 12.

Je mehr ... desto mehr?

Herr Anders trägt die Fahrten, die er für seine Firma unternimmt, in ein Fahrtenbuch ein. Dafür benutzt er ein Tabellenkalkulationsprogramm.

- Übertrage die Werte in ein Tabellenkalkulationsprogramm und markiere die Bereiche C4 : C8 und D4 : D8. Sortiere nach der Anzahl der gefahrenen Kilometer.
- Stelle sie dann in einem Diagramm dar. Wähle dazu den Diagrammtyp „Punkt (XY)".
- Erkläre die Aussage, dass eine **annähernd proportionale Zuordnung** vorliegt.
- Kennst du Gründe für die Abweichung von einer „echten" proportionalen Zuordnung?

C5 ▾ fx

	A	B	C	D
1				
2	Woche	Fahrtage	Strecke	Benzin
3			in km	in Liter
4	31.03.-05.04.	3	178	14,56
5	07.04.-12.04.	4	330	27,25
6	14.04.-19.04.	2	139	11,54
7	21.04.-26.04.	3	277	20,85
8	28.04.-02.05.	5	541	42,55

Einheits-Größen	Deutsche Größen	
	Damen	Herren
S	34–36	44
M	38–40	46–48
L	42–44	50–52
XL	46–48	54

Small
Medium
Large
Extra Large

12 Kleidungsgrößen werden in den USA anders angegeben als in Deutschland. In der Tabelle siehst du die Zuordnung der USA-Größen zu den deutschen Größen.
a) Welche USA-Größe entspricht der deutschen Herrengröße 48 und welche der Damengröße 36?
b) Welche deutsche Damengröße entspricht der USA-Größe L?
c) Was bedeutet wohl die Größe XXL?

13 Im Wasser legt der Schall pro Sekunde eine Strecke von 1500 m zurück.
a) Das Klopfzeichen eines Tauchers erreicht das Boot nach 0,03 s.
b) Erstelle eine Tabelle für die Zuordnung der Tauchtiefe in Meter zur Laufzeit des Schalls in Zehntelsekunden. Fertige ein Schaubild an.
c) Erkundige dich nach der Schallgeschwindigkeit in Luft.
Erstelle eine Tabelle für die Zuordnung der Entfernung in Meter zur Laufzeit des Schalls in Sekunden. Welche Bedeutung hat deine Tabelle für den Zusammenhang zwischen Blitz und Donner?

14 Ein Taxiunternehmen verlangt für jede Fahrt eine Grundgebühr von 1,50 € und für jeden gefahrenen Kilometer 50 ct.
a) Herr Koenen fährt 15 km mit dem Taxi, Frau Zimmermann fährt doppelt so weit.
b) Frau Teobald muss 18,00 € bezahlen, Herr Schramm nur die Hälfte.

15 In dem Schaubild ist der Zeit ein zurückgelegter Weg zugeordnet.

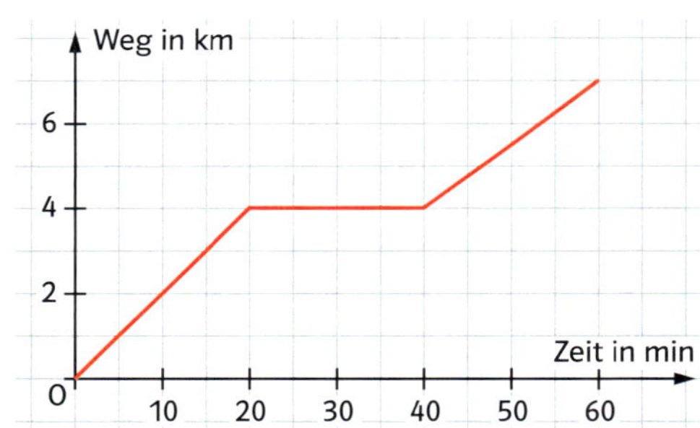

a) Gibt es Abschnitte in dem Schaubild, in dem der zurückgelegte Weg proportional zur Zeit ist?
b) Erfinde eine Geschichte, die zu diesem Schaubild passt.

Geschwindigkeit

Um die durchschnittliche Geschwindigkeit eines Fahrzeugs zu ermitteln, muss der zurückgelegte Weg durch die benötigte Zeit geteilt werden.
Hat ein Auto in drei Stunden 150 km zurückgelegt, so beträgt die durchschnittliche Geschwindigkeit
$\frac{150\,\text{km}}{3\,\text{h}} = 50\,\frac{\text{km}}{\text{h}}$ (lies: 50 km pro Stunde).

Bei einer fest vorgegebenen Zeit ist die durchschnittliche Geschwindigkeit proportional zum Weg:
Je größer der zurückgelegte Weg in einer bestimmten Zeit ist, desto größer die Geschwindigkeit.

Bei fest vorgegebener Zeit

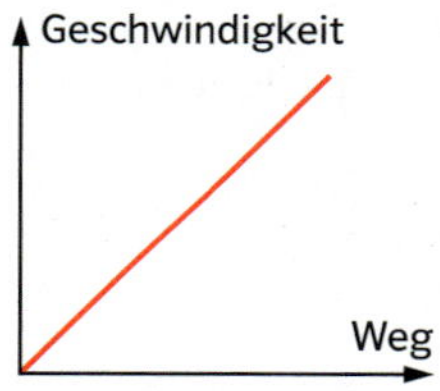

Bei einer fest vorgegebenen Strecke ist die durchschnittliche Geschwindigkeit umgekehrt proportional zur Zeit:
Je mehr Zeit für einen bestimmten Weg benötigt wird, desto kleiner ist die durchschnittliche Geschwindigkeit.

Bei fest vorgegebener Strecke

- In 5 h legt ein Fahrrad 75 km, ein Moped 125 km und ein Auto 200 km zurück. Zeichne ein Schaubild.
Lies weitere Wertepaare ab und erkläre was sie bedeuten.
- Ein Pkw, ein Motorrad und ein Lkw fahren 180 km weit. Der Pkw benötigt 2 h, das Motorrad 1,5 h und der Lkw 3 h. Zeichne ein Schaubild.
Lies weitere Wertepaare ab.

16 Drei Familien aus derselben Stadt sind an denselben Urlaubsort gefahren. Familie Schmid hat bei einer durchschnittlichen Geschwindigkeit von $90\,\frac{\text{km}}{\text{h}}$ ohne Pausen sechs Stunden gebraucht.
Familie Meyer fuhr im Schnitt $100\,\frac{\text{km}}{\text{h}}$, Familie Bobic $120\,\frac{\text{km}}{\text{h}}$.
a) Berechne die Fahrzeiten für Familie Meyer und Familie Bobic.
b) Zeichne ein Schaubild für die drei angegebenen Geschwindigkeiten. Trage dazu auf der Rechtsachse die Zeit und auf der Hochachse den Weg ein. Achte auf eine sinnvolle Achseneinteilung.
c) Lies im Schaubild ab, welchen Vorsprung Familie Bobic nach drei Stunden vor Familie Schmid und Familie Meyer hat.

17 In einem Tapezierratgeber steht eine Tabelle für die Anzahl der Tapetenrollen bei normaler Raumhöhe und einem vorgegebenen Umfang des Fußbodens.

Umfang in m	Anzahl der Rollen
6	4
10	7
12	8
15	10
18	12
20	14

a) Welche Art von Zuordnung liegt der Berechnung zugrunde?
b) Warum steht in der Tabelle bei 10 m Umfang für die Anzahl der Rollen 7?
c) Ergänze die Tabelle durch die Zwischenwerte für den Umfang des Zimmers.

18 Eine 3,60 m lange und 2,40 m hohe Wand soll gekachelt werden.
Es stehen die Kachel-Formate
15 cm × 15 cm; 15 cm × 20 cm und
20 cm × 20 cm zur Auswahl.
Die Fugen bleiben unberücksichtigt.

19 Eine Abfüllanlage für Fruchtsaft füllt mit fünf Maschinen in zwölf Stunden 66 000 Flaschen.
Formuliere eine Aufgabe und löse sie.

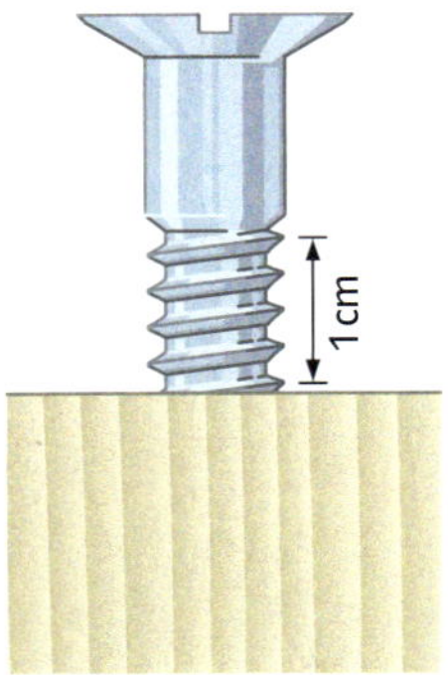

? *Zum Streckenmessen auf Landkarten gibt es auch Messrädchen. Wie kann man die verschiedenen Maßstäbe erklären?*

20 Eine Schraube dringt bei vier Umdrehungen 1 cm in das Holz ein.
a) Wie viele Umdrehungen sind für 6 cm nötig?
b) Die Schraube ist 7,5 cm lang.
Wie oft muss mindestens gedreht werden, bis die Schraube ganz im Holz ist?
c) Wie tief ist die Schraube nach drei Umdrehungen eingedrungen?
d) Wie viele Umdrehungen sind für 1,5 cm nötig?

21 Landkarten werden mit unterschiedlichen Maßstäben angeboten.
Dieses Schaubild kann helfen, vom abgelesenen Kartenmaß auf das wirklichen Maß zu schließen und umgekehrt.

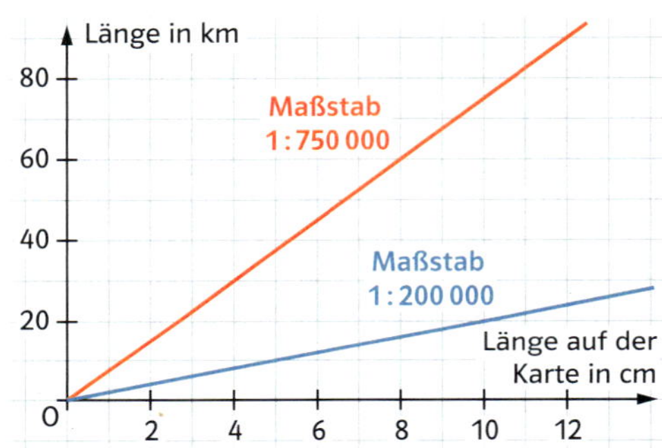

a) Übertrage das Schaubild in dein Heft und ergänze die Maßstäbe 1 : 500 000 und 1 : 1 000 000 andersfarbig.
b) Welcher wirklichen Entfernung entsprechen 6 cm auf der Karte in den vier verschiedenen Maßstäben?
c) Wie lang sind in den vier Maßstäben 20 km auf der Karte?
d) Stelle deiner Nachbarin oder deinem Nachbarn Fragen zum Maßstab, die er oder sie mithilfe des Schaubildes beantworten kann.

22 Beim nächsten Schulfest sollen Hefeteilchen gebacken und an die Besucherinnen und Besucher verkauft werden.
Das Grundrezept sieht folgende Zutaten für 16 Gebäckstücke vor:
500 g Weizenmehl Type 1050; 40 g Hefe; 150 g lauwarme Milch; 90 g weiche Butter; 70 g Honig und 3 Eigelb.

23 Erstelle zur Unterstützung eines Markthändlers Tabellen für die Zuordnung der Kosten zum Gewicht der Ware (in Schritten zu 100 g bis 2,5 kg) und zeichne für die verschiedenen Obstsorten Geraden in ein Schaubild.
Lege die Einheiten der Achsen sinnvoll fest und beschrifte gut.

24 Das Zahnrad am Pedal eines Fahrrades hat 48 Zähne. Über die Kette treibt es ein anderes Zahnrad mit 18 Zähnen am Hinterrad des Fahrrades an. Um eine Strecke von 100 m zurückzulegen, muss sich das Hinterrad 50-mal drehen.
a) Lea hat eine Strecke von 4000 m zurückgelegt.
Wie viele Pedalumdrehungen waren dafür notwendig?
b) Luis begleitet Lea auf ihrer 4000 m langen Strecke mit einem Fahrrad, dessen hinterer Zahnkranz 15 Zähne hat.

25 Tommy möchte ein aufblasbares Kinderplanschbecken füllen. Er nimmt einen 5-l-Eimer zur Hilfe.
Sein Vater warnt ihn: „Du musst dann aber 60-mal mit dem Eimer zum Becken gehen."
a) Tommy entschließt sich, das Becken mithilfe eines 10-l-Eimers zu füllen.
b) Tommy und seine kleinere Schwester füllen das Becken gemeinsam.
Dabei trägt er einen 10-l-Eimer, seine Schwester einen 5-l-Eimer.
c) Tommys Vater behauptet, er müsse nur 15-mal zum Becken laufen, bis es voll ist.
d) Durch einen Gartenschlauch fließen in einer Minute 10 l Wasser.
In welcher Zeit ist das Becken mithilfe des Schlauchs gefüllt?

Rückspiegel

1 Sind die Zuordnungen proportional, umgekehrt proportional oder keines von beiden?

a)

Gewicht	Kosten
3 kg	10,50 €
7 kg	24,50 €
15 kg	52,50 €

b)

Anzahl	Kosten
12	30 €
20	48 €
30	69 €

c)

Zeit	Anzahl
12 h	9
4 h	27
6 h	18

d)

Höhe	Volumen
15 cm	12,0 l
17 cm	13,6 l
19 cm	15,2 l

2 Zeichne den Graph der proportionalen Zuordnung. (x-Achse: 1cm für 1 m; y-Achse: 1 cm für 200 g)

Rohrlänge in m	1	2	3	4	…
Gewicht in g	250	500	750	…	…

3 Zeichne den Graph der antiproportionalen Zuordnung. (Einheit $\frac{1}{2}$ cm)

Länge in cm	5	8	10	16	20
Breite in cm	16	10	8	5	4

4 Lies aus dem Schaubild ab, wie viel
a) Minuten man für 25 km braucht.
b) Kilometer nach 35 min geschafft sind.

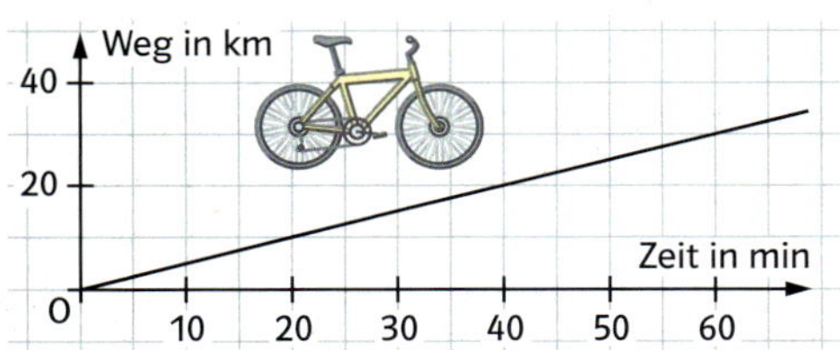

5 Rechne beim Einkauf immer nach.
a) Zwei Kilogramm Orangen kosten 3,60 €. Was kosten drei Kilogramm?
b) Für 350 g Aufschnitt zahlt Kai 3,15 €. Was kosten 250 g?
c) Ist eine 850-g-Dose für 1,59 € günstiger oder eine 560-g-Dose zu 0,99 €?

Rückspiegel

1 Ergänze a) und b) zur proportionalen und c) und d) zur antiproportionalen Zuordnung.

a)

Zeit	Kosten
15 h	540 €
	180 €
25 h	

b)

Anzahl	Kosten
2	
	45,00 €
9	22,50 €

c)

Arbeiter	Zeit
	5 h
20	10 h
8	

d)

Anzahl	Kosten
36	25 €
	45 €
24	

2 Zeichne die Graphen der proportionalen Zuordnungen Gewicht zu Kosten in ein Karogitter, wenn 100 g Obst 0,19 €; 0,29 €; 0,39 €; … ; 0,99 € kosten.

3 Ein Rechteck hat 18 cm² Flächeninhalt. Zeichne den Graphen der Zuordnung „Länge zur Breite“. Lies am Graphen noch vier weitere Breiten und Längen ab, die für Rechtecke mit 18 cm² Flächeninhalt möglich sind.

4 Erstelle Wertetabellen für beide Zuordnungen. Was sind das für Zuordnungen?

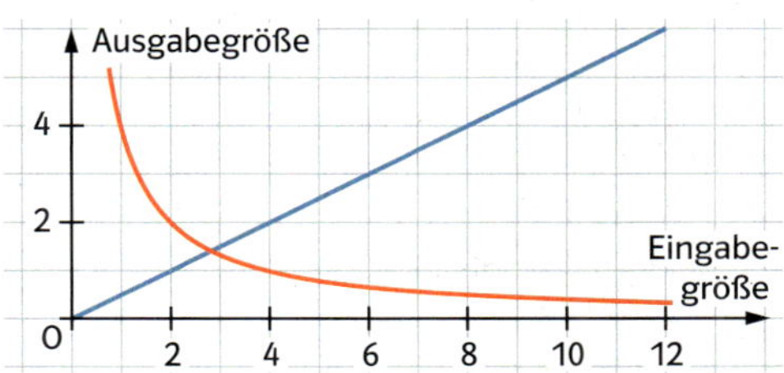

5 Kontrolliere die Preise beim Einkauf.
a) Für 450 g Salami zahlst du 5,85 €. Was kosten 250 g?
b) $3\frac{1}{2}$ kg Äpfel kosten 4,99 €. Was kosten $2\frac{1}{2}$ kg?
c) Sind 3 kg Waschmittel für 7,65 € günstiger oder 4,5 kg zu 11,75 €?
d) Ist eine Tüte mit 650 g für 1,99 € günstiger oder 650 g lose bei 0,29 € je 100 g?

Unter null

Ihr habt bestimmt schon oft Angaben mit einem Minuszeichen gesehen.

Etwa bei der Temperaturmessung im Winter oder bei der Angabe von Schulden.

Der Vulkan Mauna Loa gehört zur Inselgruppe von Hawaii und ragt etwa 4170 Meter über den Meeresspiegel. Bis zum Meeresboden sind es dann noch einmal etwa 5000 m, so dass er von dort gemessen sogar höher als der Mount Everest ist.

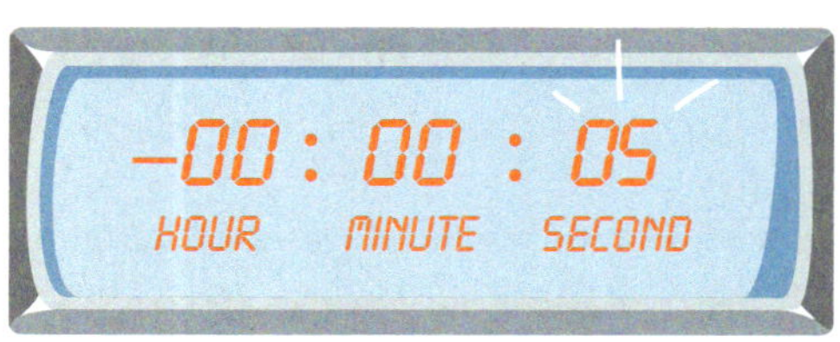

Countdown des Space Shuttle

Wenn der Wind die Kälte macht

Wer hat das nicht schon mal erlebt – das Thermometer zeigt Temperaturen um den Gefrierpunkt an, und man hat das Gefühl, dass hohe Minustemperaturen herrschen.

Schuld daran ist meistens der Wind, der den so genannten Windchill-Effekt erzeugt. Diesen Effekt kann man leicht selbst ausprobieren: bläst man sanft und langsam über seinen Handrücken, fühlt sich der Atem warm an. Bläst man jedoch stärker, fühlt sich der Atem kühler an, obwohl die Temperatur des Atems gleich geblieben ist. Grund dafür sind die winzigen Wassertröpfchen, die immer auf der Hautoberfläche sind und bei genügend starker Luftbewegung verdampfen; dadurch entsteht die Kälte.

Lies mithilfe der rechten Tabelle die gefühlte Temperatur ab.

Gemessene Temperatur	Windgeschwindigkeit
+10 °C	30 km/h
0 °C	70 km/h
−20 °C	80 km/h
−35 °C	50 km/h

Welche Kombination empfindet man am kältesten?

Gemessene Temperatur	Windgeschwindigkeit
0 °C	80 km/h
−10 °C	30 km/h
−20 °C	10 km/h

Bei welchen Windgeschwindigkeiten verändert sich die empfundene Temperatur am stärksten?
Ab welcher Windgeschwindigkeit ist eine Veränderung kaum mehr spürbar?

	Gemessene Temperatur in Grad Celsius									
Windgeschwindigkeit	10	5	0	−5	−10	−15	−20	−25	−30	−35
	Empfundene Temperatur in Grad Celsius									
10	8	2	−3	−9	−14	−20	−25	−31	−36	−42
20	4	−3	−9	−16	−22	−29	−35	−42	−48	−55
30	1	−6	−13	−20	−27	−34	−41	−48	−55	−62
40	−1	−8	−15	−23	−31	−37	−45	−53	−60	−67
50	−2	−10	−17	−25	−33	−40	−48	−56	−63	−71
60	−3	−11	−18	−26	−34	−42	−50	−58	−65	−73
70	−3	−11	−19	−27	−35	−43	−51	−59	−67	−75
80	−3	−12	−20	−28	−36	−44	−52	−60	−68	−76

In diesem Kapitel lernst du,

- negative Zahlen am Zahlenstrahl darzustellen,
- negative Zahlen zu ordnen,
- Zu- und Abnahmen mit negativen Zahlen zu beschreiben,
- das Quadratgitter zum Koordinatensystem zu erweitern.

1 Ganze Zahlen

Warum heißen die Niederlande so?

Auf diesem Ausschnitt einer Landkarte sind Zahlen angegeben. Die Bezeichnung +14 bei der Insel Texel bedeutet, dass sie 14 Meter über dem Meeresspiegel liegt.

→ Kannst du dir vorstellen, was die Zahl bei Groningen bedeutet?

→ Kannst du alle Zahlen auf einer Geraden darstellen?

→ Kennst du andere Situationen, in denen man solche Zahlen verwendet?

Zur Beschreibung von Temperaturen unter dem Gefrierpunkt verwendet man **negative Zahlen**. Man schreibt diese Zahlen mit einem Minuszeichen, z. B. −8; −17; −35.
Zur deutlichen Unterscheidung zwischen 5 und −5 schreibt man manchmal auch +5 und −5. Die Zeichen + und − heißen **Vorzeichen**.
Die negativen Zahlen werden spiegelbildlich zu den positiven links von der Null eingetragen. Die Zahl −5 ist die **Gegenzahl** von +5 und umgekehrt ist +5 die Gegenzahl von −5.
Der Abstand einer Zahl von der Null heißt **Betrag** der Zahl. Eine Zahl und ihre Gegenzahl haben denselben Betrag. Für den Betrag von a schreibt man $|a|$, etwa $|-5| = |+5| = 5$.

*Zur Veranschaulichung der negativen Zahlen muss man den **Zahlenstrahl** zu einer **Zahlengeraden** erweitern.*

*Die Menge der **ganzen Zahlen** wird mit $\mathbb{Z}$ bezeichnet.*
$\mathbb{Z} = \{\dots -2; -1; 0; +1; \dots\}$

Die Zahlengerade

Negative Zahlen stehen links der Null. Sie haben das Vorzeichen −.

Positive Zahlen stehen rechts der Null. Sie haben das Vorzeichen +.

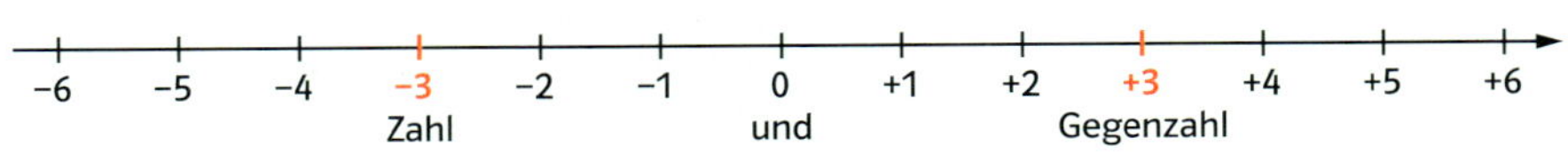

Bemerkung

Wenn man zu den natürlichen Zahlen die negativen ganzen Zahlen hinzufügt, erhält man die **ganzen Zahlen** … −3; −2; −1; 0; +1; +2; +3 …

Beispiele

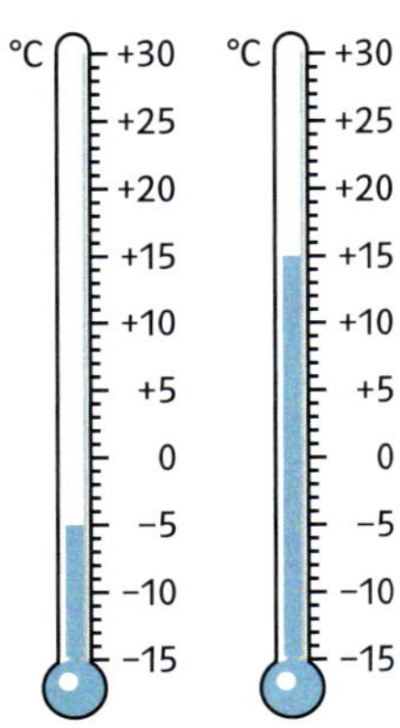

a) Das linke Thermometer zeigt 5 Grad unter null: −5 °C, das rechte 15 Grad über null: +15 °C.

b) Aus der Karte kann man verschiedene Höhenangaben entnehmen.
Las Vegas liegt 620 m über dem Meeresspiegel.
Die tiefste Stelle im Tal des Todes liegt 86 m unter dem Meeresspiegel.
Der Gipfel des Mt. Whitney liegt 4418 m über dem Meeresspiegel.

Aufgaben

1 Benutze die Vorzeichenschreibweise für die Angaben.
a) 17 °C unter dem Gefrierpunkt
31 °C unter dem Gefrierpunkt
b) 258 m über dem Meeresspiegel
59 m unter dem Meeresspiegel
c) 165 € Schulden
485 € Guthaben
d) im 3. Untergeschoss
im Erdgeschoss

2 Welche Zahlen sind rot markiert?
a)
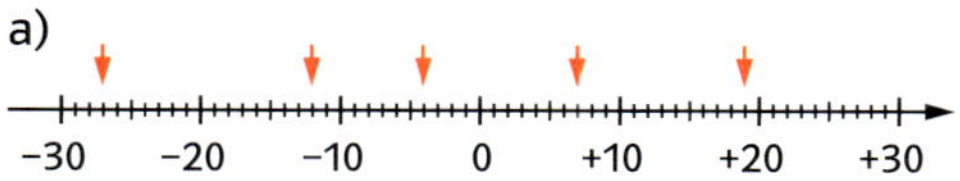

b)
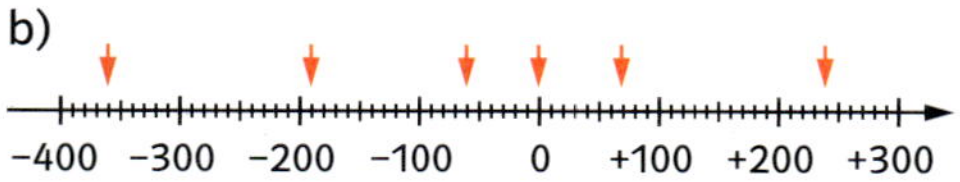

c)
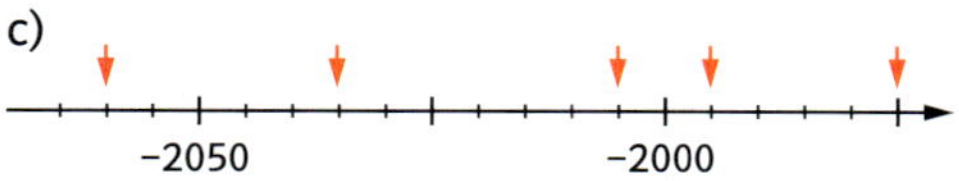

3 Zeichne eine Zahlengerade ins Heft und markiere darauf die folgenden Zahlen.
Achte auf die Einteilung.
a) −3; +4; 0; −7; +7; −1; +3
b) −12; +35; +8; −47; −2; +27; −25
c) +410; −90; −560; +40; +560; −210
d) −1700; +3800; −3300; −500; +7100

4 Übertrage die Zahlengerade ins Heft und zeichne die Gegenzahlen der markierten Zahlen ein.
a)
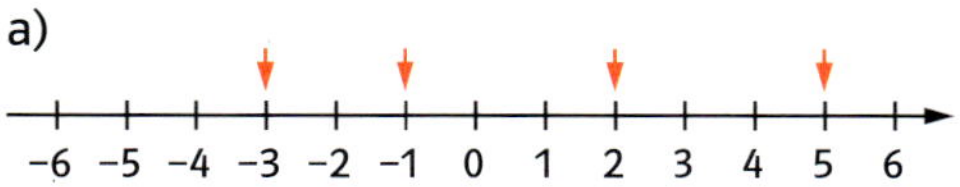

b)
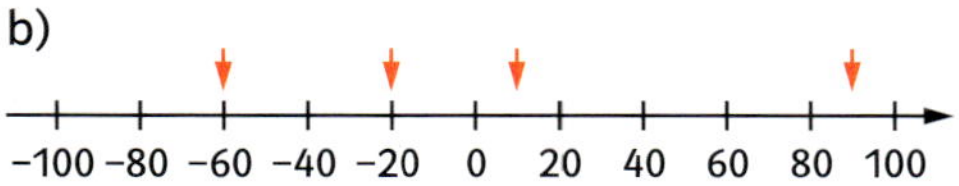

5 Welche Zahl liegt in der Mitte von
a) +3 und +11? b) +8 und −4?
c) +2 und −10? d) −4 und −14?

6 Lies die Temperatur ab.
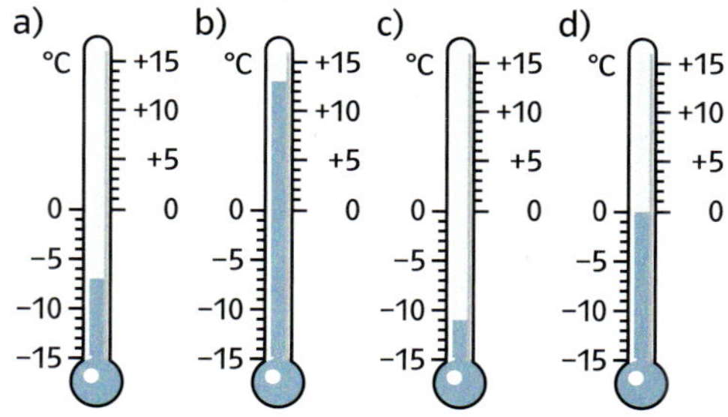

7 Setze die Folge um fünf Zahlen fort.
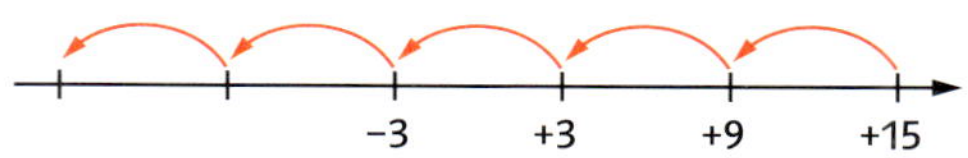

a) +15; +9; +3; −3; …
b) −32; −27; −22; …
c) +40; +32; +23; +13; …
d) +5; +4; +1; −4; …
e) −2; +4; −6; +8; …
f) −1; −2; −4; −7; …

8 Sinje hat im Atlas die Höhen von vier sehr hohen Bergen und die Tiefen von vier Tiefseegräben recherchiert.

Aconcagua	6958 m
Mt. Blanc	4807 m
Kilimandscharo	5895 m
Mt. Everest	8872 m
Sundagraben	−7500 m
Kurilengraben	−10 542 m
Marianengraben	−11 034 m
Puerto-Rico-Graben	−9219 m

a) Welche Zahlen und Namen muss sie den Nummern zuordnen?

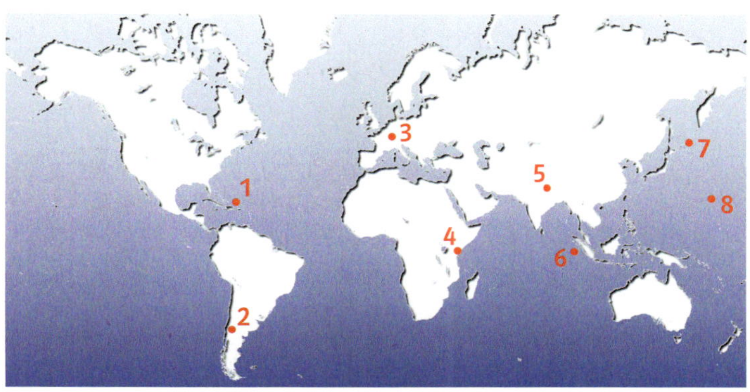

b) Lege eine Skala an, auf der du die Berge und die Tiefseegräben eintragen kannst.

2 Rationale Zahlen

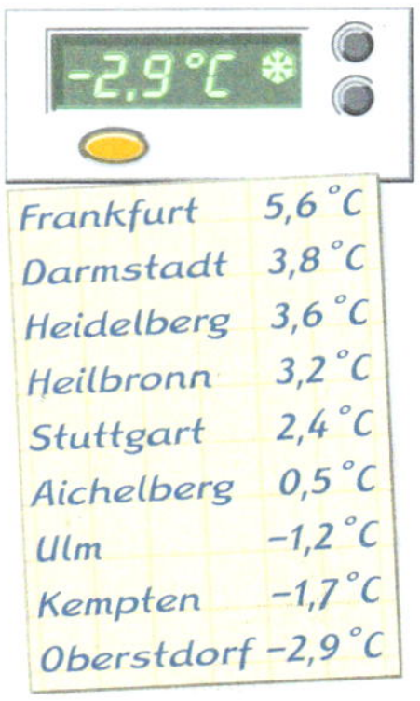

Sebastian fährt mit seinen Eltern zum Skilaufen. Dabei liest er während der Fahrt die Außentemperaturen an der Temperaturanzeige ab.

→ Was beobachtet er während der Fahrt in Richtung Süden?

→ Trage die Angaben auf einer geeigneten Skala ein.

Bei Kontoständen, Temperaturwerten oder anderen naturwissenschaftlichen Messwerten ist es notwendig und sinnvoll, Dezimalbrüche oder Brüche als Maßzahlen zu verwenden. Es gibt auch negative Bruchzahlen wie $-\frac{2}{3}$ oder −234,56.

Auch jede Bruchzahl hat eine Gegenzahl. Die Gegenzahl von $\frac{1}{2}$ ist $-\frac{1}{2}$.

*Die Menge der **rationalen Zahlen** wird mit ℚ bezeichnet.*

Wenn man alle positiven und negativen Bruchzahlen, einschließlich der Null, zusammen nimmt, erhält man die **rationalen Zahlen**.

negative rationale Zahlen — positive rationale Zahlen

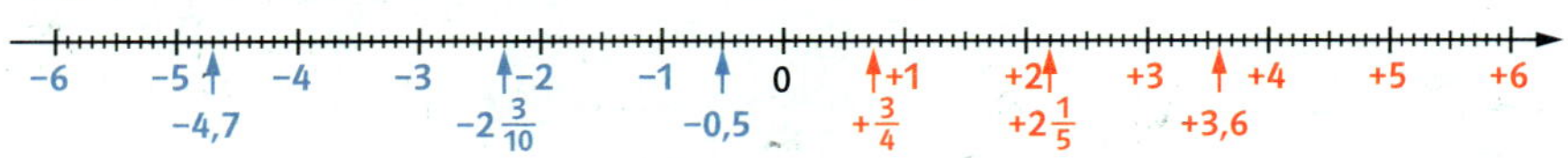

Uhrzeit	Temperatur (°C)
4:00	−4,5
8:00	−2,8
12:00	+7,2
16:00	+5,3
20:00	−0,5
24:00	−3,6

Beispiele

a) Bruchzahlen und Dezimalbrüche wie $+\frac{7}{8}$ oder −4,25 sowie ganze Zahlen wie −123 oder +78 gehören zu den rationalen Zahlen.

b) Den gemessenen Temperaturen werden auf der Zahlengerade die Uhrzeiten zugeordnet.

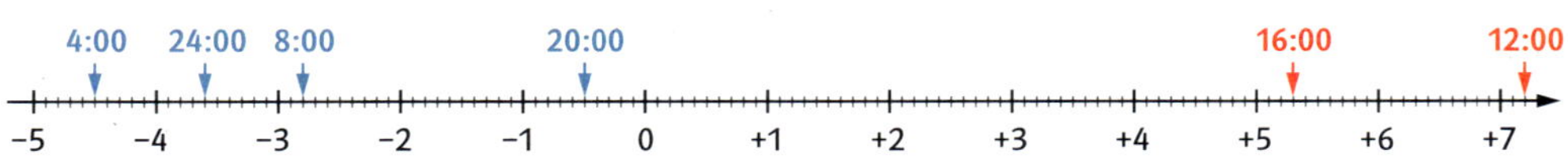

Aufgaben

1 Wie heißen die auf der Zahlengerade rot markierten Zahlen?

a)

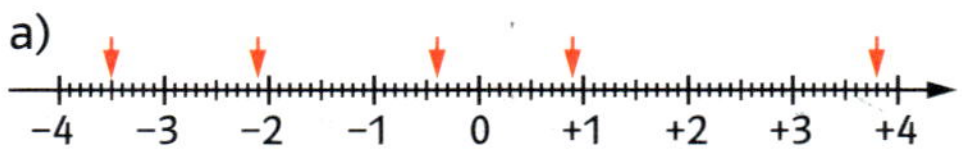

b)

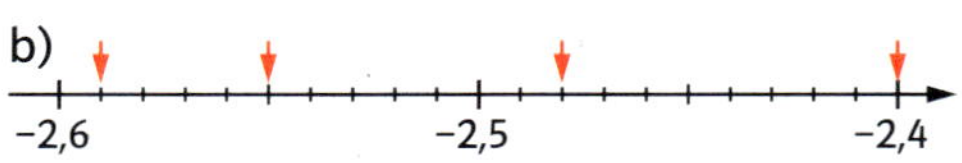

c)

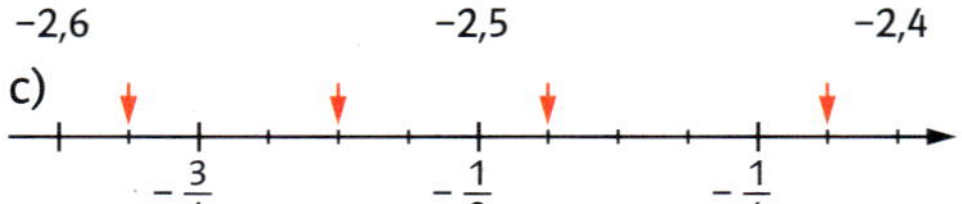

2 Trage die Zahlen auf der Zahlengerade ein. Mit Millimeterpapier kannst du besonders genaue Eintragungen machen.

a) +1,7; −2,8; −5,5; +0,5; +3,6; −0,9

b) +2,9; −0,1; −6,3 ; +4,7; −3,0; −4,6

c) −5,2; −6,5; −5,6; −2,5; −0,6; −7,8

d) −39; +48; 0; +11; −66; −48; +25

e) $+2\frac{4}{5}$; $-1\frac{1}{2}$; $-4\frac{3}{10}$; $+\frac{3}{4}$; $-3\frac{3}{5}$

f) −0,2; +0,45; $-\frac{2}{5}$; +0,07; $-\frac{1}{100}$; $-\frac{11}{20}$

3 Welche Zahlen musst du korrigieren?

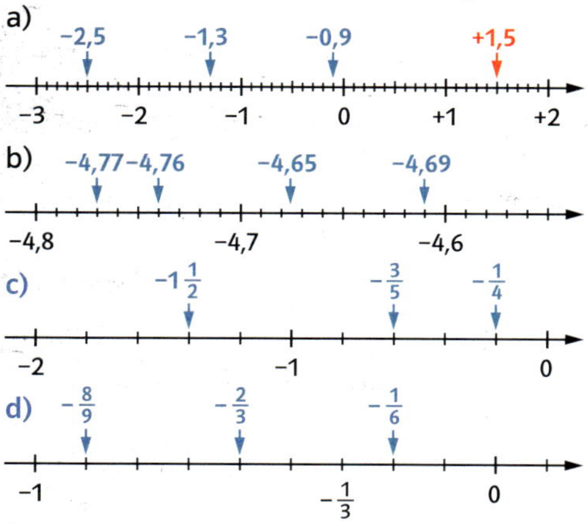

4 Zeichne eine Zahlengerade, bei der zwei aufeinander folgende ganze Zahlen einen Abstand von 1 cm haben.
Miss die Länge der Strecke von

a) +2,0 bis +7,5 b) −0,5 bis −4,0
c) −1,8 bis +2,8 d) −3,2 bis +3,2
e) +1,9 bis −0,1 f) −7,3 bis +4,9

5 Beim Messen ergeben sich manchmal Abweichungen.
Jan hat +0,06 m, Michael −0,13 m und Janina −0,05 m gemessen.
a) Wer hat am besten gemessen?
b) Marlene sagt: „Die durchschnittliche Abweichung beträgt 8 cm."

6 Entnimm der Zeichnung die Höhenangaben eines Feuchtbiotops und übertrage die Tabelle ins Heft.

Messpunkt	M1	M2	M3	M4	M5	M6
Höhe in m						

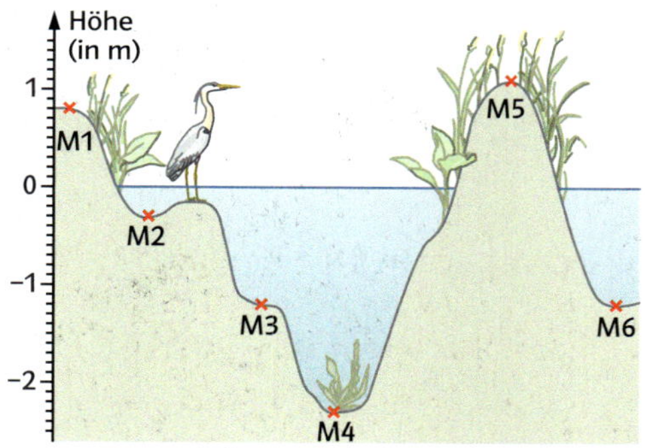

7 Alle Striche haben denselben Abstand. Wie heißen die fehlenden Zahlen?

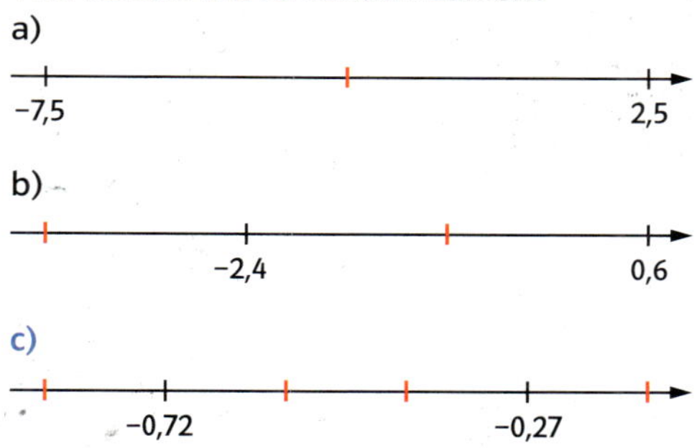

Immer wieder neue Zahlen!

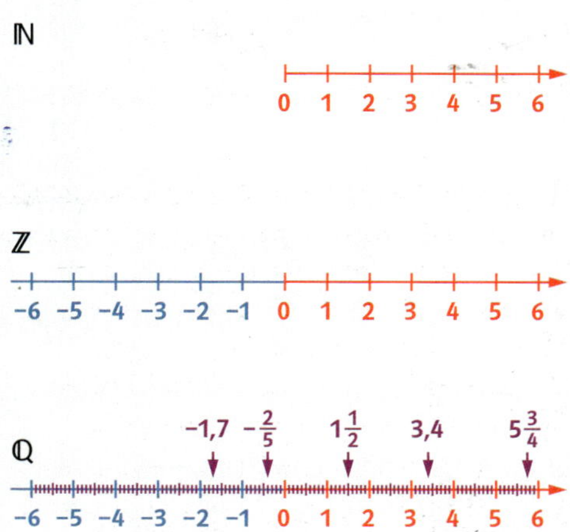

Wenn man zu den **natürlichen Zahlen ℕ** die negativen ganzen Zahlen dazu nimmt, erhält man die **ganzen Zahlen ℤ**.
Zusammen mit den Brüchen ergeben sich die **rationalen Zahlen ℚ**.

■ Richtig oder falsch?

- Jede Bruchzahl ist eine rationale Zahl.
- Jede negative Zahl ist nicht positiv.
- Null ist keine rationale Zahl.
- Zwischen zwei negativen ganzen Zahlen liegen mindestens zehn rationale Zahlen.
- Von null kann man nichts abziehen.

Begründe deine Entscheidungen.

3 Anordnung

Einige Stellen unserer Kontinente liegen unterhalb des Meeresspiegels.

→ Nenne Punkte auf der Karte, die sich über beziehungsweise unter dem Meeresspiegel befinden.

→ Bestimme den höchsten und den tiefsten Punkt auf dem Kartenausschnitt.

→ Trage die Höhenangaben mit den zugehörigen Ortsbezeichnungen auf einer Zahlengerade ein.

Es ist sinnvoll, für 20 m Höhe eine Länge von 1 mm auf der Zahlengerade zu wählen und die Skala über eine Doppelseite zu zeichnen.

Rationale Zahlen vergleicht man genauso wie beispielsweise Temperaturen.
Die Temperatur von −7 °C ist niedriger als −2 °C. Entsprechend ist −7 kleiner als −2.

−4,2 ist kleiner als −2,8.

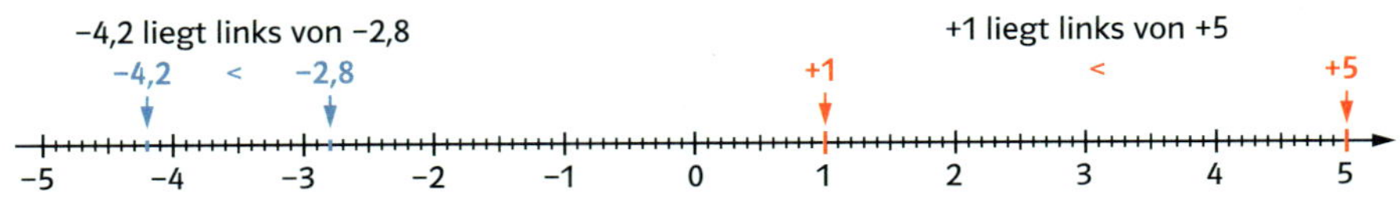

Die kleinere von zwei rationalen Zahlen liegt auf der Zahlengerade weiter links.

! Von zwei negativen Zahlen ist diejenige kleiner, die den größeren Betrag hat!

Beispiele

a) −3 liegt links von +1
−3 ist kleiner als +1
$-3 < +1$

b) −3,9 liegt rechts von −4,8
−3,9 ist größer als −4,8
$-3{,}9 > -4{,}8$

c) $-\frac{1}{5}$ liegt rechts von $-\frac{3}{5}$
$-\frac{1}{5}$ ist größer als $-\frac{3}{5}$

d) Zum Ordnen kann eine Kette gebildet werden.
$-3 < -2{,}5 < -2$
−2,5 liegt zwischen −3 und −2.

Aufgaben

ist wärmer als
ist mehr als
ist kälter als
ist höher als
liegt unterhalb von
ist weniger als

1 Vergleiche mit Formulierungen aus dem Alltag. Gib Situationen an, in denen diese Vergleiche vorkommen könnten.

a) −2 °C … +5 °C
b) 3456 m unter NN … 2345 m über NN
c) −2367,45 € … +567,50 €
d) −4 °C … −17 °C
e) 5,32 m … −0,45 m
f) 45,67 € … −45,67 €

Suche selbst Situationen zum Vergleichen.

2 Ordne mit der Beziehung „ist niedriger (weniger) als“. Schreibe als Kette.

Beispiel: $-4{,}2 < -0{,}6 < 1{,}25$

a) −1 °C; +7 °C; −5 °C; −11 °C; +2 °C
b) −7,4 °C; +12,3 °C; −12,5 °C; +6,9 °C
c) 1,50 €; −3,25 €; 0,84 €; −1,05 €
d) −1,23 €; −2,31 €; 3,21 €; −3,21 €
e) −204,8 m; 248 m; −24,8 m; 20,48 m
f) −0,75 m; −7,05 m; 7,50 m; −0,705 m

3 Was ist richtig?

a) $3 < 5$ oder $3 > 5$
b) $5 < 3$ oder $5 > 3$
c) $-3 < -5$ oder $-3 > -5$
d) $-5 < 3$ oder $-5 > 3$
e) $-5 < -3$ oder $-5 > -3$

4 Setze das Zeichen < oder > richtig ein.

a) $+14$ □ -5
-10 □ -9
-1 □ $+1$

b) $+84$ □ $+48$
-217 □ 172
-801 □ 108

c) $-4{,}9$ □ $-5{,}3$
$+1{,}7$ □ $-7{,}1$
$-0{,}6$ □ $-0{,}3$

d) $-2{,}34$ □ $-3{,}24$
$+5{,}05$ □ $-5{,}50$
$0{,}07$ □ $0{,}70$

e) $\frac{3}{4}$ □ $-\frac{4}{5}$
$\frac{6}{7}$ □ $-\frac{7}{6}$
$-\frac{3}{5}$ □ $\frac{4}{7}$

f) $-1{,}3$ □ $-1\frac{1}{4}$
$+1\frac{1}{2}$ □ $-2\frac{1}{2}$
$-3{,}6$ □ $-3\frac{5}{8}$

5 Ordne die Zahlen in einer Kette.

a) $+1$; -8; 0; $+11$; -18; -12; -2; -10
b) $-4{,}2$; $+2{,}4$; $-24{,}0$; $20{,}4$; $-40{,}2$; $-2{,}4$
c) $7{,}89$; $-7{,}89$; $8{,}79$; $-8{,}79$; $9{,}78$; $-9{,}78$
d) $\frac{1}{2}$; $-0{,}5$; $-\frac{1}{4}$; $0{,}25$; $\frac{1}{3}$; $-0{,}3$
e) $-2{,}6$; $-2\frac{1}{2}$; $-\frac{27}{10}$; $-2{,}4$; $-2\frac{1}{4}$

6 Sortiere die Zahlen nach folgender Regel: die kleinste, die größte, die zweitkleinste, die zweitgrößte, …

a) -898; -998; -899; 899; -989; 889
b) $-0{,}005$; $-0{,}505$; $0{,}055$; $-0{,}05$; $-0{,}55$
c) $-1{,}2$; $1\frac{1}{4}$; $1\frac{1}{2}$; $-1\frac{1}{3}$; $-1{,}5$
d) $-0{,}5$; $1{,}5$; $-\frac{1}{5}$; $\frac{1}{2}$; $-0{,}25$

7 Gib drei rationale Zahlen an zwischen

a) -5 und 5
-5 und 0
-5 und -1

b) $-3{,}5$ und $-1{,}5$
$-3{,}5$ und $3{,}5$
$-3{,}5$ und 0

c) 0 und $-0{,}1$
$-1{,}0$ und $-0{,}1$
$-0{,}1$ und $-0{,}01$

d) $-\frac{1}{2}$ und $\frac{3}{10}$
$-1\frac{1}{4}$ und $\frac{1}{4}$
-3 und $-\frac{1}{3}$

8 Gib drei Zahlen zwischen den vorgegebenen so an, dass der Abstand jeweils gleich groß ist.

a) $0 \dots +20$
b) $-40 \dots 0$
c) $-15 \dots -3$
d) $-3 \dots +3$

9 Bestimme die nächst kleinere und die nächst größere ganze Zahl.

a) □ $< -2{,}8 <$ □
□ $< -0{,}28 <$ □
□ $< 2\frac{1}{8} <$ □

b) □ $< -28{,}2 <$ □
□ $< -2{,}08 <$ □
□ $< \frac{8}{21} <$ □

10 Prüfe.

a) Liegt $-3{,}4$ näher bei -3 oder bei -4?
b) Liegt $-8{,}6$ näher bei -8 oder bei -9?
c) Ist $-2{,}4$ weiter entfernt von -2 oder von -3?
d) Ist $-\frac{1}{3}$ weiter entfernt von 0 oder von -1?

11 Kennzeichne den Abschnitt auf der Zahlengerade.

Beispiel: Alle Zahlen von -2 bis $+3$.

a) Alle Zahlen von $-4{,}5$ bis $3{,}5$.
b) Alle Zahlen von $-1{,}2$ bis $-10{,}2$.
c) Alle Zahlen, die größer als $-3{,}5$ und negativ sind.
d) Alle Zahlen, die kleiner als $-0{,}5$ und größer als $-7{,}5$ sind.

12 Wie heißt die Zahl?

a) Sie ist von -5 genauso weit entfernt wie von $+3$.
b) Sie liegt genau in der Mitte von $2{,}5$ und $-3{,}5$.
c) Sie ist doppelt so weit entfernt von -1 wie von -5. Hier kannst du zwei Lösungen finden. Beschreibe, warum dies so ist.

13 Die Tiefsttemperaturen der Städte wurden dem Wetterbericht vom 21. Januar entnommen.

a) Ordne die Temperaturen.
b) Bestimme die tiefste und die höchste Temperatur.
c) Wo war es kälter als in München?
d) Wo war es wärmer als in Leipzig?
e) Wo war es kälter als in Hamburg, jedoch wärmer als in Rostock?
f) Bestimme die beiden Städte mit der geringsten und die mit der größten Temperaturdifferenz.

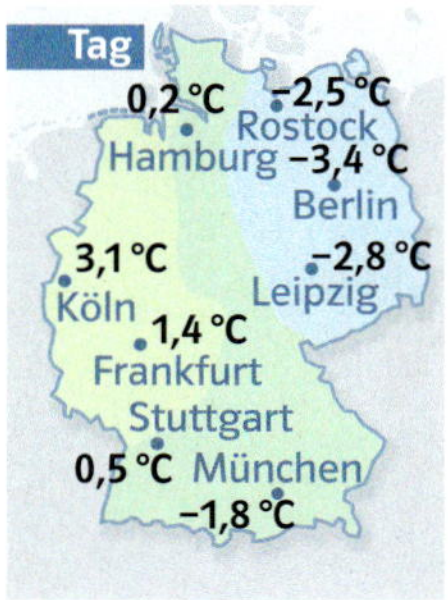

Monat	unter/über Normal in cm
Januar	–1
Februar	–17
März	+22
April	+68
Mai	+39
Juni	+5
Juli	–23
August	–41
September	–38
Oktober	–12
November	+11
Dezember	+19

Angaben zu Aklavik und Arouane findest du in Aufgabe 15.

14 Die Pegelstände eines Stausees werden regelmäßig gemessen.
a) In welchem Monat war der Pegelstand am höchsten, wann am niedrigsten?
b) In welchen Monaten stand das Wasser höher als im Juli? Wann stand das Wasser tiefer als im November?
c) In welchen Monaten lag der Pegel tiefer als im Mai, jedoch höher als im Februar?
d) Erkläre die Schwankungen der Pegelstände in den verschiedenen Monaten.

15 a) Ordne, beginne mit dem kältesten Ort.

Ort	Land	Tiefsttemp. (°C)
Aklavik	Kanada	–52,2
Eismitte	Grönland	–64,8
Fairbanks	USA	–54,4
Jakutsk	Russland	–64,3
Ulan Bator	Mongolei	–44,4

b) Suche die Orte im Atlas.
c) Trage die Temperaturen auf einem geeigneten Ausschnitt der Zahlengerade ein.
d) Der heißeste Ort ist Arouane in Mali mit 54,4 °C. Zeichne einen neuen Ausschnitt, und trage diese Temperatur zusätzlich ein.

16 a) Ordne die Stoffe nach der Temperatur der Schmelzpunkte und der Siedepunkte in zwei Tabellen.

Stoff	Schmelzpunkt	Siedepunkt
Benzin	–57	108
Campinggas	–190	–42
Frostschutzmittel	–68	197
Luft	–213	–191
Ozon	–251	–113
Quecksilber	–39	357
Sauerstoff	–219	–183
Wasser	0	100

b) Zeichne zwei Ausschnitte der Zahlengerade.
c) Sind die Stoffe in Aklavik oder in Arouane fest, flüssig oder gasförmig?

Golfspiel

Für jeden Golfplatz wird eine bestimmte Anzahl von Schlägen für eine Runde als Platzstandard vorgegeben.
Man kann Abweichungen davon mit positiven oder negativen Zahlen angeben. Negative Zahlen bedeuten, dass der Spieler weniger Schläge benötigt hat, als der Platzstandard vorgibt.

- Erstelle eine Rangfolge der Spieler.

Garcia	+11	Norman	–3
Singh	–11	Westwood	–4
Faldo	–1	Johnson	–9
Langer	–7	Woods	–12

Auch die Anzahl der Schläge pro Loch hat eigene Bezeichnungen.
Die am Loch angegebene Anzahl nennt man **par**. **Bogey** bedeutet 1 Schlag mehr, +2 ist ein **Doppel-Bogey**. 1 Schlag weniger nennt man **Birdie**, –2 **Eagle** und –3 **Albatros**.
Vor dem letzten Loch haben drei Spieler folgenden Punktestand:

Siem +1   Els –2
Jimenez –1

- Wie lautet die Rangfolge?

Siem spielt sensationell einen Albatros, Els einen Birdie und Jimenez einen Bogey.
- Wie lautet die neue Reihenfolge?
- Was hätte Jimenez spielen müssen, um zu gewinnen?

4 Zunahme und Abnahme

Die Blautopfhöhle in der Schwäbischen Alb ist die längste deutsche Unterwasserhöhle. Ihr Entdecker, Jochen Hasenmayer, hatte bei seinen Tauchgängen einige Höhenunterschiede zu überwinden.

→ Beschreibe den Tauchweg von Punkt zu Punkt.

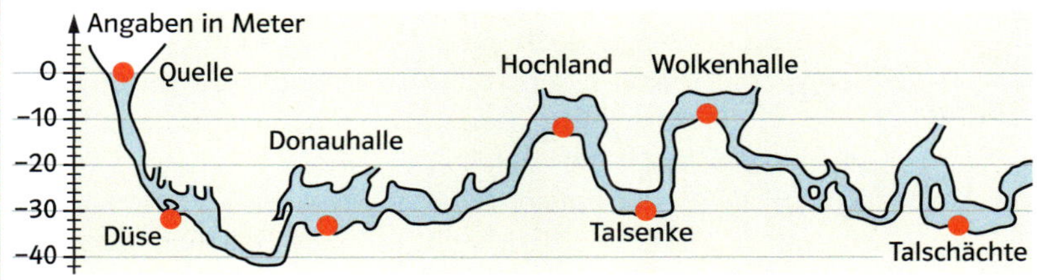

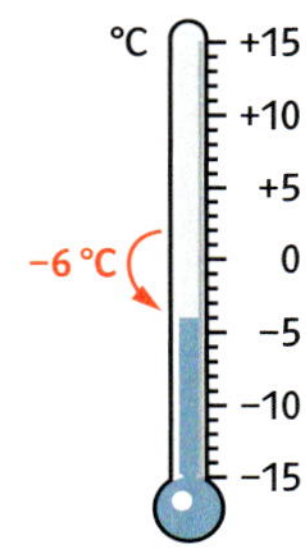

Änderungen lassen sich durch positive oder negative Zahlen beschreiben. Nimmt die Temperatur beispielsweise um 6 °C ab, so spricht man von einer Temperaturänderung um −6 °C. Die Flüssigkeit im Thermometer bewegt sich dabei nach unten. Bei steigender Temperatur bewegt sich die Flüssigkeit im Thermometer nach oben.

Die Veränderungen lassen sich an der Zahlengerade veranschaulichen.

Eine Zunahme um 4 bedeutet:
Gehe 4 Schritte nach rechts.

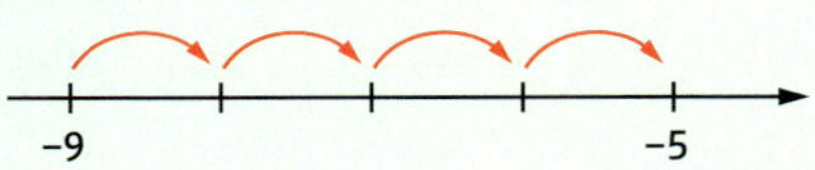

Die Änderung beträgt +4.

Eine Abnahme um 4 bedeutet:
Gehe 4 Schritte nach links.

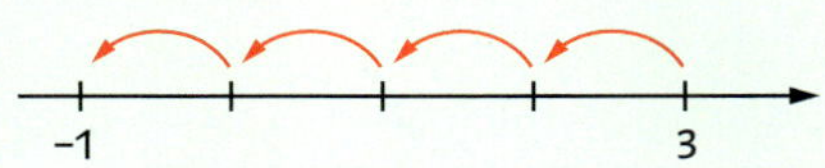

Die Änderung beträgt −4.

Beispiele

a) −13 °C $\xrightarrow{+\,8\,°C}$ −5 °C

+2,6 °C $\xrightarrow{-\,4{,}2\,°C}$ −1,6 °C

−0,8 °C $\xrightarrow{-\,3{,}5\,°C}$ −4,3 °C

b) Der Wasserstand des Sees hat um 25 cm abgenommen. Er fiel von +14 cm auf −11 cm.

+14 cm $\xrightarrow{-\,25\,cm}$ −11 cm

Aufgaben

1 Beschreibe die Änderungen mit positiven oder negativen Zahlen.
a) Die Temperatur sinkt um 4 °C.
b) Der Wasserspiegel steigt um 1,25 m.
c) Das Guthaben vermindert sich um 53 €.
d) Die Flughöhe steigt um 4500 Fuß.

2 Ergänze die fehlenden Angaben in deinem Heft.

a)

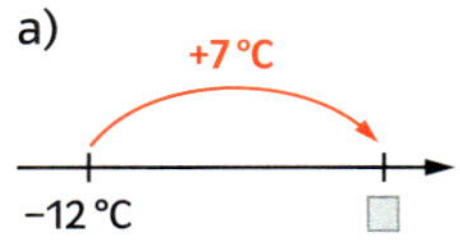

b)

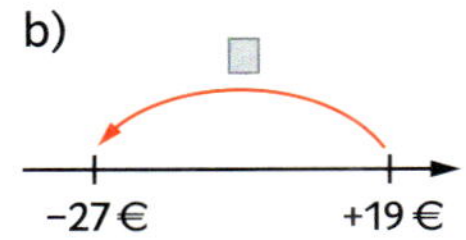

3 Um wie viel Grad Celsius hat sich die Temperatur jeweils verändert?

a) −6 °C $\xrightarrow{\square}$ +2 °C b) +2,2 °C $\xrightarrow{\square}$ +7,6 °C
c) +10 °C $\xrightarrow{\square}$ −7 °C d) −3,5 °C $\xrightarrow{\square}$ −9,3 °C
e) +29 °C $\xrightarrow{\square}$ −4 °C f) +5,4 °C $\xrightarrow{\square}$ −8,7 °C
g) −1 °C $\xrightarrow{\square}$ −14 °C h) −9,7 °C $\xrightarrow{\square}$ −6,8 °C

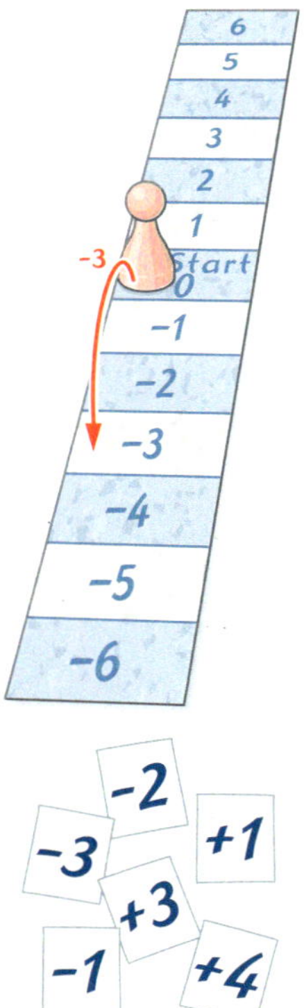

4 Ein Spiel für 2 bis 4 Spieler
Fertigt euch einen Spielstreifen mit den Feldern von +6 bis −6 an und dazu Spielkärtchen mit den Zahlen von +6 bis −6 ohne die Zahl Null.
Jeder Spieler erhält gleich viele Kärtchen. Die Spielfigur steht auf dem Startfeld, der Null.
Der erste Spieler legt ein Kärtchen ab und zieht mit der Spielfigur in die entsprechende Richtung. Gleichzeitig wird das Feld markiert und darf von keinem Spieler mehr besucht werden.
Nun legt der nächste Spieler ein Kärtchen vor sich hin und zieht mit der Spielfigur weiter.
Nach einigen Zügen kann keiner mehr ziehen. Sieger ist, wer dann die wenigsten Kärtchen hat.

5 Die Lufttemperatur nimmt bei 200 m Anstieg durchschnittlich um 1 °C ab.
a) In Gaschurn zeigt das Thermometer 2,5 °C. Mit welcher Temperatur muss man an der Bergstation rechnen?
b) Suche Orte auf der Karte, an denen die Null-Grad-Grenze erreicht wird.
c) Welche Temperaturen herrschen auf den Berggipfeln?

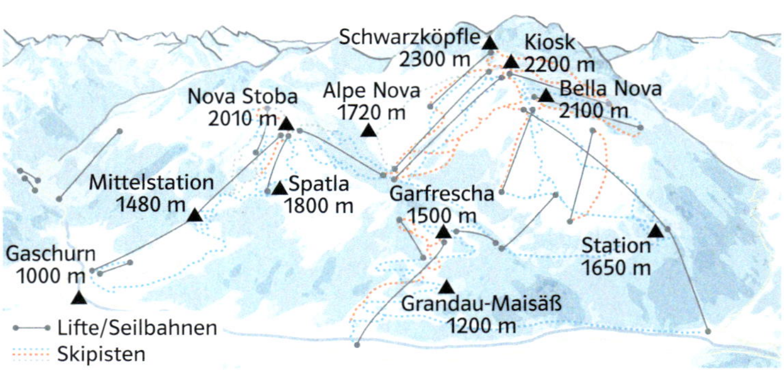

6 Auf dem Flug von Frankfurt nach Palma werden folgende Lufttemperaturen gemessen:

Frankfurt (Bodentemperatur)	−8 °C
Palma (Bodentemperatur)	+17 °C
Außentemperatur (in 9000 m Höhe)	−36 °C
Innentemperatur des Flugzeugs	+20 °C

a) Bestimme die Temperaturzunahme von Frankfurt nach Palma.
b) Welchem Temperaturunterschied muss das Material der Flugzeugaußenhaut bei diesem Flug standhalten?
c) Bestimme den Unterschied der Innen- und Außentemperatur in 9000 m Höhe.

7 Timo fährt gerne mit dem Fahrstuhl. Er steigt im Erdgeschoss eines Hochhauses ein und fährt 14 Stockwerke nach oben, dann 17 Stockwerke nach unten und anschließend nochmals 23 Etagen nach oben. Wie müsste sich der Fahrstuhl danach weiterbewegen, damit Timo im zweiten Untergeschoss ankommt?

8 Die Tabelle zeigt die höchsten und tiefsten Temperaturen auf einigen Himmelskörpern.

Himmelskörper	Erde	Mond	Mars	Merkur
Höchste Temp. °C	+68	+118	+27	+480
Tiefste Temp. °C	−92	−153	−138	−180

Formuliere eigene Aufgaben zu den Temperaturangaben.

5 Das Koordinatensystem

Übertrage den Plan auf kariertes Papier und markiere den Weg der Schatzsucher vom Brunnen bis zum Turm.
Wähle für 10 Schritte die Länge 1 cm.

→ Beschreibe die Lage des Schatzes in Bezug auf den Brunnen.

→ Auf welchem Weg hättest du vom Turm auch zum Schatz gelangen können?

→ Lege auf schönem Papier eine eigene Schatzkarte an.

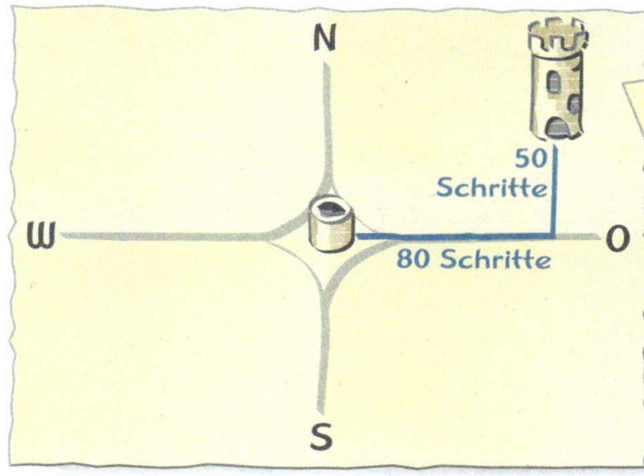

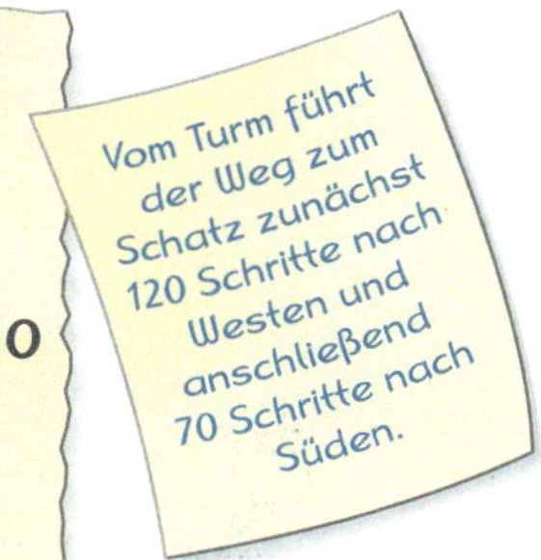

Erweitert man das Quadratgitter nach links und nach rechts unten, dann lassen sich auch Punkte mit negativen Werten eintragen.
Die waagerecht verlaufende Rechtsachse und die darauf senkrecht stehende Hochachse werden somit Geraden, die man **Koordinatenachsen** nennt.
Die zur Gerade erweiterte Rechtsachse heißt **x-Achse**, die zur Gerade verlängerte Hochachse heißt **y-Achse**. Der Punkt O(0|0) heißt auch **Ursprung**.

Die beiden **Koordinaten** eines Punktes P bestimmen die Lage im **Koordinatensystem** eindeutig. Die erste Koordinate des Punktes heißt x-Wert, die zweite Koordinate heißt y-Wert.

P(3|2)

x-Wert y-Wert

Beispiel

Positive x-Werte trägt man waagerecht nach rechts ab, negative x-Werte vom Ursprung nach links.
Positive y-Werte trägt man senkrecht nach oben ab, negative y-Werte vom Ursprung nach unten.

A(2|3)	2 nach rechts; 3 nach oben
B(−3|2)	3 nach links; 2 nach oben
C(−1|−2)	1 nach links; 2 nach unten
D(3|−1)	3 nach rechts; 1 nach unten

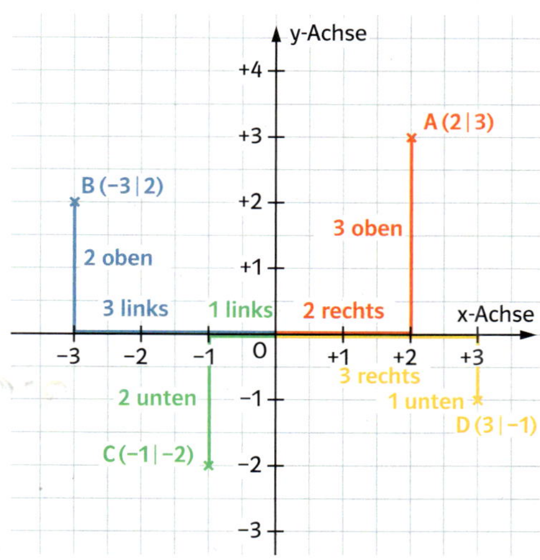

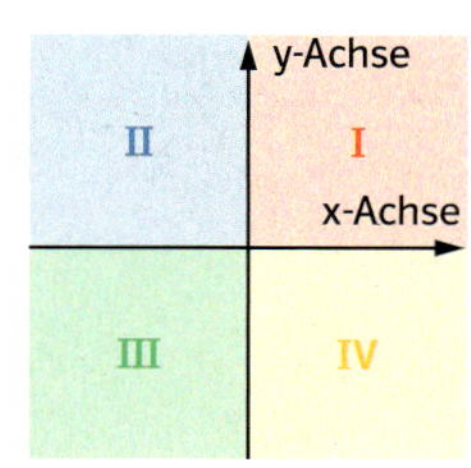

Bemerkung

Die beiden Achsen teilen die Zeichenebene in vier Felder, die man **Quadranten** nennt.

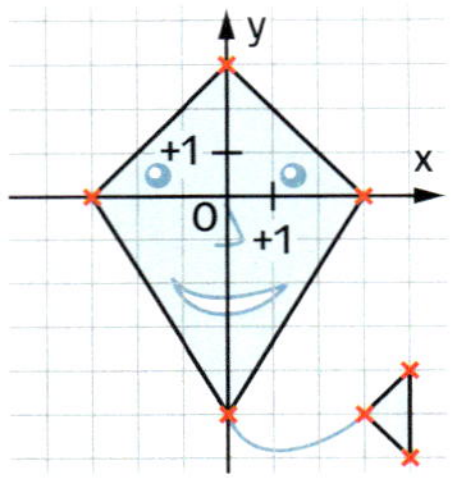

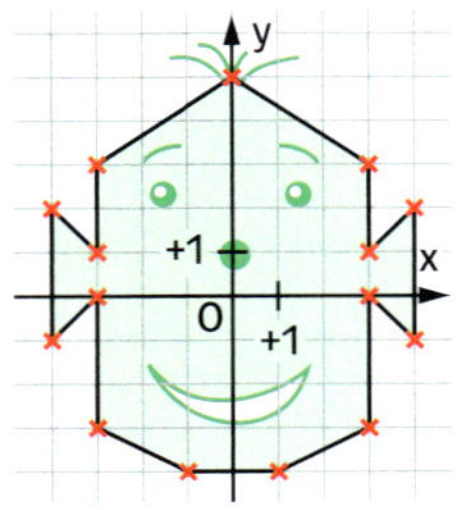

Gib die Eckpunkte der Drachengesichter an.

Zeichne ein eigenes Drachengesicht. Was fällt dir an den Koordinaten auf?

Aufgaben

1 Bestimme die Koordinaten der eingetragenen Punkte. Beispiel: P(−3|2)

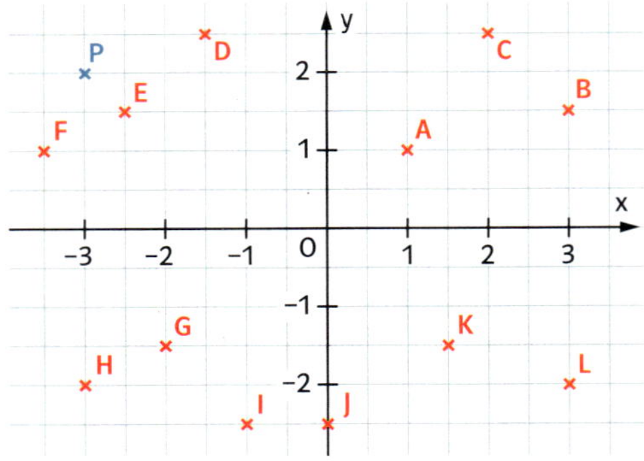

2 In welchem Quadranten liegt der Punkt? Muss man die Punkte einzeichnen?

a) P(−7|3) b) Q(−9|−12)
c) R(4,7|−0,5) d) S(−0,1|−0,9)
e) T(0|−8,5) f) U(−1,6|0)
g) V(8,2|−8,2) h) W(−6,5|−5,6)

3 Übertrage die Punkte in ein Koordinatensystem und verbinde zu einem Viereck.

a) A(−6|−3); B(−1|1); C(−4|0); D(−5|−1)
b) A(2,5|−4,5); B(−1|4,5); C(−7,5|0,5); D(−5,5|−0,5)
c) A(4,5|3,5); B(−5,5|−0,5); C(−1|−5,5); D(6|−2,5)

4 Übertrage die Tabelle ins Heft und fülle sie aus.

Quadrant	Vorzeichen des	
	x-Werts	y-Werts
I		
II		
III		
IV		

5 Die Punkte A, B und C sind Eckpunkte eines Vierecks. Bestimme den fehlenden Eckpunkt D.

a) Quadrat: A(2|1); B(−1|1); C(−1|−2)
b) Rechteck: A(4|3); B(−2|6); C(−4|3)
c) Raute: A(−1|1); B(−4|−1); C(−1|−3)

6 Zeichne das Viereck ABCD samt der Diagonalen in ein Koordinatensystem. In welchem Punkt schneiden sich die Diagonalen?

a) A(−1|−4); B(4|1); C(−5|4); D(−6|−4)
b) A(5|−7); B(7|0); C(0|3); D(−2|−4)

7 Zeichne das Parallelogramm ABCD mit A(1|3); B(3|−1,5); C(7|−1,5) und D(5|3) in ein Koordinatensystem. Verschiebe jeden der Eckpunkte um vier Einheiten nach oben. Du erhältst die Bildpunkte A′, B′, C′ und D′. Verbinde A mit A′, B mit B′ usw. Welche Figur entsteht?

8 Setze die Spirale um einige Runden fort. Wo liegt der 10. Eckpunkt? Welche Koordinaten hat der 20. Punkt? Mit Überlegen findest du auch die Koordinaten des 100. Punkts der Spirale.

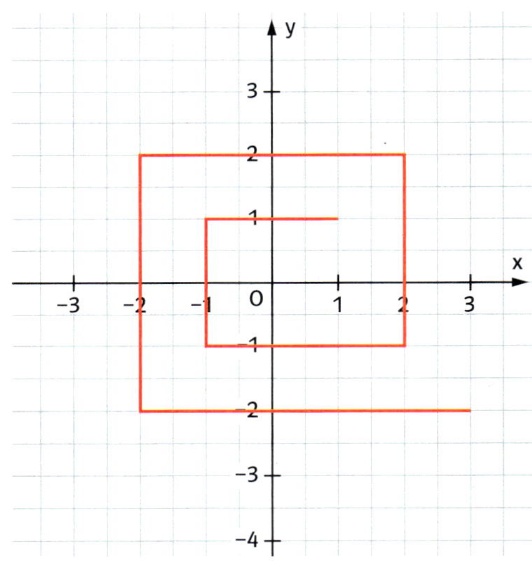

9 Verbinde die Punkte in einem Zug ohne abzusetzen. Welche Figur entsteht dadurch?

a) A(−2|−4); C(2|0); D(0|3); E(−2|0); B(2|−4); A(−2|−4); E(−2|0); C(2|0); B(2|−4)
b) A(−3|−1); B(−3|3); C(−1|6); D(1|3); E(1|−1); F(6|0); G(6|4); H(4|7); C(−1|6)
Verbinde anschließend die Punktepaare D und G sowie A und E.

Zusammenfassung

Ganze Zahlen

Die Zahlen … −3; −2; −1; 0, 1; 2; 3 … heißen **ganze Zahlen**.
Die Menge der ganzen Zahlen wird mit $\mathbb{Z}$ bezeichnet.

$\mathbb{Z} = \{\ldots -3; -2; -1; 0, 1; 2; 3 \ldots\}$

Rationale Zahlen

Die positiven und negativen Bruchzahlen einschließlich der Null heißen **rationale Zahlen**.
Die Menge der rationalen Zahlen wird mit $\mathbb{Q}$ bezeichnet.

$-3{,}786$; $2\frac{1}{7}$ oder $-\frac{34}{123}$ sind Beispiele für rationale Zahlen.

Zahlengerade

Zur Darstellung der rationalen Zahlen wird der Zahlenstrahl zur Zahlengerade erweitert. Negative Zahlen stehen links der Null.

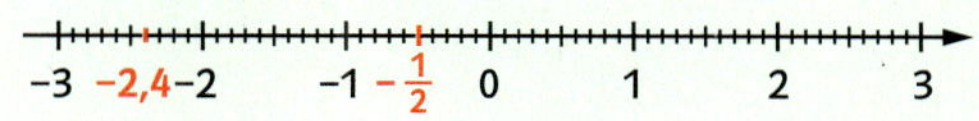

Gegenzahl

Jede Zahl, außer Null, hat eine **Gegenzahl**. Zahl und Gegenzahl haben denselben **Betrag**, also denselben Abstand von null.

−5 ist die Gegenzahl von +5 und
+5 ist die Gegenzahl von −5.

Vergleichen und Ordnen

An der Zahlengerade kann man rationale Zahlen miteinander vergleichen.
Die kleinere von zwei rationalen Zahlen liegt auf der Zahlengerade weiter links.

$-3{,}4 < -1{,}2$
−3,4 ist kleiner als −1,2

Zunahme und Abnahme

Durch positive und negative Zahlen kann man Änderungen beschreiben.
An der Zahlengerade lassen sich diese Veränderungen veranschaulichen.

3 Schritte nach links bedeuten eine Abnahme um 3, die Änderung beträgt −3.

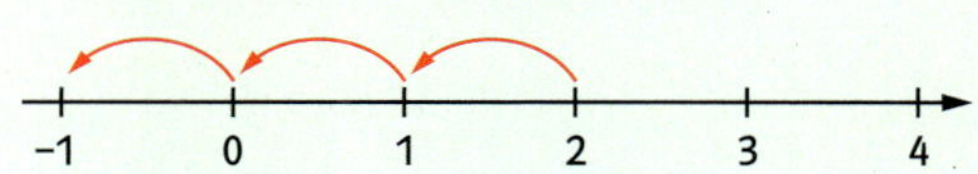

Koordinatensystem

Das **Koordinatensystem** ist eine Erweiterung des Quadratgitters nach links und nach unten.
Die waagerechte Achse heißt x-Achse, die senkrechte y-Achse.

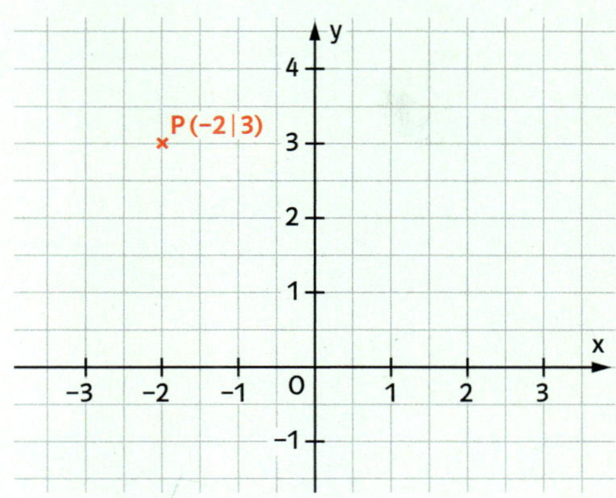

Punkte im Koordinatensystem werden mit Koordinaten beschrieben. Sie bestimmen die Lage der Punkte eindeutig.

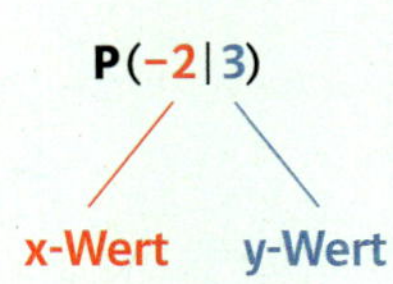

Üben • Anwenden • Nachdenken

1 Welche Zahlen sind gekennzeichnet?

a)

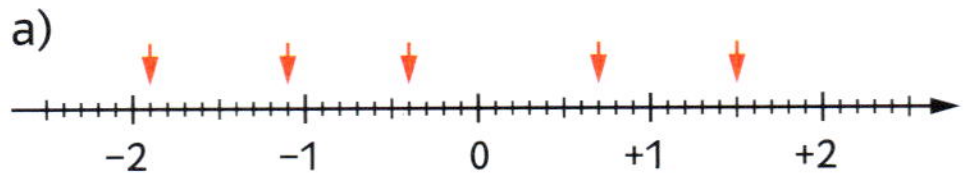

b)

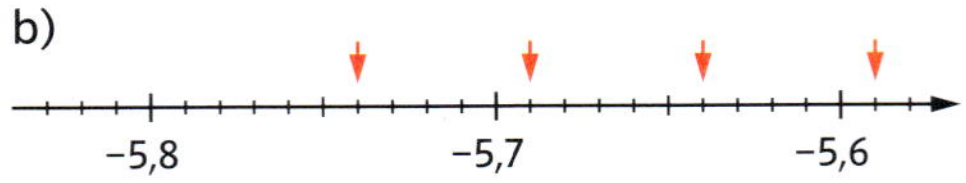

2 Trage auf der Zahlengerade ein.

a) −35; 77; 26; −82; −6; 59; −71

b) 62 000; −51 000; −34 000; 43 000

c) 0,45; −0,07; 0,21; −0,84; −0,48

3 Ordne die Zahlen in einer Kette. Beginne mit der kleinsten.

a) −609; −69; 906; −960; −690; 96

b) 3,2; −2,03; −3,02; −2,3; 2,3; −3,2

c) −0,7105; −0,1075; −0,0175; −0,5701

4 Welche der Zahlen wurden falsch eingetragen?

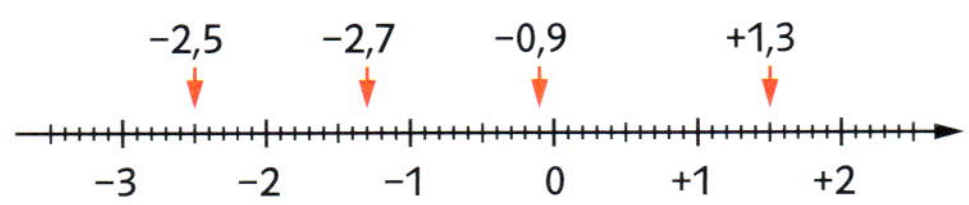

5 Wie heißen die nächsten 5 Stationen?

a)

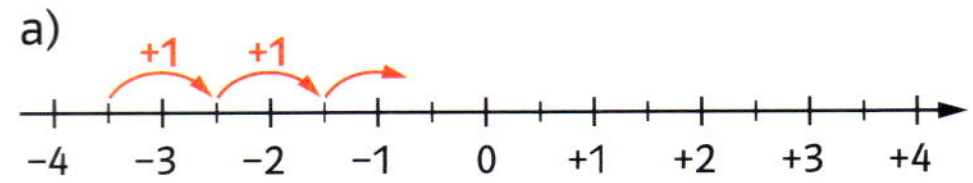

b)

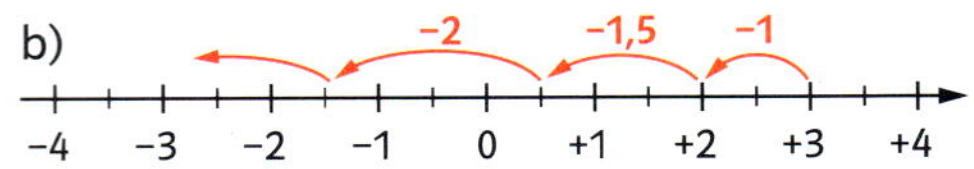

6 Bestimme das Lösungswort.

a) −89 ☐ −76 (> B; < A; = L)

b) −0,7 ☐ −0,9 (> U; < E; = N)

c) −9,07 ☐ 7,09 (> L; < S; = E)

d) −2,062 ☐ −2,206 (> D; < L; = C)

e) −1,54 ☐ −1,45 (> H; < A; = E)

f) $\frac{84}{25}$ ☐ 3,36 (> R; < F; = U)

g) −0,06 ☐ $\frac{3}{50}$ (> T; < E; = O)

h) −7,4 ☐ $-7\frac{5}{13}$ (> M; < R; = S)

7 „Bei Ausgrabungsarbeiten einer alten römischen Siedlung wurde eine Münze mit dem Aufdruck 432 v. Chr. gefunden."
An welchem Tag ist die Zeitungsmeldung erschienen?

Zeitzonen

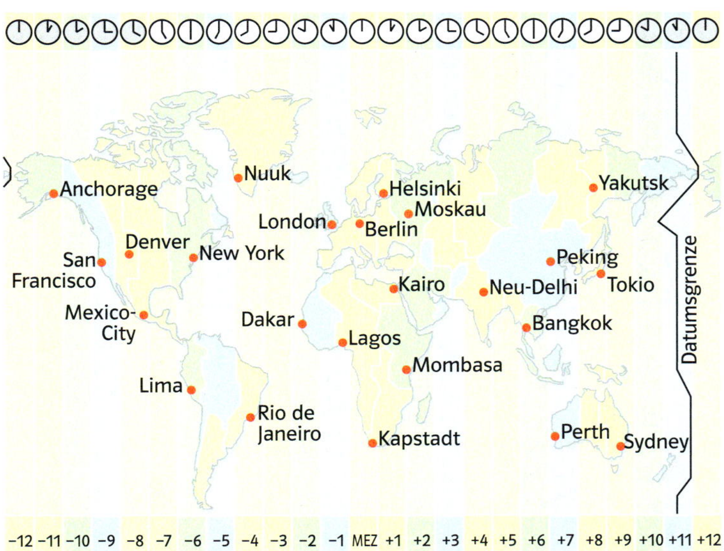

Auf der Karte kann man die Zeitzonen der Erde erkennen. Alle Orte, die innerhalb einer Zeitzone liegen, haben dieselbe Uhrzeit.

- Suche nach Städten, die in der gleichen Zeitzone liegen.
- Suche nach Städten, die gegenüber Berlin den gleichen Zeitunterschied aufweisen.
- Wann kannst du bei Freunden in San Francisco anrufen, ohne sie aus dem Schlaf reißen zu müssen?
- Frederic erhält am Montagmorgen einen Anruf von Sara. Sie sagt, bei ihr sei noch Sonntag. Wo könnte Sara zu Hause sein? Wenige Minuten später telefoniert Frederic mit Tim, der behauptet, bei ihm sei bereits Dienstag. Was meinst du?

8 Frau Schmid hat ein Guthaben von 235 € auf dem Konto. Nach der Bezahlung einer Handwerkerrechnung hat sie ihr Konto um 487 € überzogen.
a) Welcher Betrag stand auf der Rechnung des Handwerkers?
b) Wie viel Euro kann Frau Schmid noch abheben, wenn sie ihr Konto bis zu einem Höchstbetrag von 2400 € überziehen darf?

9 Aus dem Schaubild lässt sich der Kontostand von Pias Girokonto ablesen.
a) Beschreibe den Verlauf von Tag zu Tag.
b) Wann hat sie am meisten einbezahlt, wann am meisten abgehoben?
c) Wie viel Geld hat sie in diesen Tagen insgesamt abgehoben?
d) Wie viel Geld muss sie am folgenden Dienstag einzahlen, um wieder den ursprünglichen Kontostand zu haben?

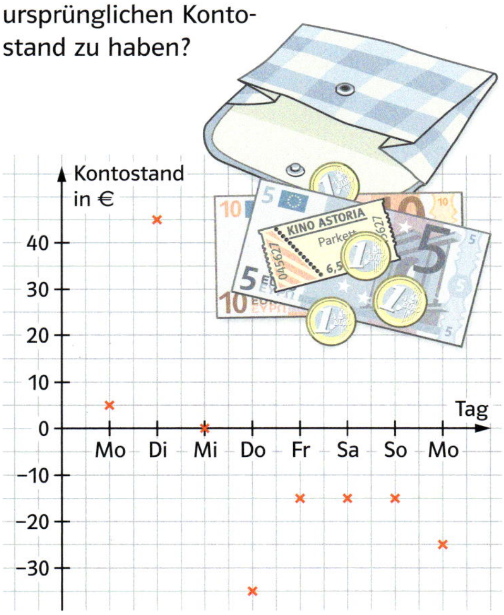

10 Die niedrigste Temperatur, die eine Pflanze überstehen kann, nennt man Frosthärte.
a) Die Frosthärte der Alpenrose beträgt im Januar −29 °C. Bis zum Juni steigt sie um 25 °C an.
Welche Temperaturen übersteht die Alpenrose im Juni ohne Schädigung?
b) Die Latschenkiefer verträgt im Januar −43 °C; im Juli −7 °C. Um wie viel Grad Celsius steigt ihre Frosthärte an?

11 Die Abbildung zeigt die Temperaturen der einzelnen Schichten der Atmosphäre.

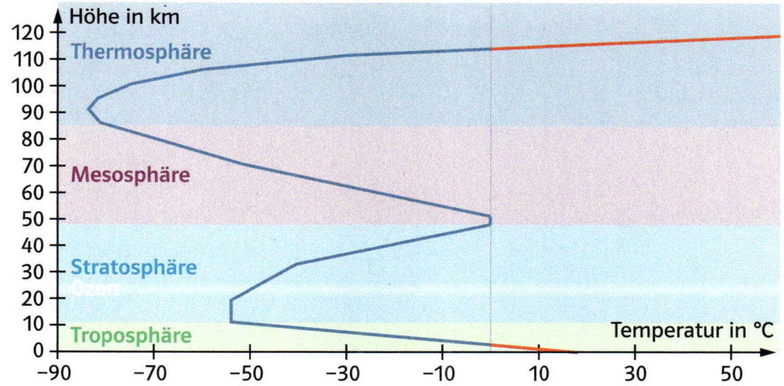

a) Vervollständige die Tabelle im Heft.

Höhe in km	0	10	20	30	40	50	60	70	80	90	100	110	120
Temp. in °C													

b) Welche Temperaturunterschiede muss ein Wetterballon, der bis maximal 50 km Höhe aufsteigen kann, aushalten?
c) In welchen Höhen liegt die so genannte „Nullgradgrenze"?

12 Temperaturen (in °C) eines Januartages.

	6 Uhr	12 Uhr	18 Uhr	24 Uhr
Berlin	−2	1	2	0
Frankfurt	−1	3	3	0
Garmisch	−7	−3	−6	−10
Großer Arber	−10	−10	−9	−12
Helgoland	2	5	4	3
Leipzig	−2	0	1	−1
München	−5	−1	−3	−8
Stuttgart	−3	0	−2	−6
Ulm	−6	−3	−5	−9
Zugspitze	−19	−16	−15	−21

a) Erstelle eine geordnete Tabelle für die Mittags- und die Nachttemperaturen.
b) Wo gab es im Laufe des Tages die größten Schwankungen, wo die geringsten?
c) Erstelle für die Mittagstemperaturen ein Säulendiagramm.
d) Welche Messstation bildet die „Mitte"?

Temperaturrekorde

Auf der Erde herrschen zum Teil extreme Temperaturen. Hier siehst du einige solcher Temperaturrekorde.

Deutschland
40,3° in Perl-Nennig (Saarland)
−44,8 °C Berchtesgaden (Funtener See)
Weltweit
57,3 °C El Assisja, Libysche Wüste
−89,2 °C Antarktisstation Wostok

- Vergleiche die Temperaturrekorde.

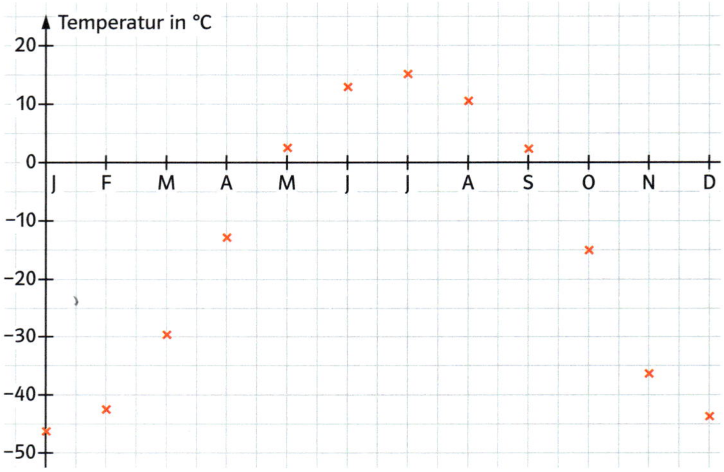

Das Diagramm zeigt die mittleren Temperaturen im sibirischen Werchojansk.
- Lies die Temperaturen der einzelnen Monate ab.
- Bestimme die größte Temperaturdifferenz innerhalb des ganzen Jahres.

Im Verlauf eines Jahres gab es in Werchojansk eine Tiefsttemperatur von −70 °C und eine Höchsttemperatur von 36,6 °C.
- Vergleiche.

Monat	J	F	M	A	M	J	J	A	S	O	N	D
Temperatur in °C	−31	−45	−55	−65	−66	−65	−67	−68	−66	−57	−44	−32

In der Tabelle findest du die Werte für die Antarktisstation Wostok.
- Übertrage die Werte in ein Diagramm. Vergleiche den Verlauf der Temperaturkurve mit dem von Werchojansk. Was stellst du fest?

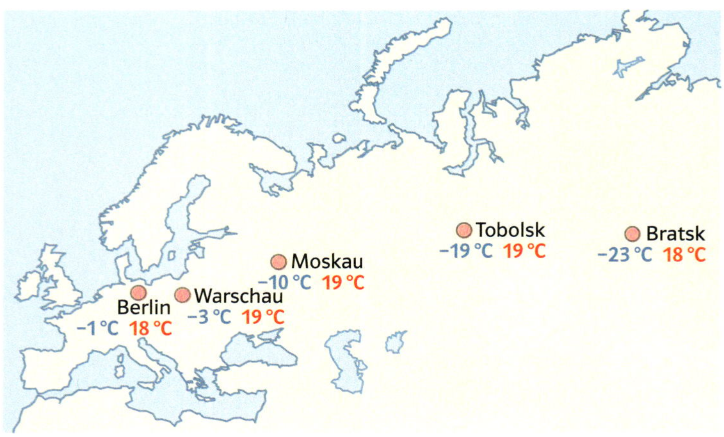

Die Karte zeigt die mittleren Januar- und Julitemperaturen einiger Städte in Europa und Russland.
- In welcher Stadt wurde der größte, in welcher der geringste Temperaturunterschied gemessen?
- Ordne die aufgeführten Städte nach der Höhe der Temperaturunterschiede. Kannst du einen Zusammenhang zwischen den Temperaturdifferenzen und der Entfernung zum Meer erkennen?

Rückspiegel

1 Welche Zahlen sind markiert?

a)

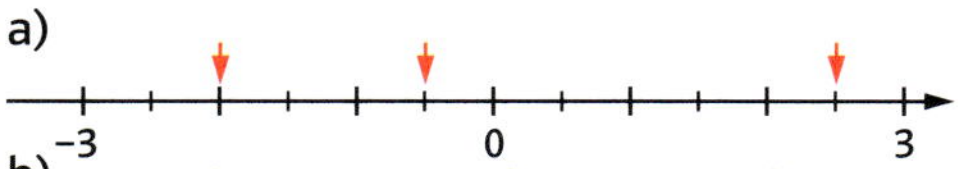

b)

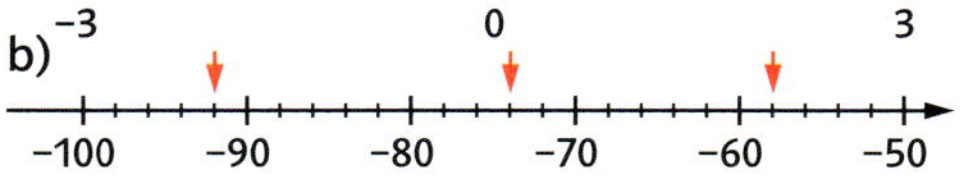

2 Trage auf einem Ausschnitt der Zahlengerade ein.

a) -4; 8; -1; 0; 3; -5

b) $-0{,}3$; $0{,}15$; $-\frac{1}{4}$; $-0{,}2$; $-0{,}05$

3 Setze < oder > ein.

a) $23 \;\square\; -27$ $\quad$ $-108 \;\square\; -96$ $\quad$ $-4312 \;\square\; -1234$

b) $0{,}17 \;\square\; -0{,}71$ $\quad$ $-0{,}908 \;\square\; -0{,}809$ $\quad$ $-0{,}056 \;\square\; -\frac{1}{2}$

4 Ordne nach der Größe.

a) 45; -54; -405; 540; -450; -45

b) $0{,}025$; $-0{,}502$; $-0{,}052$; $0{,}52$; $-0{,}205$

5 Welche Zahl liegt in der Mitte von

a) $-1{,}5$ und $-3{,}0$? $\quad$ b) $-\frac{1}{2}$ und 3?

6 Die drei Zahlen haben denselben Abstand. Wie heißt die fehlende Zahl?

a)

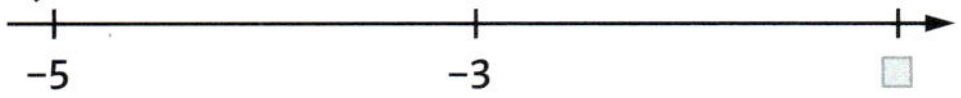

b)

7 Ordne die Städte nach ihren Temperaturen. Beginne mit der kältesten.

Athen	11 °C	Helsinki	−18 °C
Brüssel	0 °C	Las Palmas	20 °C
Moskau	−27 °C	Wien	−7 °C

8 Die Tabelle zeigt die Kontostände vom letzten Tag des jeweiligen Monats. Bestimme die Kontobewegungen zwischen den Monaten.

Jan	Feb	März	Apr	Mai	Juni
5400	1700	−800	2350	−2150	740

Rückspiegel

1 Welche Zahlen sind markiert?

a)

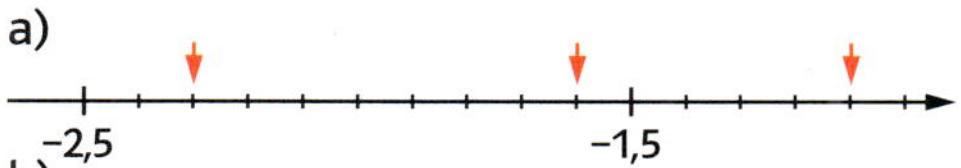

b)

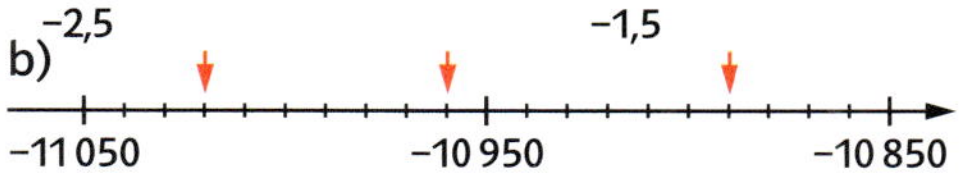

2 Trage auf der Zahlengerade ein.

a) -32; -17; -48; -9; -66; -76

b) $-\frac{1}{5}$; $-1{,}3$; $\frac{3}{4}$; $-2\frac{1}{2}$; $-0{,}7$

3 Setze <, > oder = ein.

a) $-6{,}3 \;\square\; 2{,}9$ $\quad$ $-3{,}3 \;\square\; -4{,}4$ $\quad$ $-0{,}8 \;\square\; -\frac{4}{5}$

b) $-\frac{21}{5} \;\square\; -4{,}19$ $\quad$ $-\frac{1}{9} \;\square\; -0{,}1$ $\quad$ $-\frac{1}{4} \;\square\; -0{,}25$

4 Schreibe als Kette.

a) $-3{,}87$; $-7{,}83$; $3{,}78$; $-8{,}73$; $7{,}83$

b) $-1\frac{1}{2}$; $1{,}55$; $-1\frac{1}{4}$; $1{,}25$; $-1\frac{1}{10}$

5 Welche Zahl liegt in der Mitte von

a) $-7{,}5$ und $6{,}0$? $\quad$ b) $-\frac{1}{3}$ und $-\frac{1}{2}$?

6 Die drei Zahlen haben denselben Abstand. Wie heißt die fehlende Zahl?

a)

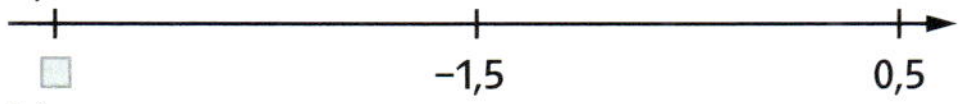

b)

7 Ordne die Kontostände.

−234,56 €	1025,00 €
5,09 €	−75,80 €
−1,00 €	−100,00 €

8 Aus der Tabelle kann man die Tageshöchsttemperaturen (in °C) und die Tagestiefsttemperaturen entnehmen. Bestimme die täglichen Änderungen und die größte Temperaturdifferenz.

Mo	Di	Mi	Do	Fr	Sa	So
12,2	9,1	5,6	7,5	8,2	10,1	4,5
3,9	0,4	−1,3	−2,9	−5,3	2,6	−3,7

Zahlen nachgehen

Klebt im Klassenzimmer oder im Flur einen großen Papierstreifen auf den Boden. Zeichnet einen Ausschnitt der Zahlengeraden und markiert die Zahlen von − 10 bis + 10. Wenn ihr den Schulhof nutzen wollt, nehmt ihr am besten ein Stück Kreide.

Hatice steht auf der Null und geht fünf Schritte nach rechts in positive Richtung, danach acht Schritte nach links in negative Richtung.

- Wo steht Hatice jetzt?
- Wie muss sie sich von dort bewegen, um auf das Feld + 10 zu kommen?
- Legt eigene Wege zurück.

Sina und Pierre üben an der Zahlengeraden auf dem Schulhof. Sina geht mit einem Schritt immer zwei Zahlen weit, Pierre sogar drei. Sina startet bei − 23 und geht in positive Richtung. Pierre beginnt gleichzeitig bei + 17 und geht in negative Richtung.

- Wo treffen die beiden sich, wenn sie gleich viele Schritte machen?
- Wo stehen beide nach je 10 Schritten?
- Probiert mit eigenen Zahlen.

Thorben legt mit jedem Schritt drei Zahlen zurück.

- Wie viele Schritte macht er von − 7 bis + 8? Wie viele von − 4 bis + 5?

Vanessa macht sieben Zweier-Schritte und landet bei der Zahl − 9.

- Wo ist sie gestartet?

Ein Kartenspiel für Drei

Stellt euch 18 Karten mit den ganzen Zahlen von + 1 bis + 9 und von − 1 bis − 9 her.

Ihr spielt zu zweit gegen einen Mitschüler. Die Karten werden gleichmäßig verteilt. Jeder legt seine Karten offen auf den Tisch. Der Einzelspieler, der jede Runde beginnt, legt ein Kärtchen in die Mitte des Tischs. Die beiden anderen versuchen nun zusammen mit ihren beiden Kärtchen die Zahl Null zu bilden.

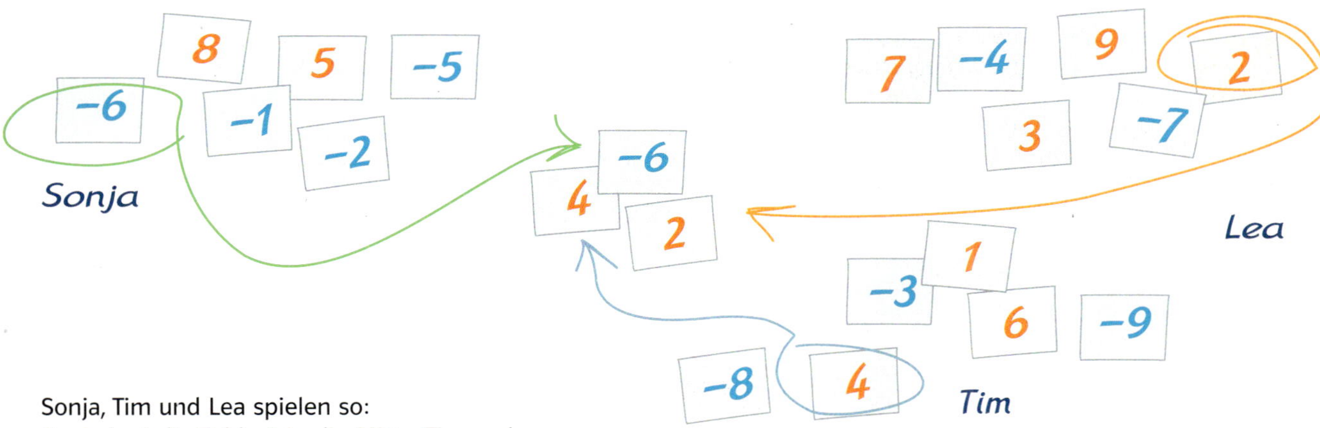

Sonja, Tim und Lea spielen so:
Sonja legt die Zahl −6 in die Mitte, Tim und Lea legen ihre Kärtchen 4 und 2 dazu.
$-6 + 4 + 2 = 0$

Tim und Lea bekommen die drei Kärtchen als Gewinn und nehmen sie aus dem Spiel. In der zweiten Runde legt Sonja die Zahl +8 in die Mitte. Lea und Tim finden keine passenden Kärtchen, müssen aber dennoch legen. Die Kärtchen gehen jetzt an Sonja.

Gewonnen hat, wer am Ende die meisten Kärtchen hat.

Nun spielt ein anderer gegen zwei.

In diesem Kapitel lernst du,

- dass eine rationale Zahl aus Vorzeichen und Betrag besteht,
- wie man rationale Zahlen addiert, subtrahiert, multipliziert und dividiert,
- wie man Rechengesetze zum vorteilhaften Rechnen nutzt,
- welche Reihenfolge beim Berechnen von Rechenausdrücken zu beachten ist.

1 Addieren

In der Tabelle siehst du die monatlichen Veränderungen der Mitgliederzahlen eines großen Sportvereins.

Monat	Jan.	Feb.	März	April	Mai	Juni
Veränderungen der Personenzahl	−9	+14	−15	−7	+28	−18

→ Waren es Ende Juni mehr oder weniger Mitglieder als am Jahresanfang?
→ Im Juli erreicht die Mitgliederzahl wieder den Stand des Jahresanfangs.
→ Wie groß ist die Änderung? Wie viele Personen sind eingetreten oder ausgetreten?

Hier musst du Rechenzeichen und Vorzeichen unterscheiden.

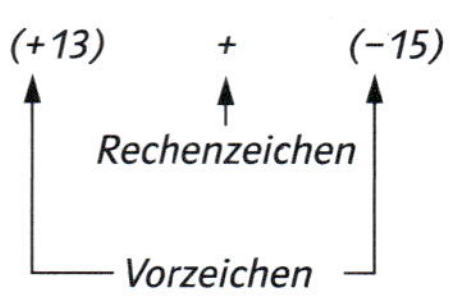

Die Addition von rationalen Zahlen lässt sich durch das Aneinanderfügen von Pfeilen entsprechender Länge und Richtung darstellen.
Pfeile **positiver** Zahlen zeigen nach **rechts**, Pfeile **negativer** Zahlen nach **links**. Der Ersatzpfeil kennzeichnet die Lösung.
Aufgrund der beiden möglichen Vorzeichen ergeben sich folgende Fälle:

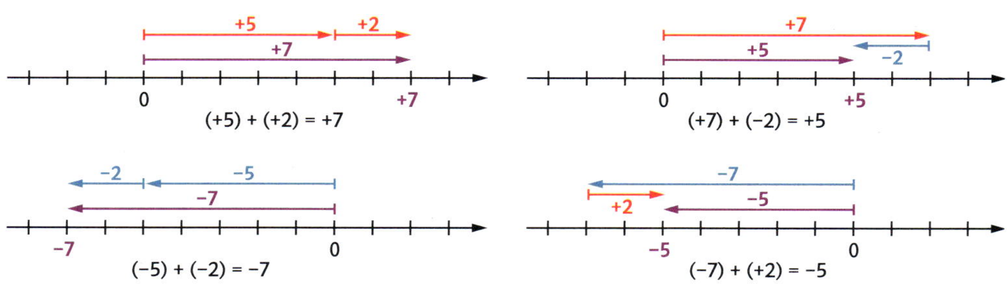

Es geht weiter …
Setze die Reihe fort
(+2) + (+2) = (+4)
(+2) + (+1) = (+3)
(+2) + (0) =
(+2) + (−1) =
(+2) + (−2) =
(+2) + (−3) =
…

Bei **gleichen** Vorzeichen werden die **Beträge addiert**. Das Ergebnis erhält das **gemeinsame Vorzeichen**.

Bei **verschiedenen** Vorzeichen werden die **Beträge subtrahiert**. Das Ergebnis erhält das Vorzeichen vor dem größeren **Betrag**.

Addition im Bild:

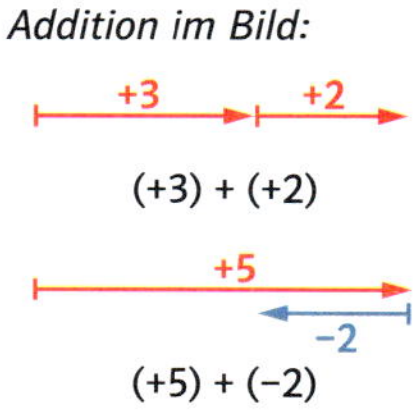

*Pfeil**anfang** 2. Pfeil an Pfeil**spitze** 1. Pfeil*

Beispiele

a) Rationale Zahlen schreibt man in Rechenausdrücken in Klammern.

(−36) + (−28) = −(36 + 28) = −64

(+36) + (−15) = +(36 − 15) = +21

(+12) + (−44) = −(44 − 12) = −32

(+18) + (+31) = +(18 + 31) = +49

b) Um die Schreibweise zu vereinfachen, verwendet man Klammern nur, wenn Rechenzeichen und Vorzeichen direkt aufeinander folgen. Bei positiven Zahlen kann man das Vorzeichen weglassen.

(+25) + (−17) = 25 + (−17)   (−9) + (−14) = −9 + (−14)

Aufgaben

1 Addiere im Kopf.
Entscheide zuerst, ob das Ergebnis positiv oder negativ ist.

a) (+24) + (−10)　　b) (−7) + (−12)
c) (−40) + (+18)　　d) (+15) + (−45)
e) (+32) + (−15)　　f) (−42) + (−28)
g) (−75) + (+40)　　h) (−125) + (−85)

2 Addiere.

a) 35 + (−18)　　b) −38 + 23
c) −29 + 43　　d) 23 + (−37)
e) −40 + (−68)　　f) 102 + (−89)
g) 150 + (−105)　　h) −225 + (−245)

3 Berechne.

a) −3,5 + 8,5　　b) 1,5 + (−4,2)
c) −6,3 + (−2,8)　　d) 15,2 + (−7,8)
e) 31,4 + (−36,2)　　f) −22,4 + (−36,5)
g) 0,45 + (−1,65)　　h) −6,28 + (−5,94)

4 Addiere.

a) $-\frac{3}{4} + \frac{1}{4}$　　b) $\frac{3}{5} + \left(-\frac{4}{5}\right)$
c) $\frac{5}{8} + \left(-\frac{3}{4}\right)$　　d) $-\frac{4}{5} + \left(-\frac{3}{4}\right)$
e) $-\frac{7}{12} + \frac{1}{3}$　　f) $-\frac{7}{8} + \frac{5}{6}$

5 Aus den Zahlen der linken und rechten Reihe lassen sich Summen bilden.

Beispiel: −12 + (−8)

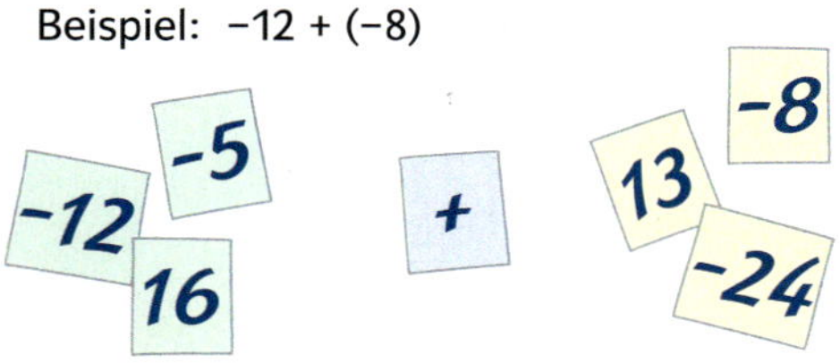

a) Welcher Rechenausdruck hat den größten Wert?
b) Welcher Rechenausdruck hat den kleinsten Wert?
c) Welche Summe hat den kleinsten Betrag?

6 Setze passende Vorzeichen.

a) (−16) + (−7) = □23
b) (+28) + (□41) = −13
c) 8,1 + (□10,7) = □2,6
d) □1,6 + 0,9 = □0,7

7 Wähle Ziffern und Vorzeichen so,
a) dass der Wert der Summe möglichst groß wird.
b) dass der Wert der Summe möglichst klein wird.
c) dass der Betrag der Summe möglichst klein ist.

? (□□□□) + (□□□□)

8 Fülle die Steine der Zahlenmauer. Zahlen auf nebeneinander liegenden Steinen werden addiert.

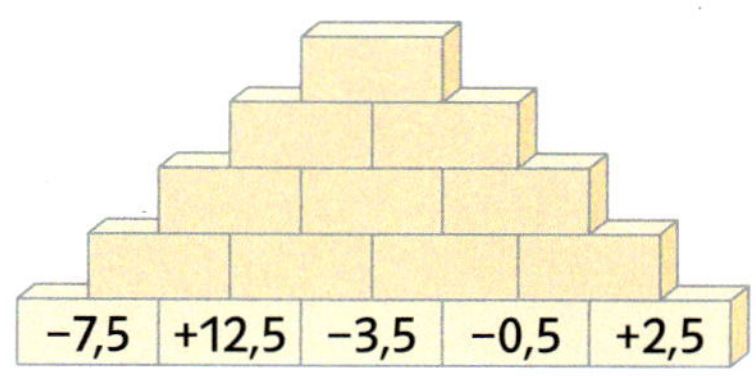

9 Würfle sechsmal hintereinander.
Setze die Zahlen so ein, dass du als Ergebnis ganze Zahlen erhältst.
Für jede ganze Zahl gibt es einen Punkt.
Schaffst du 1 oder −1 als Ergebnis bekommst du zwei Punkte.
Vergleicht nach sechs Durchgängen die Punkte.

Beispiel:

3 , 2 + 1 , 4 − 5 , 6 = −1

Wege und Summen

Im magischen Kreuz haben die waagerechte und die senkrechte Zahlenreihe denselben Summenwert.

■ Bilde ein magisches Kreuz mit den Zahlen −4; −3; −2; −1; 0; 1; 2; 3 und 4.
Gibt es verschiedene Lösungen? Welche Gesetzmäßigkeiten kannst du erkennen?

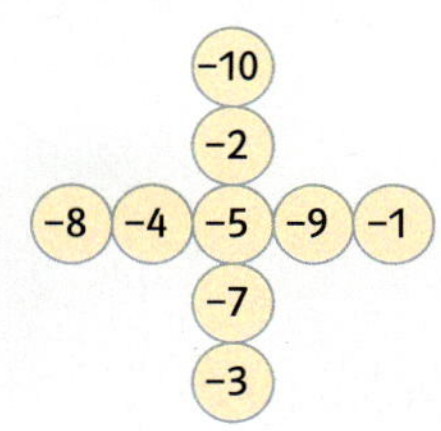

Das Haus des Nikolaus kannst du in einem Zug durchlaufen.

■ Addiere die Zahlen auf deinem Weg durch das Haus des Nikolaus. Berücksichtige auch die Anfangs- und die Endzahl.
Was fällt dir auf, wenn du verschiedene Wege wählst? Begründe.

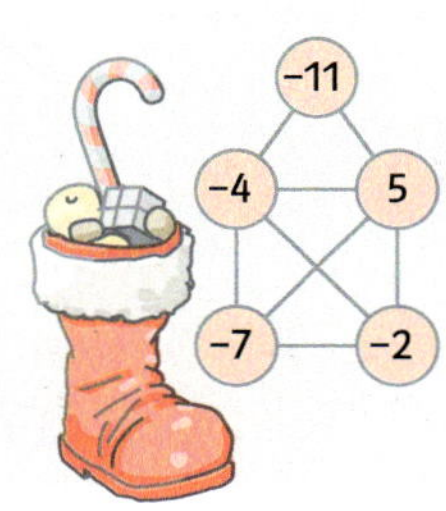

2 Subtrahieren

Lea und Kim spielen Kreisel. Nach dem Drehen zeigt das untere Feld, wie viele rote Gewinnsteine oder blaue Verluststeine genommen oder abgelegt werden.
Rote und blaue Steine dürfen stets in gleicher Anzahl gezogen werden.
Gewinner ist, wer zuerst genau sieben Gewinnsteine hat.

→ Wer steht nach der 2. Runde besser?
→ Kim soll in der 3. Runde zwei rote Steine abgeben, obwohl er keine hat. Was rätst du ihm?
→ Welchen Punktestand hat er danach?

Es muss weitergehen …
Setze die begonnene Reihe fort.
(+4) − (+3) = +1
(+4) − (+2) = +2
(+4) − (+1) = +3
(+4) − 0 = +4
(+4) − (−1) = □
(+4) − (−2) = □
(+4) − (−3) = □
(+4) − (−4) = □
…

Die Subtraktion ist die Umkehrung der Addition. Entsprechend stellt man die Subtraktion mit Pfeilen dar: die Pfeilspitzen von Subtrahend und Minuend liegen aneinander, der **Ergebnispfeil** verläuft vom **Anfang** des 1. Pfeils zum **Anfang** des 2. Pfeils:

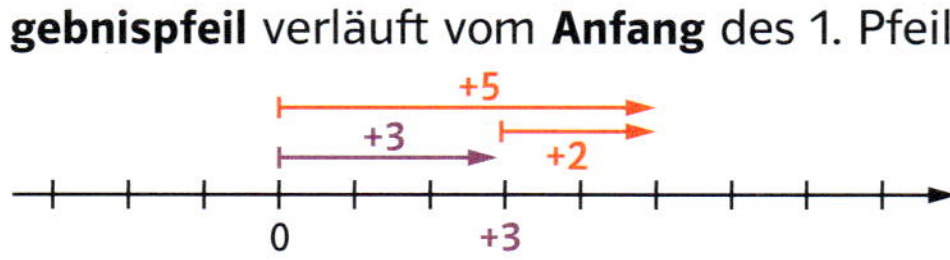

(+5) − (+2) = 3

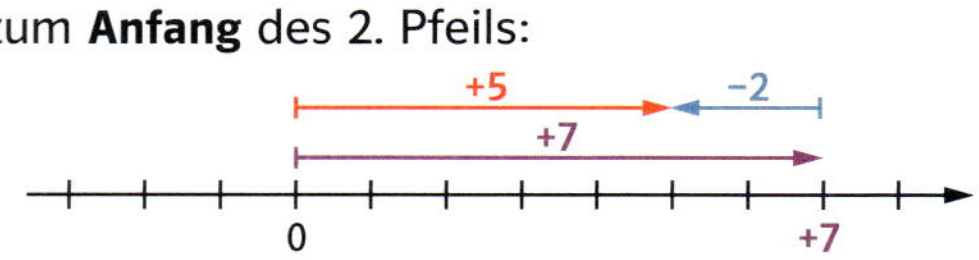

(+5) − (−2) = 7

Die Lösung der Subtraktion erhält man ebenso durch die Addition der Gegenzahl:

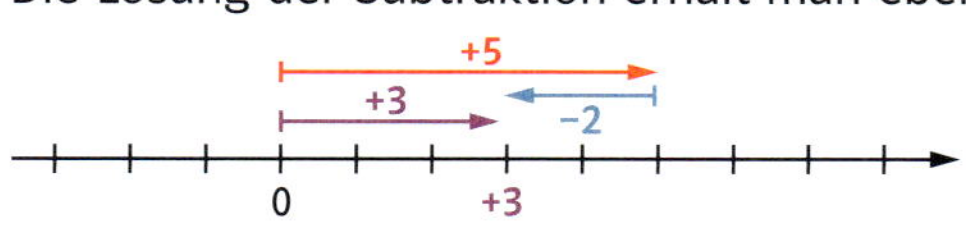

(+5) + (−2) = 3

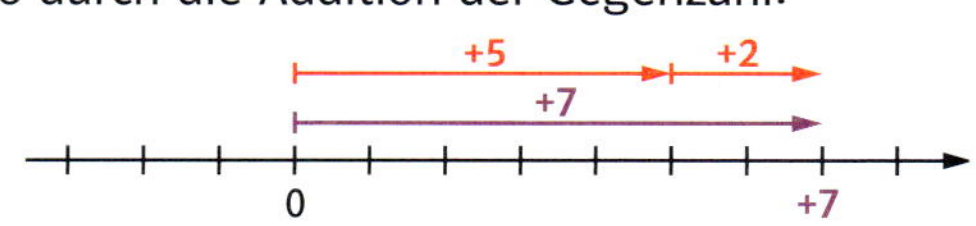

(+5) + (+2) = 7

Subtraktion im Bild:

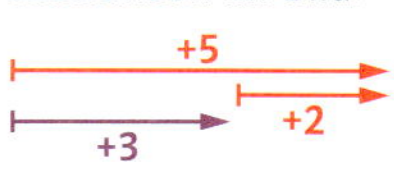

(+5) − (+2) = (+3)

*Pfeil**spitze** 2. Pfeil an Pfeil**spitze** 1. Pfeil*

Regel für die Subtraktion:
Eine rationale Zahl wird **subtrahiert**, indem man ihre **Gegenzahl addiert**.

Beispiele

a) (+17) − (+13) = (+17) + (−13) = +4
(−10) − (+15) = (−10) + (−15) = −25

b) (+3) − (−13) = (+3) + (+13) = +16
(−14) − (−11) = (−14) + (+11) = −3

Bemerkung

Auch bei der Subtraktion können positive Vorzeichen weggelassen werden.

Aufgaben

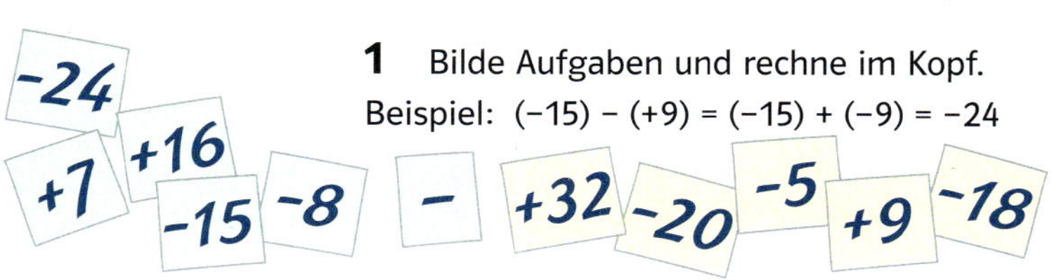

1 Bilde Aufgaben und rechne im Kopf.
Beispiel: (−15) − (+9) = (−15) + (−9) = −24

2 Setze „+" oder „−" ein.
a) (+7) − (+10) = (+7) + (□10)
b) (−12) − (+4) = (−12) + (□4)
c) (+22) − (−19) = (+22) + (□19)
d) (−18) − (−11) = (−18) + (□11)

3 Entscheide zunächst, ob das Ergebnis positiv oder negativ ist.
Rechne dann.

a) (+15) − (+42) b) (+45) − (+34)
c) (−33) − (−12) d) (+62) − (−23)
e) (−78) − (+69) f) (−107) − (−174)
g) (+235) − (−185) h) (−125) − (+175)

4 Die Ergebnisse wurden abgerissen. Füge die Aufgaben im Heft wieder zusammen.

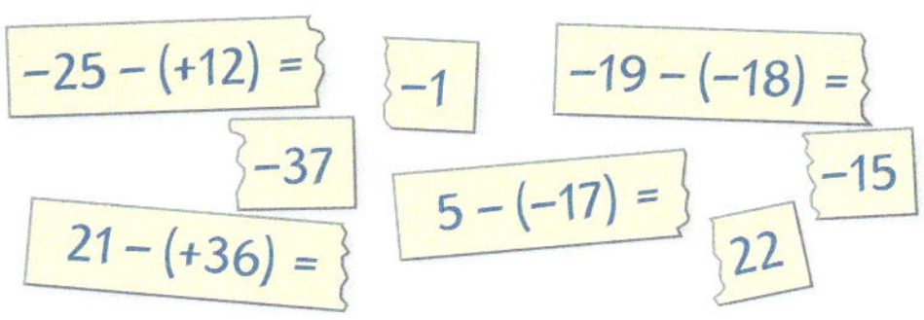

5 Berechne mithilfe der Gegenzahl.

Beispiel: (−14) − (−20) = −14 + 20 = +6

a) 18 − (+23) b) (−28) − (+16)
c) −44 − (−19) d) 67 − (−78)
e) 899 − (+998) f) −989 − (+898)
g) −9889 − (+8989) h) −8998 − (−9898)

6 Setze richtige Vorzeichen ein.

a) (□45) − (□28) = −17
b) (□45) − (□28) = +73
c) (□45) − (□28) = −73
d) (□45) − (□28) = +17

7 Ergänze die fehlenden Vorzeichen.

a) (−7) − (−18) = □11
b) (□17) − (+19) = □36
c) (□26) − (□15) = +41
d) (□29) − (□38) = □9

8 Berechne der Reihe nach. Auf dem Rand findest du das Lösungswort.

a) 3,5 − (+8,5) b) −16,5 − (+14,8)
c) 12,4 − (−0,5) d) −2,8 − (−6,8)
e) −0,7 − (+1,9) f) 22,5 − (+17,2)
g) 45,3 − (−46,7) h) −87,7 − (−89,1)

N	−2,6
L	−5
B	−5,3
C	−1,4
U	4,0
E	92
F	−4,0
M	2,5
N	1,4
S	12,9
Ö	−31,3
G	5,3
W	−0,5

9 Addiere oder subtrahiere.

a) $\frac{1}{2} - \left(+\frac{1}{4}\right)$ b) $-\frac{3}{5} + (-0{,}8)$
c) $-0{,}08 + \left(-\frac{3}{20}\right)$ d) $-\frac{7}{8} - \left(-\frac{5}{6}\right)$

10 Lange Zahlen, einfache Ergebnisse.

a) −438 515 027 − (+672 596 084)
b) −380 754 291 − (−302 976 514)
c) 4 631 735 988 − (+9 076 180 432)

11 Zahlen auf nebeneinanderliegenden Steinen werden addiert.

a)

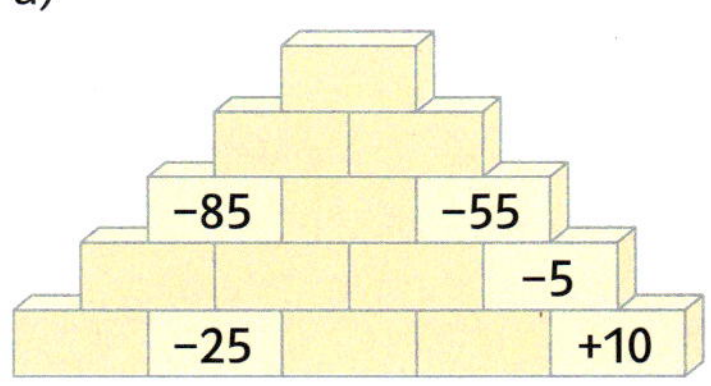

b)

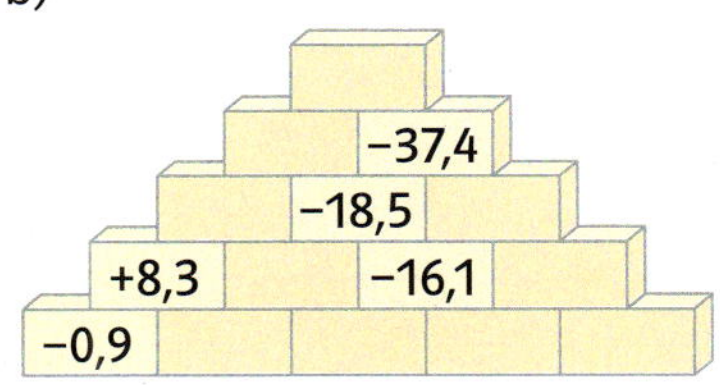

Mit Koordinaten rechnen

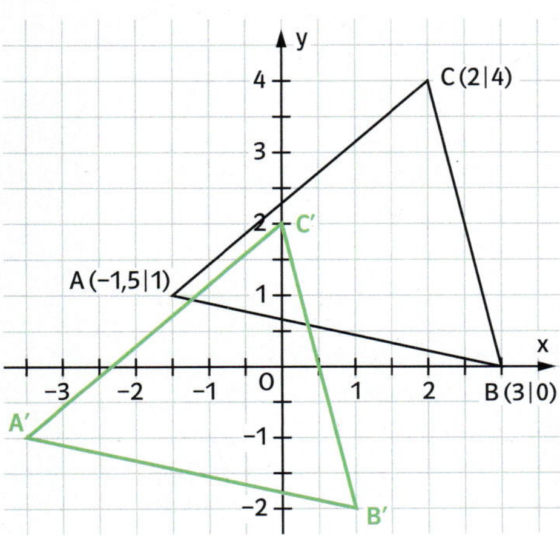

Mit den Koordinaten von geometrischen Figuren im Koordinatensystem kann man auch rechnen.
Das grün gefärbte Dreieck A′B′C′ erhält man, wenn man sowohl von der 1. Koordinate als auch von der 2. Koordinate der Eckpunkte des Dreiecks ABC jeweils die Zahl 2 subtrahiert.

- Wie lauten die Koordinaten der Eckpunkte des grün gefärbten Dreiecks?
- Addiere zur 1. Koordinate die Zahl 3 und subtrahiere von der 2. Koordinate die Zahl 4. Zeichne.
- Welche Zahlen muss man sowohl von der 1. Koordinate als auch von der 2. Koordinate mindestens subtrahieren, damit alle Eckpunkte negative Koordinaten haben?

Kontoführung

Sina besitzt ein Jugendgirokonto. Mit diesem Girokonto kann sie am Bankautomaten Geld abheben und Beträge überweisen, solange das Guthaben ausreicht. Das monatliche Taschengeld von den Eltern wird auch auf das Konto überwiesen.

Sparkasse Waldhausen Auszug Nr. *14*

Buchungstag	Vorgang	Betrag
12.10.	*Geldautomat*	*−35,00*
15.10.	*Bareinzahlung*	*+60,00*
23.10.	*Geldautomat*	*−45,00*
28.10.	*Handy-Abrechnung*	*−33,87*
2.11.	*Taschengeld*	*+40,00*

Kontostand *11.10. alt EUR 55,11*
5.11. neu EUR 41,24

Sina Müller SB-Kontoauszug

- Wie hoch war die Summe der Einzahlungen, wie hoch der Gesamtbetrag aller Abhebungen?

- Sina wollte am 12.10. zunächst 60 € abheben. Weshalb war dies nicht möglich? Wie viel Euro hätte sie maximal am Bankautomat erhalten können?

- Anfang Dezember bekommt sie wieder Taschengeld überwiesen. Für November plant sie keine Ausgaben. Kann sie dann eine neue Jeans für 79 € kaufen?

Frau Möller besitzt zurzeit auf ihrem Konto ein Guthaben in Höhe von 2024,18 €. Davon sollen verschiedene Ausgaben, die Frau Möller auf einem Zettel notiert hat, abgebucht werden.

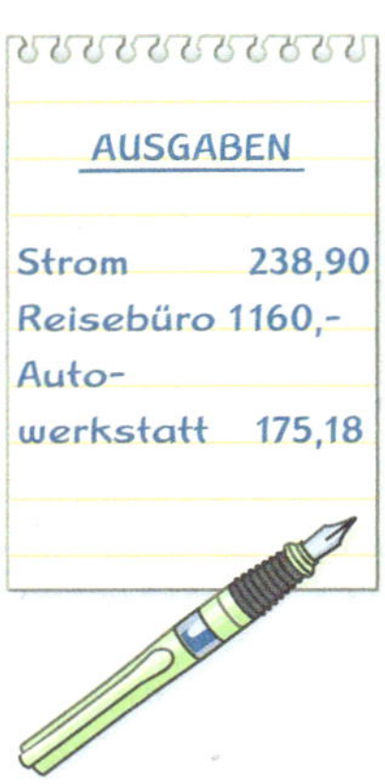

- Wie ist der Kontostand nach den Abbuchungen?

- Frau Möller kann ihr Konto um 3000 € überziehen. Über wie viel Geld kann sie dann insgesamt verfügen?

- Nach einer dringenden Reparatur am Dach ihres Hauses ist eine Handwerkerrechnung über 1483,50 € fällig. Wie viel Euro muss Frau Möller von ihrem Sparbuch mindestens abheben, wenn sie ihr Konto nicht überziehen will?

12 Vervollständige die Rechennetze.
a) Berechne die fehlenden Zahlen.

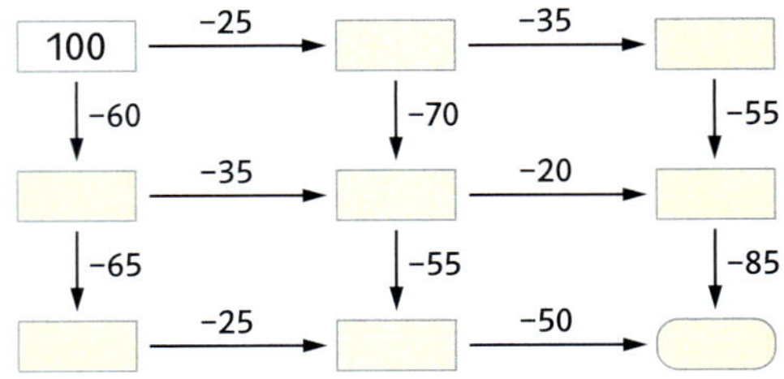

b) Hier musst du addieren oder subtrahieren, damit das Ergebnis stimmt.

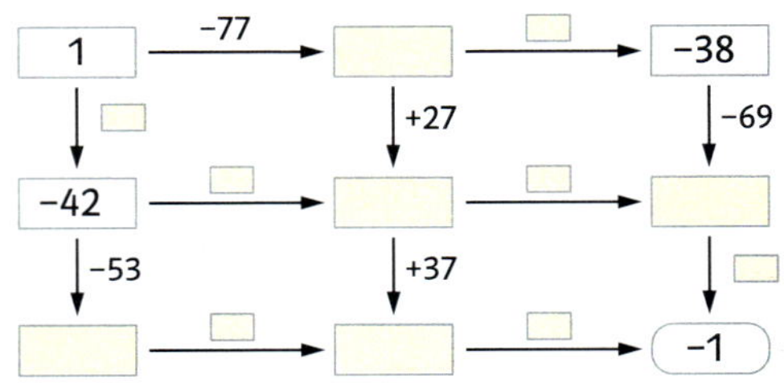

13 Vervollständige das magische Quadrat. Alle Zeilen, Spalten und Diagonalen haben die magische Zahl −10 als Summe.

5		−9	
	−1		
	−5	−4	1
−7		3	

14 Wähle Ziffern und Vorzeichen so,
a) dass der Wert der Differenz möglichst groß wird.
b) dass der Wert der Differenz möglichst klein wird.
c) der Betrag der Differenz möglichst klein wird.

(□□□□) − (□□□□)

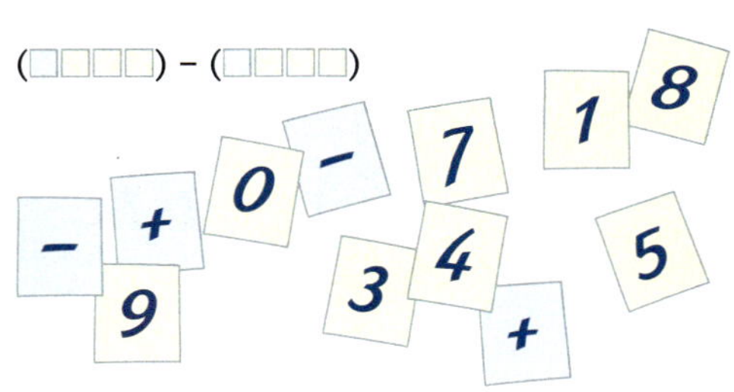

3 Addition und Subtraktion. Klammern

Tim, Stefanie und Linda spielen Karten. Für gewonnene Spiele gibt es Pluspunkte, für verlorene Minuspunkte.
→ Vergleiche die Punktestände von Tim und Linda nach dem siebten Spiel.
→ Wie lässt sich Stefanies Punktezwischenstand geschickt bestimmen?

Spiel-Nr.	Tim	Stefanie	Linda
1	27	–	–
2	–	–	–48
3	–	36	–
4	–	–	27
5	–	–40	–
6	–	44	–
7	–48	–	–
Zwischenstand			

Jede Addition lässt sich durch das Aneinanderlegen von Zahlenpfeilen veranschaulichen. Da die Reihenfolge der Pfeile für die Gesamtlänge und damit für das Ergebnis ohne Bedeutung ist, darf man bei der Addition die Summanden beliebig vertauschen. Ebenso ist es gleich, in welcher Reihenfolge man bei mehreren Summanden Teilergebnisse bildet, also die Länge einiger Pfeile zusammenfasst.

Vertauschen:

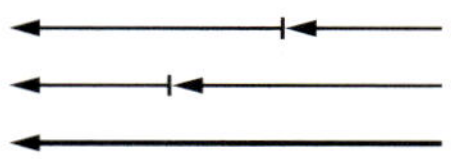

Verbinden:

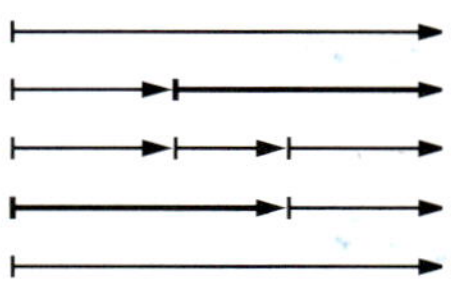

Das Kommutativgesetz und das Assoziativgesetz gelten auch für rationale Zahlen.
Kommutativgesetz (Vertauschungsgesetz)
In einer Summe rationaler Zahlen darf man die Summanden vertauschen.

$$(+25) + (-45) = (-45) + (+25)$$
$$-20 = -20$$

Assoziativgesetz (Verbindungsgesetz)
In einer Summe rationaler Zahlen darf man Klammern beliebig setzen oder weglassen.

$$((-12) + (-18)) + (+24) = (-12) + ((-18) + (+24))$$
$$(-30) + (+24) = (-12) + (+6)$$
$$-6 = -6$$

Beispiel
Bei geschickter Anwendung beider Gesetze entstehen oftmals Rechenvorteile.

$(+67) + ((-119) + (+33)) = (+67) + ((+33) + (-119))$ Vertauschungsgesetz
$= ((+67) + (+33)) + (-119)$ Verbindungsgesetz
$= (+100) + (-119)$
$= -19$

Bemerkungen
a) Steht vor der Klammer ein Pluszeichen (Plusklammer), darf man die Klammer weglassen.
Rechenzeichen und Vorzeichen ändern sich dabei nicht.

$48 + (-25 + 17)$
$= 48 + (-8)$
$= 40$

$48 + (-25 + 17)$
$= 48 - 25 + 17$
$= 23 + 17$
$= 40$

b) Auch wenn vor einer Klammer ein Minuszeichen steht (Minusklammer), darf man die Klammer weglassen.
Aus allen Pluszeichen in der Klammer werden Minuszeichen und umgekehrt.

$48 - (-25 + 17)$
$= 48 - (-8)$
$= 48 + 8$
$= 56$

$48 - (-25 + 17)$
$= 48 + 25 - 17$
$= 73 - 17$
$= 56$

Aufgaben

1 Berechne vorteilhaft.
a) (+16) + (54) + (−29)
b) (+47) + (−38) + (−22)
c) (−15) + (−35) + (+63)
d) −21 + (−39) + 33
e) 65 + (−57) + 35
f) 237 + 49 + (−187)
g) 5,5 + (−6,7) + 4,5
h) −8,1 + 6,8 + (−1,9)

2 Setze „+“ und „−“ richtig ein.
a) (−21) + (+18) − (+33) + (−19)
= ☐ 21 ☐ 18 ☐ 33 ☐ 19
b) (+77) − (+36) + (+68) − (−41)
= ☐ 77 ☐ 36 ☐ 68 ☐ 41
c) (−1,8) + (+7,2) + (−4,5) + (−0,6)
= ☐ 1,8 ☐ 7,2 ☐ 4,5 ☐ 0,6

3 Vereinfache zuerst die Schreibweise. Rechne dann von links nach rechts.

Beispiel: 21 + (−18) − (+34)
= 21 − 18 − 34
= 3 − 34 = −31

a) −13 + 42 + (−19)
b) 73 + (−49) − (−37)
c) 97 − (+56) + (−84) − (−41)
d) −42 − (−78) − (+36) + 66
e) 97 − (−56) + (+84) − (+41)
f) −3,4 + (−6,5) − (−10,2)
g) −63,7 + 49,8 − (−28,0) + (−32,5)
h) −4,57 + (−7,54) − (−5,74) − (+4,75)

4 Vertausche und fasse geschickt zusammen.

Beispiel: (−17) + (+36) + (−83) + (+24)
= (−17) + (−83) + (+36) + (+24)
= −100 + 60
= −40

a) 44 + (−37) + 26 + (−63)
b) −79 + 65 + 15 + (−41)
c) −91 + 46 + (−77) + 64 + (−19)
d) −77 + 68 + (−39) + (−43) + 82
e) −234 + 123 + 77 + (−466)
f) 157 + (−127) + 243 + (−151) + (−122)
g) 43,9 + (−24,4) + 36,1 + (−45,6)
h) −52,3 + 63,6 + (−32,7) + 26,4 + (−15,0)

Verbinde die Ziffernkärtchen mit + oder − und Klammern, so dass du verschiedene Zahlen ausdrücken kannst.
Beispiel:
(−1) − ((−2) + (−3))
= (−1) − (−5)
= −1 + 5 = 4

? Wer findet die meisten Möglichkeiten?

5 Fasse zuerst zusammen.

Beispiel: 54 + 39 + 68 − 73 − 87 − 45
= (54 + 39 + 68) − (73 + 87 + 45)
= 161 − 205 = −44

a) 23 + 71 + 59 − 92 − 47 − 54
b) 62 + 35 + 43 − 87 − 26 − 53
c) 89 + 98 − 61 − 16 − 85 − 58
d) 444 − 98 − 87 − 76 − 65 − 54 − 43 − 32
e) 38,4 + 62,6 + 159,8 − 82,7 − 79,5 − 99,9
f) 280 − 55,5 − 66,6 − 77,7 − 88,8

6 Sortiere zuerst nach Vorzeichen.

Beispiel: −38 + 57 + 31 − 24 + 43 − 62
= 57 + 43 + 31 − 38 − 62 − 24
= 131 − 124 = 7

a) 25 − 53 − 39 + 64 − 47 + 36
b) −81 + 67 + 48 + 72 − 65 − 44
c) −55 + 94 − 71 − 22 + 86 − 37
d) −57 + 68 + 31 − 76 − 63 + 93 − 4
e) −15,3 + 43 + 72,4 − 89,7 − 39 + 21,8
f) 24,25 − 36,6 − 105 + 90,9 + 21,95

7 Im Zahlenbaukasten befinden sich vier Zahlen, vier Rechenzeichen sowie ein Klammerpaar.

a) Erstelle zehn verschiedene Aufgaben und berechne sie.

Beispiel: (−10) + (+8) − ((−15) − (+24))
= −10 + 8 − (−15 − 24)
= −2 + 39 = 37

b) Wie heißt der Rechenausdruck mit dem größten Wert?
c) Welche Aufgabe hat den kleinsten Betrag?

8 Achte auf die Minusklammer. Vergleiche die Ergebnisse.
a) −25 − (−55 − 35) − 15 − 45
b) −25 − (55 − 35 − 15) − 45
c) −25 − (−55 − 35 − 15 − 45)

9 Die Aufgabe −77 − (34 − 89) lautet in Worten: „Subtrahiere von der Zahl minus 77 die Differenz der Zahlen 34 und 89."
Schreibe in Worten.
a) 28 + (45 − 62)
b) −69 − (25 + 48)
c) (35 − 54) − (27 + 46)
d) −50 − (87 − 68 − 26)

10 Schreibe zuerst einen Rechenausdruck.
a) Addiere zur Differenz der Zahlen 45 und 99 die Zahl minus 33.
b) Subtrahiere von der Summe der Zahlen −49 und 32 die Summe von 41 und 17.
c) Addiere zur Differenz der Zahlen 39 und 83 die Summe der Zahlen −26 und −73.

11 Löse die Klammern auf und nutze Rechenvorteile.

Beispiel: −83 − (−56 + 17) + 44
= −83 + 56 − 17 + 44
= 56 + 44 − 83 − 17
= 100 − 100 = 0

a) 65 + (−78 + 35) − 42 + 18
b) −24 + (−61 + 52) − (−88 + 73)
c) 57 + (14 − 37) − (−75 + 34) − 49
d) −62 − (−17 + 94 − 83) + (−28 + 64)
e) (−53 + 47) − 35 − (−133 + 61) − 76

12 Ein Würfelspiel mit negativen Zahlen. Gespielt wird mit drei Würfeln, die gleichzeitig geworfen werden. Ungerade Augenzahlen werden addiert, gerade Augenzahlen werden subtrahiert.

Beispiel: −4 + 3 − 6 = −7

Gewonnen hat, wessen Ergebnis nach drei Durchgängen am weitesten von der Zahl 0 entfernt liegt.

1. Wurf: 5 − 2 − 6 = −3
2. Wurf: 5 − 6 + 5 = +4
3. Wurf: 1 − 2 − 6 = −7
Ergebnis: −3 + 4 − 7 = −6

13 Setze in den vorgegebenen Rechenausdruck ein weiteres, zusätzliches Klammerpaar. Schaffst du es, fünf verschiedene Ergebnisse zu erhalten?

20 − (+24) − (−15) + (−18)

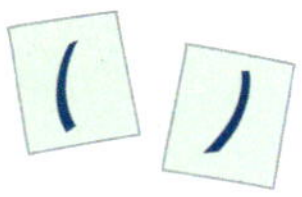

14 Löse die Klammern von innen nach außen auf. Rechne dann.

Beispiel: 22 − (41 − (−19 + 38))
= 22 − (41 + 19 − 38)
= 22 − 41 − 19 + 38
= 22 + 38 − 41 − 19 = 0

Innere Klammer vor äußerer Klammer

a) 47 − (85 + (29 − 53))
b) −66 − (−35 − (74 + 49))
c) ((−38 + 17) − (−81 + 43)) − (62 − 79)
d) −((55 − 71) − (−96 + 38) + 53) + 53
e) −67 − (−89 − (−42 − 17) − 77)

Plus und Minus

- Berechne und setze fort.
  1 − 2
  1 − 2 + 3
  1 − 2 + 3 − 4
- Wie lautet das Ergebnis für die 10. Zeile, wie für die 11. Zeile, wie für die 37. Zeile und wie für die 100. Zeile?
  1 + 2
  1 + 2 − 3
  1 + 2 − 3 − 4
  1 + 2 − 3 − 4 + 5
  1 + 2 − 3 − 4 + 5 + 6
  1 + 2 − 3 − 4 + 5 + 6 − 7
- Erkläre, wie die Zahlenreihen gebildet werden. Berechne das Ergebnis für die 1000. Zeile.

Solche Aufgaben kann man auf zwei Arten lösen:
Sprünge auf der Zahlengeraden

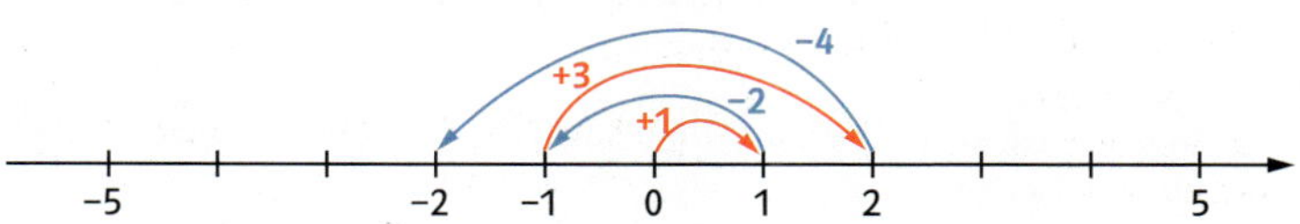

An der Zahlengeraden erkennst du:
1 − 2 = −1; 1 − 2 + 3 = 2; 1 − 2 + 3 − 4 = −2 usw.

Eine andere Methode ist das geschickte **Bündeln von Zahlenpaaren.**

$\underbrace{1 - 2}_{-1} + \underbrace{3 - 4}_{-1} + \underbrace{5 - 6}_{-1} + \underbrace{7 - 8}_{-1} + 9 \ldots$

Hier musst du die Zahl −1 entsprechend oft vervielfachen.

4 Multiplizieren

·	3	2	1	0	−1	−2	−3
3	9	6	3	0			
2	6	4	2	0			
1	3	2					
0							
−1							
−2							
−3							

→ Ergänze die fehlenden Werte in der Multiplikationstafel sinnvoll. Fülle ganze Zeilen und Spalten jeweils in einem Zug aus. Färbe Felder mit positiven Ergebnissen rot ein, Felder mit negativen blau.
→ Prüfe den Zusammenhang zwischen den Vorzeichen von Faktoren und Produktwert.
→ Wie viele Fälle treten auf?

Die Multiplikation rationaler Zahlen ist eine verkürzte Schreibweise der Addition:

$$3 \cdot (+7) = (+7) + (+7) + (+7) = \mathbf{+21}$$

Dementsprechend gilt: $3 \cdot (-7) = (-7) + (-7) + (-7) = \mathbf{-21}$

Nach dem Kommutativgesetz gilt dann: $(-7) \cdot (+3) = (+3) \cdot (-7) = \mathbf{-21}$

Produkt
$\underbrace{(-3)}_{Faktor} \cdot \underbrace{(+4)}_{Faktor}$

Das Produkt $(-7) \cdot (-3)$ muss folglich die Gegenzahl von -21 ergeben, also **+21**.
Demnach gilt: $(-7) \cdot (-3) = \mathbf{+21}$.
Das Vorzeichen des Produktwerts hängt von den Vorzeichen der Faktoren ab.
Den Betrag des Ergebnisses erhält man durch Multiplikation der einzelnen Beträge.

Haben beide Faktoren **gleiche** Vorzeichen, so ist der Produktwert **positiv**.
Haben die Faktoren **ungleiche** Vorzeichen, so ist der Produktwert **negativ**.

Beispiele

a) $(+8) \cdot (-12) = -(8 \cdot 12) = -96$
b) $(-15) \cdot (+9) = -(15 \cdot 9) = -135$
c) $(-1{,}6) \cdot (-5) = +(1{,}6 \cdot 5) = 8{,}0$
d) $\left(-\frac{5}{6}\right) \cdot \frac{9}{10} = -\frac{5 \cdot 9}{6 \cdot 10} = -\frac{3}{4}$

Bemerkungen

- Das **Vertauschen** und das beliebige **Verbinden** von Faktoren ist weiterhin möglich.

Vertauschungsgesetz (Kommutativgesetz)

$(+3) \cdot (-7) = -(3 \cdot 7) = -21$
$(-7) \cdot (+3) = -(7 \cdot 3) = -21$

Verbindungsgesetz (Assoziativgesetz)

$((+3) \cdot (-7)) \cdot (-2) = (-21) \cdot (-2) = 42$
$(+3) \cdot ((-7) \cdot (-2)) = (+3) \cdot (+14) = 42$

- Multipliziert man eine Zahl mit (-1), so erhält man ihre Gegenzahl.

$(+5) \cdot (-1) = -5$ $\quad (-1) \cdot (+5) = -5$ $\quad (-5) \cdot (-1) = +5$ $\quad (-1) \cdot (-5) = +5$

- Multipliziert man eine Zahl mit ihrer **multiplikativen Gegenzahl**, so ist das **Ergebnis 1**.

$5 \cdot \mathbf{\frac{1}{5}} = 1$ $\quad \left(-\frac{7}{9}\right) \cdot \left(-\mathbf{\frac{9}{7}}\right) = 1$ Die Zahl 0 hat keine multiplikative Gegenzahl.

Aufgaben

1 Rechne im Kopf.
a) $(+5) \cdot (-7)$
b) $(-4) \cdot (+9)$
c) $(-4) \cdot (-5)$
d) $(+8) \cdot (-7)$
e) $(+12) \cdot (-6)$
f) $(-4) \cdot (-15)$

2 Rechne ebenfalls im Kopf.
a) $(-50) \cdot (-0{,}5)$
b) $20 \cdot (-1{,}2)$
c) $(-2{,}5) \cdot 12$
d) $(-7) \cdot (-0{,}4)$
e) $200 \cdot (-0{,}1)$
f) $(-40) \cdot (-1{,}8)$

3 Multipliziere. Ermittle zunächst das Vorzeichen des Ergebnisses.

a) $(+15) \cdot (-20)$ b) $(-12) \cdot (+30)$
c) $(-36) \cdot (-8)$ d) $(+24) \cdot (-28)$
e) $(-41) \cdot (+49)$ f) $(-53) \cdot (-17)$
g) $(+63) \cdot (-19)$ h) $(-55) \cdot (-82)$

4 Berechne.

a) $88 \cdot (-12)$ b) $(-44) \cdot 77$
c) $(-55) \cdot (-33)$ d) $67 \cdot (-83)$
e) $(-72) \cdot 23$ f) $(-125) \cdot (-59)$

5 Überschlage zunächst das Ergebnis.

a) $(-789) \cdot 19$ b) $(-47) \cdot (-211)$
c) $106 \cdot (-69)$ d) $(-68) \cdot (-97)$
e) $42{,}8 \cdot (-12{,}5)$ f) $(-9{,}6) \cdot 18{,}4$
g) $(-0{,}7) \cdot (-4{,}8)$ h) $2{,}25 \cdot (-0{,}45)$

6 Multipliziere.

a) $\left(-\frac{1}{2}\right) \cdot \frac{2}{3}$ b) $\frac{2}{5} \cdot \left(-\frac{3}{4}\right)$
c) $\frac{1}{4} \cdot \left(-\frac{1}{3}\right)$ d) $\left(-\frac{3}{8}\right) \cdot \left(-\frac{4}{3}\right)$
e) $\left(-\frac{7}{9}\right) \cdot \frac{9}{14}$ f) $\left(-\frac{12}{25}\right) \cdot \left(-\frac{15}{16}\right)$

7 Wähle den ersten Faktor aus der linken Wolke, den zweiten aus der rechten.

Beispiel: $(-0{,}8) \cdot 3{,}5$

a) Welches Produkt hat den größten Wert, welches hat den kleinsten Wert?
b) Wie viele Produkte haben ein positives, wie viele ein negatives Ergebnis?

8 Berechne. Die Summe aller Ergebnisse ergibt den Wert 500.

a) $(-8) \cdot (-3) \cdot 2$ b) $12 \cdot 8 \cdot (-3)$
c) $25 \cdot (-4) \cdot (-2)$ d) $(-4) \cdot (-5) \cdot 48$
e) $12{,}5 \cdot (-6) \cdot 8$ f) $2{,}5 \cdot (-4) \cdot (-18)$

9 Lena hat innerhalb von zwei Sekunden das Ergebnis bestimmt. Schaffst du das auch?
$(-42) \cdot 72 \cdot (-7) \cdot 0 \cdot (-89) \cdot 36$

10 Multipliziere vorteilhaft.

Beispiel: $(-4) \cdot 9 \cdot 25 \cdot (-5)$
$= (-4) \cdot 25 \cdot 9 \cdot (-5)$
$= (-100) \cdot (-45) = 4500$

a) $2 \cdot 7 \cdot (-5) \cdot (-12)$
b) $4 \cdot (-9) \cdot 8 \cdot (-25) \cdot (-5)$
c) $(-8) \cdot 50 \cdot (-125) \cdot (-6)$
d) $(-4) \cdot (-4) \cdot (-25) \cdot (-8) \cdot (-5)$

11 Wähle Ziffern und Vorzeichen aus und setze sie ein.

a) Der Wert des Produkts soll möglichst groß werden.
b) Der Wert des Produkts soll positiv sein und möglichst klein werden.
c) Der Wert des Produkts soll negativ sein und möglichst nahe bei null liegen.

? (□□□) · (□□)

12 Potenzen sind verkürzte Schreibweisen für Produkte mit gleichen Faktoren.

$(-2)^2 = (-2) \cdot (-2)$
$(-2)^3 = (-2) \cdot (-2) \cdot (-2)$
$(-2)^4 = (-2) \cdot (-2) \cdot (-2) \cdot (-2)$

a) Schreibe die Potenzen bis $(-2)^{10}$ als Produkte und berechne den Potenzwert.
b) Kannst du die Vorzeichen der Potenzwerte $(-2)^{97}$, $(-2)^{144}$ bestimmen? Begründe.

13 a) Der erste Faktor eines Produkts ist −35, der zweite 24. Wie groß ist der Produktwert?
b) Welche Zahl erhält man, wenn man vom Produkt aus −18 und −45 die Zahl 888 subtrahiert?
c) Multipliziere das Produkt aus −60 und 42 mit dem Faktor −5.

14 Ein Würfelspiel mit zwei verschiedenfarbigen Würfeln
Der blaue Würfel ist der Vorzeichenwürfel. Auf ihm gelten gerade Augenzahlen als Pluszeichen, ungerade Augenzahlen als Minuszeichen.
Würfle mit beiden Würfeln gleichzeitig. Die so entstehenden Zahlen sind Faktoren eines Produkts.
Sieger ist, wer nach dem fünften Wurf das Produkt mit dem größten Wert erzielt hat.

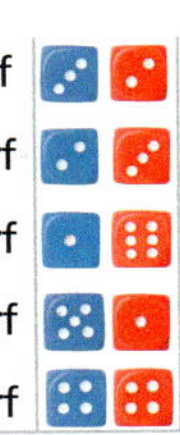

1. Wurf	−2
2. Wurf	+3
3. Wurf	−6
4. Wurf	−1
5. Wurf	+4

$(-2) \cdot (+3) \cdot (-6) \cdot (-1) \cdot (+4) = -144$

5 Dividieren

Der heftigste innerhalb von 24 Stunden je gemessene Temperatursturz ereignete sich 1916 im Bundesstaat Montana in den USA. Dabei sank das Thermometer von +6 °C auf −42 °C.

→ Wie groß war die durchschnittliche Temperaturänderung in einer Stunde?

Da auch bei den rationalen Zahlen die Division die Umkehrung der Multiplikation ist, können wir für die Division folgende Regeln erkennen:

56 : 7 = 8, da 8 · 7 = 56
6,5 : 0,5 = 13, da 13 · 0,5 = 6,5
(−12) : (+4) = −3, da (−3) · (+4) = −12
(+12) : (−4) = −3, da (−3) · (−4) = +12
(−12) : (−4) = +3, da (+3) · (−4) = −12

Quotient

(−24) : (+8)
Dividend Divisor

Zunächst dividiert man die beiden rationalen Zahlen, ohne deren Vorzeichen zu berücksichtigen. Das Vorzeichen des Quotienten hängt von den Vorzeichen des Dividenden und des Divisors ab. Dabei gelten dieselben Vorzeichenregeln wie bei der Multiplikation.

! *Durch null kann man nicht dividieren.*

Regeln für das Dividieren rationaler Zahlen
Haben Dividend und Divisor **gleiche Vorzeichen**, dann ist der Wert des Quotienten **positiv**.
Haben Dividend und Divisor **verschiedene Vorzeichen**, dann ist der Wert des Quotienten **negativ**.

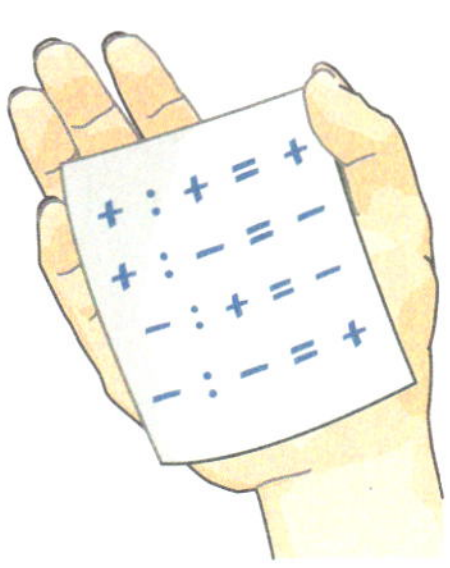

Beispiele

a) (+45) : (−15) = −(45 : 15) = −3

b) (−45) : (−15) = +(45 : 15) = 3

c) Durch einen Bruch wird dividiert, indem man mit seinem Kehrbruch multipliziert.

$\left(-\frac{3}{5}\right) : \left(+\frac{3}{4}\right) = \left(-\frac{3}{5}\right) \cdot \left(+\frac{4}{3}\right) = -\frac{3 \cdot 4}{5 \cdot 3} = -\frac{4}{5}$

Bemerkungen

Dividiert man eine Zahl durch (−1), erhält man die Gegenzahl.

(+5) : (−1) = −5 (−5) : (−1) = +5

Aufgaben

1 Rechne im Kopf.

a) (+56) : (−7) b) (−64) : (+8)
c) (−49) : (−7) d) (+48) : (−12)
e) (−72) : (+8) f) (−84) : (−14)

2 Rechne im Kopf.

a) (−96) : 12 b) 108 : (−9)
c) (−75) : (−15) d) (−225) : 25
e) (−144) : (−16) f) 600 : (−75)

3 Dividiere. Überlege zuerst, ob das Ergebnis positiv oder negativ ist.

a) (−121) : 11 b) 144 : (−18)
c) (−96) : (−16) d) (−270) : 15
e) (−102) : 17 f) 156 : (−12)
g) (−675) : (−25) h) 726 : (−33)

4 Fülle die Tabellen aus.

a)

:	−2	+5	−8	−12
+24	−12			
−64				
+72				
−108				

b)

·	9	−12		
		72		
15			−270	
44				−1848
	−702			

5 Ergänze Vorzeichen und Zahlen.

a) (−128) : (□16) = (−□)
b) 72 : (+□) = (□18)
c) (□105) : (−□) = −15
d) (−□) : 25 = □12

6 Setze im Heft die richtige Zahl ein.

a) 72 : □ = −9
(−72) : □ = −9
(−72) : □ = 9
72 : □ = 9

b) □ : 12 = −7
□ : (−12) = 7
□ : 12 = 7
□ : (−12) = −7

7 Ergänze im Heft.

a) 48 : □ = −4 b) □ : 9 = −8
c) −57 : □ = 3 d) □ : (−14) = 13
e) 207 : □ = −9 f) □ : (−21) = 36

8 Dividiere.

a) 9,1 : (−7) b) (−20,4) : 12
c) (−13,2) : (−2,4) d) (−0,72) : 0,6
e) (−110,4) : (−23) f) 81 : (−5,4)
g) (−80,75) : 19 h) (−85,8) : (−3,75)

9 Multipliziere mit dem Kehrbruch.

a) $\left(+\frac{2}{3}\right) : \left(-\frac{4}{9}\right)$ b) $\left(-\frac{4}{7}\right) : \left(\frac{6}{7}\right)$
c) $\left(-\frac{3}{4}\right) : \left(-\frac{7}{8}\right)$ d) $\left(-\frac{35}{36}\right) : \frac{25}{48}$

10 Wähle aus den Ziffern und Vorzeichen aus und setze ein.
a) Der Wert des Quotienten soll möglichst groß werden.
b) Der Wert des Quotienten soll möglichst klein werden.
c) Der Betrag des Quotienten soll so klein wie möglich sein.

? (□□□) : (□□)

11 Welche Aufgabe gehört zu welchem Ergebnis? Überschlage bevor du rechnest.

(−11,2) : 3,2	−7,5
9,12 : (−22,8)	2,8
(−5,1) : (−8,5)	−0,4
81 : (−10,8)	−3,5
(−9,8) : (−3,5)	0,6

12 Lege die Dominosteine in die richtige Reihenfolge.

−11 | (−84) : (−7)
6 | (−126) : 9
−14 | 165 : (−15)
−9 | 136 : (−8)
−17 | (−96) : (−16)
12 | (−198) : 22

Zahlenzauber

Bei diesen magischen Quadraten hat jede Zeile und jede Spalte und sogar jede Diagonale denselben Produktwert.

■ Vervollständige das Quadrat.

−4		−6
		8
		−36

■ Hier heißt die magische Zahl −27.

−6		
−9		−1,5

■ Bei dem 4 × 4-Quadrat brauchst du bestimmt einen Taschenrechner. Berechne auch die unterschiedlich gefärbten Gruppen.

■ Welches Produkt erhältst du im rot umrandeten Zentrum?
■ Wie viele Pluszeichen und wie viele Minuszeichen kommen im magischen 4 × 4-Quadrat vor?

−33	−85	7	26
−2			
65	3		−77
		−39	−5

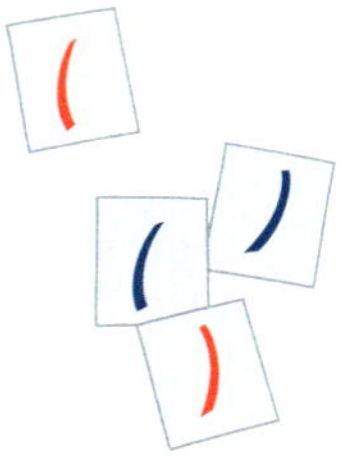

13 Setze zusätzlich Klammern.
Bilde Aufgaben mit unterschiedlichem Ergebnis.

Beispiel: (−5) : (((−5) : (−5)) : (−5))
= (−5) : (1 : (−5))
= (−5) : (−0,2)
= 25

a) (−2) : (−2) : (−2) : (−2)
b) (−4) : (−4) : (−4) : (−4)
c) (−2) : (−2) · (−2) : (−2)
d) (−4) : (−3) : (−2) : (−1)

14 Zahlen auf nebeneinanderliegenden Steinen werden miteinander multipliziert. Das Produkt steht darüber.

a)

b)

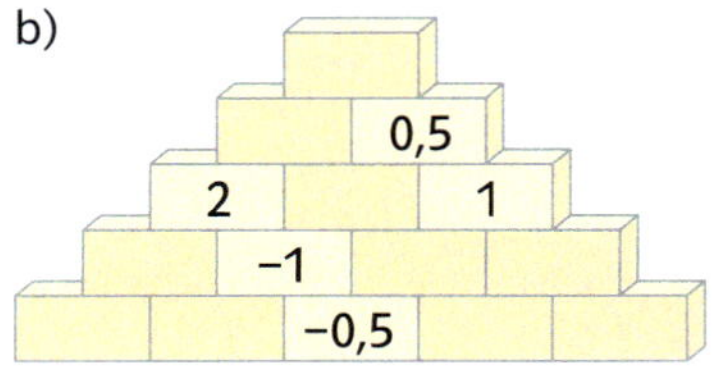

15 Stelle zuerst einen Rechenausdruck auf. Rechne dann.
a) Multipliziere den Quotienten aus −48 und 6 mit der Zahl −13.
b) Subtrahiere vom Quotienten der Zahlen 72 und −8 die Zahl −10.
c) Dividiere den Quotienten aus −35 und +5 durch den Quotienten aus +49 und −7.
d) Dividiere das Produkt der Zahlen 12,5 und −4 durch den Quotienten von −6,0 und −1,2.

16 Löse durch Probieren.
a) $8 \cdot x = -24$
b) $(-12) \cdot x = 60$
c) $x \cdot (-12) = 108$
d) $3 \cdot x - 14 = 5 \cdot x$

17 Richtig oder falsch?
Ist bei einem Produkt mehr als die Hälfte der Faktoren positiv, dann ist der Wert des Produkts positiv. Begründe.

Rechennetze

In diesen Rechnnetzen werden alle Grundrechenarten verwendet.

- Berechne die im Rechennetz fehlenden Zahlen.

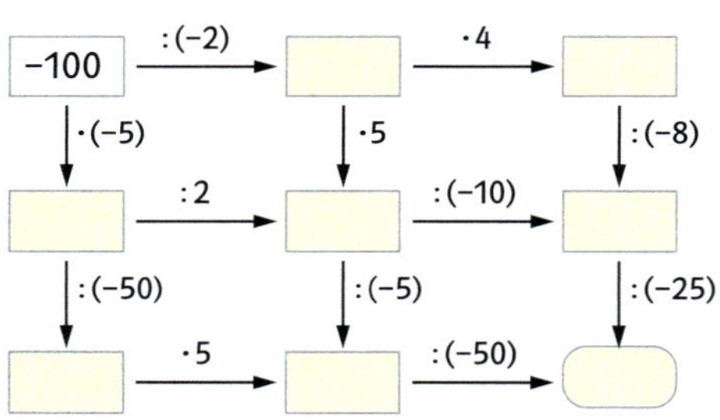

- Hier kannst du dein Ergebnis kontrollieren.

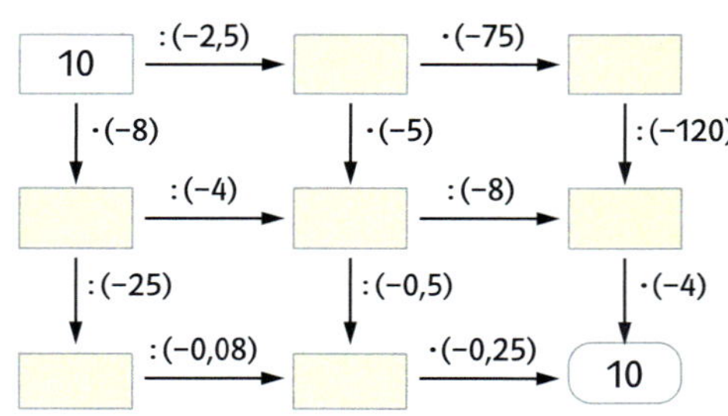

- Verwende alle Rechenarten.

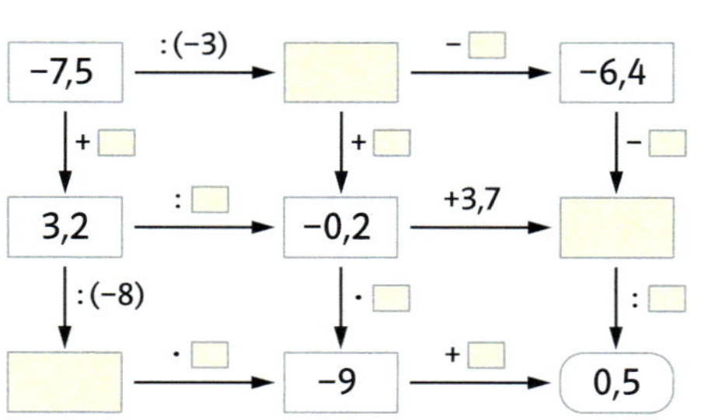

- Ergänze die fehlenden Werte.

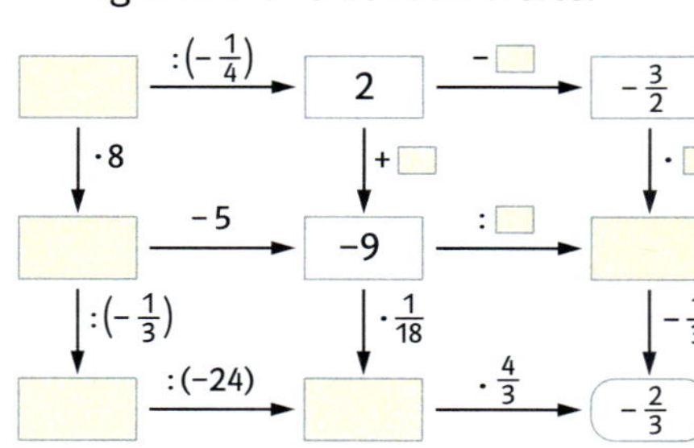

6 Verbindung der Rechenarten

Setze die Zahlen in die Kreise, Dreiecke und Vierecke ein.
→ Berechne jeweils den Wert des Rechenausdrucks.
→ Was fällt dir auf?
→ Wähle noch andere Zahlen als die angegebenen und prüfe nach.

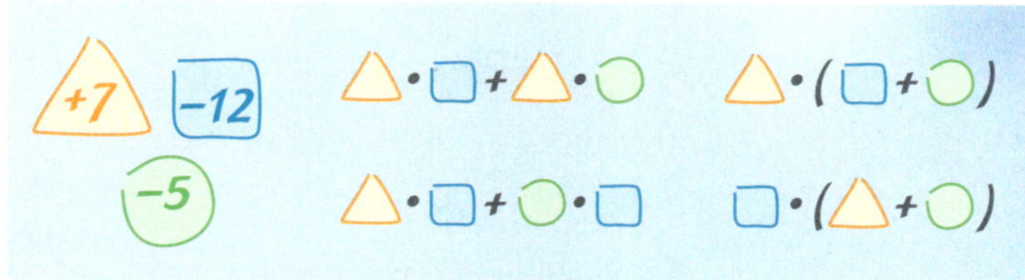

Rechenausdrücke wie $(-8) \cdot 33 + (-8) \cdot 17$ oder $\left(-\frac{2}{5}\right) \cdot \left(15 + \frac{1}{2}\right)$ lassen sich auf verschiedene Arten berechnen. Dabei können Rechenvorteile entstehen.

Ausklammern

$(-8) \cdot 33 + (-8) \cdot 17$
$= (-8) \cdot (33 + 17)$
$= (-8) \cdot 50$
$= -400$

Ausmultiplizieren

$\left(-\frac{2}{5}\right) \cdot \left(15 + \frac{1}{2}\right)$
$= \left(-\frac{2}{5}\right) \cdot 15 + \left(-\frac{2}{5}\right) \cdot \frac{1}{2}$
$= -6 + \left(-\frac{1}{5}\right) = -6\frac{1}{5}$

Das Distributivgesetz (Verteilungsgesetz) gilt auch für rationale Zahlen.

Distributivgesetz (Verteilungsgesetz)
Beim **Ausklammern** schreibt man den gemeinsamen Faktor vor oder hinter die Klammer. Anschließend kann die Summe in der Klammer berechnet und mit dem Faktor multipliziert werden.
Beim **Ausmultiplizieren** wird der Faktor außerhalb der Klammer mit jedem Summanden in der Klammer multipliziert. Dabei sind die Vorzeichenregeln zu beachten.

! *Dieses Gesetz gilt auch beim Subtrahieren und Dividieren.*

Beispiele

a) Hier bringt das Ausklammern Vorteile.

$(-7{,}5) \cdot (-39) + (-7{,}5) \cdot (-61)$
$= (-7{,}5) \cdot ((-39) + (-61))$
$= (-7{,}5) \cdot (-100)$
$= 750$

b) Hier hat das Ausmultiplizieren Vorteile.

$(-7) \cdot \left(\left(+\frac{1}{7}\right) + \left(-\frac{3}{4}\right)\right)$
$= (-7) \cdot \left(+\frac{1}{7}\right) + (-7) \cdot \left(-\frac{3}{4}\right)$
$= (-1) + \left(+\frac{21}{4}\right)$
$= (-1) + 5{,}25$
$= 4{,}25$

c) Auch bei rationalen Zahlen gelten das **Kommutativgesetz** (Vertauschungsgesetz) und das **Assoziativgesetz** (Verbindungsgesetz) der Multiplikation.
Bei mehrfacher Anwendung können sich Rechenvorteile ergeben.

$(-2{,}5) \cdot (+38{,}7) \cdot (-4)$
$= (-2{,}5) \cdot (-4) \cdot (+38{,}7)$ — **Kommutativgesetz**
$= ((-2{,}5) \cdot (-4)) \cdot (+38{,}7)$ — **Assoziativgesetz**
$= (+10) \cdot (+38{,}7) = +387$

d) Auch für rationale Zahlen gelten die Rechenregeln:
Innere Klammer vor äußerer Klammer
Punktrechnung vor Strichrechnung
Ansonsten von links nach rechts

kurz:
Klammer vor Punkt
Punkt vor Strich

$((6{,}5 - 21{,}5) : (-5)) - 1{,}5 \cdot 8$ — **Innere Klammer**
$= ((-15) : (-5)) - 1{,}5 \cdot 8$ — **vor äußerer Klammer**
$= 3 - 1{,}5 \cdot 8$ — **Punkt vor Strich**
$= 3 - 12$
$= -9$

Aufgaben

1 Rechne im Kopf.

a) $5 \cdot (-8) + 20$
b) $12 - 4 \cdot 5$
c) $(-8) \cdot 7 + 6 \cdot 5$
d) $5 - 48 : 4 + 6$
e) $(-49) : (-7) - 49$
f) $24 - 42 - 5 \cdot 9$
g) $2 \cdot (-5) + 4 - 9 : 3$
h) $25 : (-5) - 36 : (-6)$

2 Achte auf Punktrechnung vor Strichrechnung.

a) $(-5) \cdot (-10) + 40$
b) $(-42) : 7 - 65 : (-13)$
c) $(-2{,}5) - 3{,}2 \cdot (-4) + (10{,}2)$
d) $32{,}2 : (-3{,}5) - 7{,}8 \cdot 1{,}5 + 4{,}8$
e) $22{,}5 - (-1{,}5) \cdot 24 : (-9) - 3{,}6 \cdot 7{,}5$

3 Rechne vorteilhaft.

a) $13 \cdot (-5) \cdot 20$
$(-8) \cdot (-25) \cdot 17$
$(-50) \cdot 2 \cdot (-30)$
$(-7) \cdot (-25) \cdot (-8)$

b) $(-2{,}5) \cdot 4 \cdot (-19)$
$(-4{,}7) \cdot (-0{,}5) \cdot 20$
$-400 \cdot 0{,}25 \cdot (-1{,}5)$
$0{,}3 \cdot (-0{,}2) \cdot 750$

4 Verbinde die Faktoren geschickt.

Beispiel: $(-16) \cdot 5 \cdot (-9) \cdot (-4) \cdot 25$
$= (-80) \cdot (-9) \cdot (-100)$
$= 720 \cdot (-100) = -72\,000$

a) $(-25) \cdot 4 \cdot 20 \cdot (-5) \cdot (-7)$
b) $(-8) \cdot 125 \cdot (-9) \cdot (-40) \cdot 5$
c) $(-6) \cdot (-25) \cdot (-4) \cdot (-125) \cdot 4$
d) $8 \cdot (-25) \cdot (-18) \cdot 5 \cdot (-3)$
e) $(-50) \cdot (-4) \cdot 30 \cdot 250 \cdot (-4) \cdot (-3)$

5 Multipliziere aus und berechne.

a) $4 \cdot (-25 + 12)$
b) $8 \cdot (40 - 75)$
c) $(-20) \cdot (-5 + 24)$
d) $(-35 + 16) \cdot (-10)$
e) $(-4) \cdot (12{,}5 - 19)$
f) $(2{,}4 - 8{,}4) \cdot (-5)$
g) $\left(-\frac{3}{4} + 1{,}2\right) \cdot 8$
h) $(-7) \cdot \left(-\frac{2}{7} - 0{,}4\right)$

6 Ein Würfelspiel mit 5 Würfeln:
Würfelt mit drei 20-flächigen Würfeln und zwei normalen Würfeln.
Auf den normalen Würfeln bedeuten die Zahlen 1 und 2 das Zeichen „+“, die Zeichen 3 und 4 das Zeichen „−“, und die Zahlen 5 und 6 das Zeichen „·“.
Links siehst du mögliche Aufgaben.
a) Welcher Spieler hat das größte Ergebnis?
b) Wer hat das kleinste Ergebnis?

$15 - 7 \cdot 12 = -69$
oder:
$7 - 15 \cdot 12 = -173$
oder:
…

7 Ausklammern ist vorteilhaft.

Beispiel: $12 \cdot (-17) + 12 \cdot (-33)$
$= 12 \cdot ((-17) + (-33))$
$= 12 \cdot (-50) = -600$

a) $14 \cdot (-9) + 6 \cdot (-9)$
b) $42 \cdot (-14) + 42 \cdot (-16)$
c) $(-19) \cdot (-73) + (-27) \cdot (-19)$
d) $(-16) \cdot 33 - (-16) \cdot 23$

8 Klammere zunächst gemeinsame Faktoren aus.

Beispiel: $16 \cdot (-17) + 62 \cdot (-17) + 22 \cdot (-17)$
$= (-17) \cdot (16 + 62 + 22) = (-17) \cdot 100$
$= -1700$

a) $(-9) \cdot 16 + (-9) \cdot 23 + (-9) \cdot 11$
b) $59 \cdot (-18) + (-32) \cdot (-18) + 73 \cdot (-18)$
c) $12 \cdot (-2{,}3) + 12 \cdot (-4{,}9) + 12 \cdot (-2{,}8)$
d) $(-12{,}4) \cdot 4{,}75 + 4 \cdot (-12{,}4) + 1{,}25 \cdot (-12{,}4)$

9 Ausklammern oder Ausmultiplizieren?
Berechne. Beschreibe die Rechenschritte.

a) $32 \cdot (-5) + 18 \cdot (-5)$
b) $5 \cdot (-40 + 7)$
c) $(-20 - 3) \cdot 13$
d) $9 \cdot (-43) + 9 \cdot 33$
e) $(-12) \cdot \left(\frac{1}{3} - \frac{1}{4}\right)$
f) $\frac{3}{4} \cdot (-9) - \frac{5}{8} \cdot (-9)$
g) $\left(-72 + \frac{3}{11}\right) \cdot \left(-\frac{11}{12}\right)$
h) $\left(-\frac{2}{9}\right) \cdot \left(\frac{9}{10} - 18\right)$

10 Berechne.

a) $-120 : (-57 + 33) + 1$
b) $(-13 + 21) \cdot (-19 - 16)$
c) $(-96) : 12 - 7 \cdot 16$
d) $(-21 + 6 \cdot (-7)) : (-9)$
e) $(-43 + 25) \cdot (-6) - 112 : 16$
f) $((-12) \cdot 13 - 144 : 18) : (-4)$

11 Gleiche Zahlen – gleiches Ergebnis?
Schreibe eine Erklärung auf.

a) $(1 - 2 \cdot (3 - 4)) \cdot (5 - 6 \cdot 7 - 8 \cdot (9 - 10))$
b) $((1 - 2) \cdot 3 - 4) \cdot ((5 - 6) \cdot 7 - 8 \cdot 9 - 10)$
c) $(1 - 2 \cdot 3 - 4) \cdot ((5 - 6) \cdot (7 - 8) \cdot 9 - 10)$
d) $(1 - (2 \cdot 3 - 4)) \cdot ((5 - 6 \cdot 7) - (8 \cdot 9 - 10))$
e) $((1 - 2 \cdot 3) - 4) \cdot (5 - (6 \cdot 7 - 8 \cdot 9) - 10)$

12 Hier musst du noch Klammern setzen.

a) $(-5) \cdot 3 - 9 = 30$
b) $-28 - 21 : 7 = -7$
c) $3 \cdot 5 + 9 \cdot (-2) = -48$
d) $(-2) \cdot 8 - 4 \cdot 5 = -100$

Die Temperaturmessung

Die noch heute in den USA verwendete Fahrenheitskala wurde bereits um 1714 von **Daniel Fahrenheit** aus Danzig entwickelt. Als Nullpunkt seiner Skala wählte er die tiefste Temperatur des strengen Winters von 1709, die er später durch eine Mischung aus Eis, festem Salmiak und Wasser wieder herstellen konnte. Mit der Wahl dieses Nullpunktes hoffte Fahrenheit negative Temperaturen vermeiden zu können. Als zweiten „Fixpunkt“ seiner Skala soll Fahrenheit seine eigene Körpertemperatur (37,8 °C) gewählt haben, der er willkürlich die Zahl 100 zuordnete.

Anders Celsius (1701 – 1744)

Die bei uns gebräuchliche Celsius-Temperaturskala wurde im Jahre 1742 vom schwedischen Astronomen und Physiker Anders Celsius (1701–1744) eingeführt. Auf der Celsiusskala ist der Gefrierpunkt des Wassers mit 0 °C festgelegt, der Siedepunkt mit 100 °C.

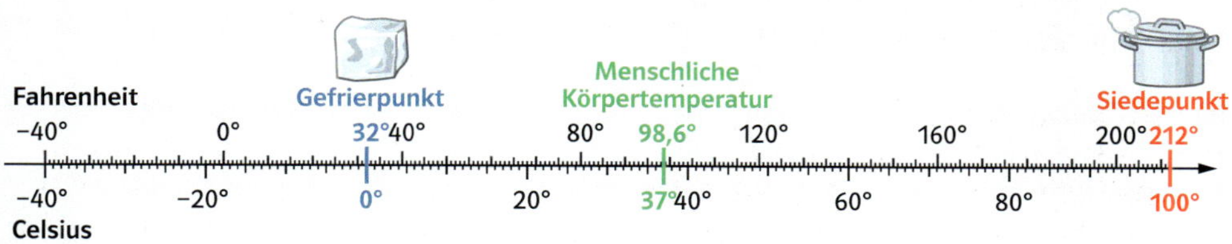

Die Rechenbäume zeigen dir, wie die Temperaturwerte umgerechnet werden können.

Celsius in Fahrenheit

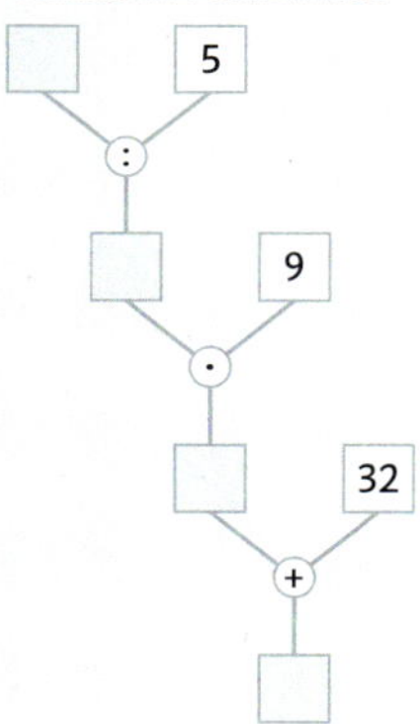

Fahrenheit in Celsius

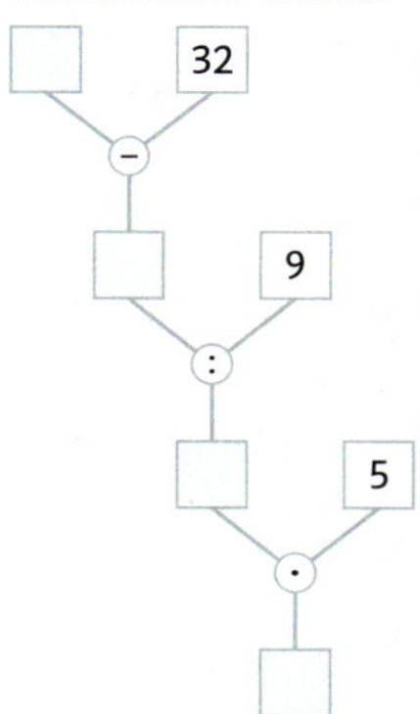

Beispiel:

$20\,°C \xrightarrow{:5} 4° \xrightarrow{\cdot 9} 36° \xrightarrow{+32} 68\,°F$

- Rechne die Celsiuswerte in Fahrenheit um.
100 °C; 0 °C; 50 °C; 10 °C und −10 °C
- Bestimme die zugehörigen Celsiuswerte.
68 °F; 140 °F; 100 °F; 0 °F; −148 °F
- Bei welcher Temperatur sind die Gradzahlen von Fahrenheit und Celsius gleich?

- Tim ruft aus Miami (USA) zu Hause an: „Stell' dir vor, wir haben über 100° Lufttemperatur im Schatten.“ Kann das sein?

Die Tabelle zeigt Temperaturwerte der ganzen Erde.
- Wo war es am wärmsten, wo am kältesten?
- Herrschte auf der Nordhalbkugel Winter oder Sommer?

	Fahrenheit		Celsius
New York	81	Kapstadt	16
Los Angeles	84	Melbourne	10
Phoenix	107	Peking	32
Fairbanks	62	Kairo	35
Denver	73	Frankfurt	31

Zusammenfassung

Vorzeichen, Betrag	Jede rationale Zahl besteht aus dem **Vorzeichen** (+ oder −) und dem **Betrag**.	Vorzeichen Betrag $-31{,}7$
Addieren	Bei **gleichen** Vorzeichen werden die **Beträge addiert**. Das Ergebnis erhält das **gemeinsame Vorzeichen**. Bei **verschiedenen** Vorzeichen werden die Beträge **subtrahiert**. Das Ergebnis erhält das Vorzeichen vor dem **größeren Betrag**.	$(+18) + (-12{,}7)$ $= +(18 - 12{,}7)$ $(+23) + (-48{,}5)$ $= -(48{,}5 - 23)$
Subtrahieren	Eine rationale Zahl wird subtrahiert, indem man ihre Gegenzahl addiert.	$(-7) - (+11) = (-7) + (-11) = -18$ $(-17) - (-9) = (-17) + (+9) = -8$
Multiplizieren	Haben beide Faktoren das **gleiche Vorzeichen**, dann ist der Wert des Produkts **positiv**. Haben die Faktoren **verschiedene Vorzeichen**, dann ist der Wert des Produkts **negativ**.	$(-25) \cdot (-8) = +(25 \cdot 8) = 200$ $(+16) \cdot (-5) = -(16 \cdot 5) = -80$
Dividieren	Haben Dividend und Divisor **gleiche Vorzeichen**, dann ist der Wert des Quotienten **positiv**. Haben Dividend und Divisor **verschiedene Vorzeichen**, dann ist der Wert des Quotienten **negativ**.	$(-28) : (-4) = +(28 : 4) = 7$ $(-56) : 7 = -(56 : 7) = -8$
Distributivgesetz	Das Distributivgesetz wird zum **Ausklammern** und **Ausmultiplizieren** verwendet.	Ausklammern: $(-6) \cdot 13 + (-6) \cdot 87$ $= (-6) \cdot (13 + 87)$ $= (-6) \cdot 100 = -600$ Ausmultiplizieren: $(-7) \cdot (40 + 9)$ $= (-7) \cdot 40 + (-7) \cdot 9$ $= -280 + (-63) = -343$
Vereinfachte Schreibweise	Bei der **vereinfachten Schreibweise** werden gleiche Rechen- und Vorzeichen durch „+“ ersetzt, ungleiche durch „−“.	$48{,}4 + (-13) - (-7) - (+18{,}7) + (+6{,}3)$ $= 48{,}4 - 13 + 7 - 18{,}7 + 6{,}3$
Vereinfachen von Termen	**Innere Klammer** zuerst **Klammern** vor anderen Rechnungen **Potenzen** zuerst **Punkt**rechnung **vor Strich**rechnung **Vereinfachte Schreibweise** anwenden **von links nach rechts** vereinfachen	$(64 - (130 - 36)) + (-5) \cdot 2^3 + 46{,}5$ $= (64 - 94) + (-5) \cdot 2^3 + 46{,}5$ $= -30 + (-5) \cdot 2^3 + 46{,}5$ $= -30 + (-5) \cdot 8 + 46{,}5$ $= -30 + (-40) + 46{,}5$ $= -30 - 40 + 46{,}5$ $= -70 + 46{,}5$ $= -23{,}5$

Üben • Anwenden • Nachdenken

1 Rechne im Kopf.

a) −42 + 65
b) −23 − 77
c) (−7) · 13
d) 144 : (−12)
e) 76 − 93
f) (−16) · (−2,5)
g) −46 − 135
h) −162 : (−18)

2 Welche Zahl musst du einsetzen?

a) −85 + ☐ = −47
b) −29 − ☐ = −17
c) 63 : ☐ = −7
d) −13 · ☐ = 104
e) ☐ · (−3,25) = −58,5
f) ☐ : (−0,8) = 6

3 Runde das Ergebnis auf eine Stelle nach dem Komma.

a) (−37) : 7
b) (−2,46) · (−9,8)
c) 25,8 : (−5,2)
d) (−0,76) · 0,67
e) $11{,}3 \cdot \left(-\frac{3}{4}\right)$
f) $\left(-\frac{7}{8}\right) : (-4{,}9)$

4 Rechne wie im Beispiel:

−93 + 38 + 68 − 41 + 72 − 56
= 68 + 38 + 72 − (93 + 56 + 41)
= 178 − 190 = −12

a) 74 − 143 + 26 − 57
b) 17 − 29 − 44 + 83 − 71
c) −63 + 12 + 58 − 47 − 39
d) −107 + 95 + 59 − 45 − 43 + 21
e) 71 − 48 + 133 − 29 + 109 − 42 + 57

5 Rechne möglichst vorteilhaft.

a) (−25) · 7,5 · (−4) · (−9)
b) 0,4 · (−50) · 0,8 · (−5)
c) (−1,25) · (−2,5) · (−3,8) · (−800) · (−40)
d) $\left(-\frac{2}{3}\right) \cdot \left(-\frac{2}{5}\right) \cdot \frac{3}{4}$

6 Welche Aufgabe gehört zu welchem Ergebnis? Überschlage bevor du rechnest.

3,8 + (−4,2) + 0,8	−4,9
0,9 − 7,1 + 2,7	−6,5
−7,2 − 3,5 + 5,8	0,4
−1,6 + 4,4 − 9,3	−0,4
−9,8 + 4,3 + 5,1	−3,5

7 Löse die Klammern auf und berechne.

a) −23 + (−27 + 18) − (31 − 44)
b) 82 − (37 − (−56 + 24) + 35)
c) 67 − (−29 − (−48 + 87 − 58)) − 13
d) 7,8 − (4,1 − (−2,7 − 8,3 + 0,6) − 5,9)

8 Ordne die Dominosteine.

- −120 | −77 − 83
- −3,4 | (−56) : (−14)
- 4 | (−7,5) · 16
- −160 | −43 + (−26)
- −69 | −42 : (−2,4)
- 17,5 | (−0,4) · 8,5

9 Achte auf die Klammern.

a) 75 − (22 − 36 − 47 − 68)
b) 75 − (22 − 36) − (47 − 68)
c) (75 − 22 − 36) − 47 − 68
d) 75 − 22 − (36 − 47 − 68)
e) 75 − (22 − (36 − 47)) − 68
f) 75 − (22 − (36 − (47 −68)))
g) (((75 − 22) − 36) − 47) − 68

10 In der rechten Spalte stehen die Ergebnisse in falscher Reihenfolge. Ordne richtig zu.

a) −1 + 2 − 3 + 4 − 5 + 6	−7
b) −(1 + 2 − 3 + 4 − 5 + 6)	15
c) −(1 + 2) − (3 + 4) − (5 + 6)	7
d) −(1 + 2 − 3 + 4 − (5 + 6))	3
e) −1 + (2 − (3 + 4 − 5) + 6)	−5
f) −((1 + 2) − (3 + 4) − (5 + 6))	−21
g) −(1 + 2 − (3 + 4 − (5 + 6)))	5

11 Die Zahlenmauer hat fünf Schichten.

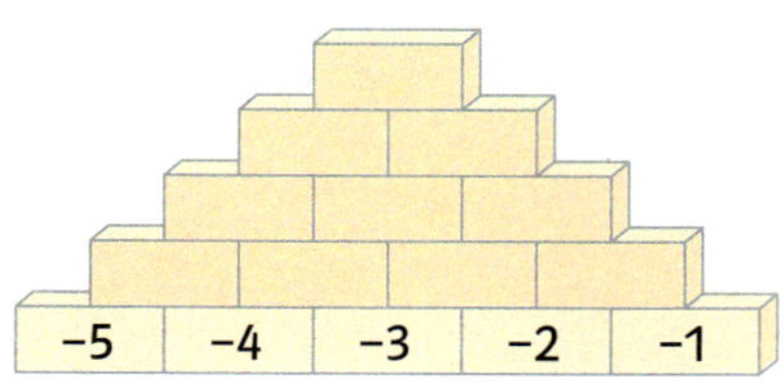

a) Nebeneinanderliegende Steine werden addiert. Was beobachtest du in den einzelnen Reihen der Zahlenmauer? Erkläre.
b) In derselben Zahlenmauer werden nebeneinanderliegende Steine multipliziert. Welches Vorzeichen hat die Zahl in der Spitze? Beantworte die Frage zunächst ohne zu rechnen.
c) Lissy sagt: „Wenn in der unteren Reihe der Mauer eine ungerade Anzahl von negativen Faktoren steht, dann ist der Wert in der Spitze negativ, sonst ist er positiv."

12 Bilde Aufgaben mit ganzzahligem Ergebnis.

Beispiel: $10 : (-5) + 8 \cdot (-2) = -2 - 16 = -18$

Schaffst du fünf verschiedene Aufgaben? Welche Aufgabe hat den kleinsten, welche den größten ganzzahligen Wert?

13 Jede Menge Klammern.

a) $32 \cdot (-5) - (-39) : 13$

b) $-44 + 26 - 14 \cdot (-4)$

c) $25 \cdot (-63 + 48) - (-24)$

d) $(-74) : (21 - (17 - 33))$

e) $-(-12 - (72 \cdot (-3) + 99))$

f) $77 - (-(83 - 98) : (-5))$

g) $-(-(22 - 31) \cdot (-7)) - (-37)$

h) $-(-88 : (-24 + 35) - 49)$

14 Welche Zahl musst du einsetzen?

a) $-8 \cdot \square + 5 = -43$

b) $20 - 36 : \square = 23$

c) $-5 + \square \cdot (-2) = -19$

d) $2 \cdot \square - 7 = -25 - \square$

e) $(3 \cdot \square - 1) : (-4) = 2 \cdot \square + 3$

15 In den Zahlenspiralen kannst du das Ergebnis kontrollieren.

a)

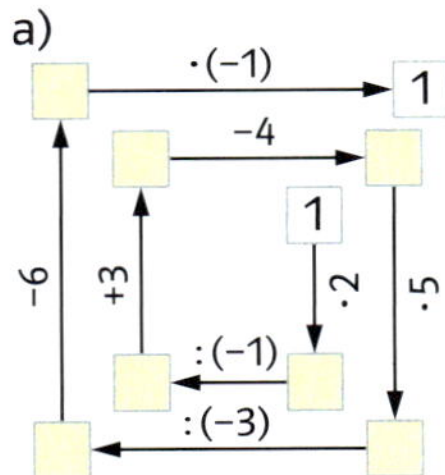

b)

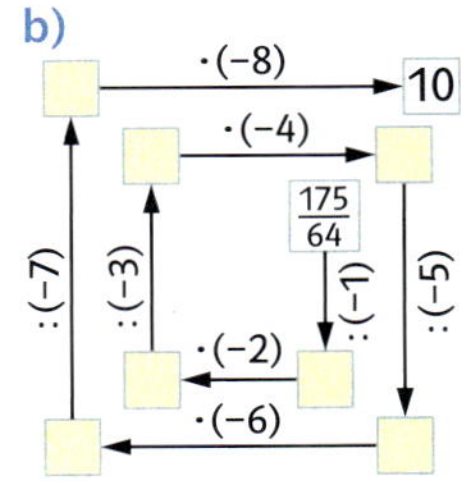

16 Übertrage ins Heft und ergänze.

a)

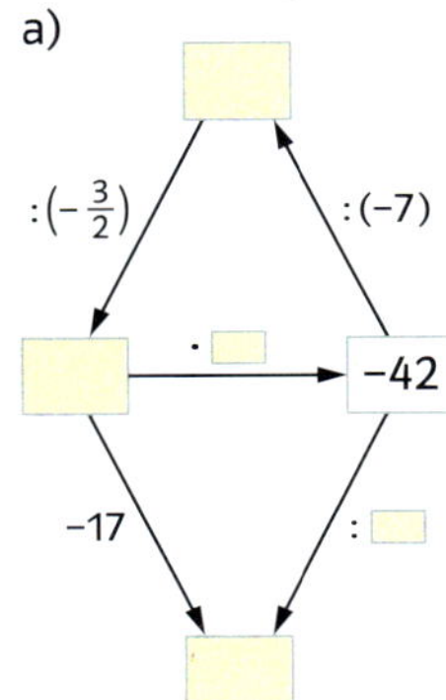

b)

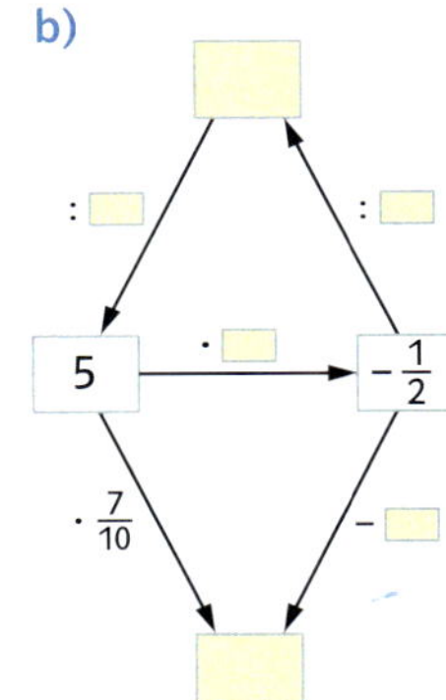

Zahlenreihen

Mit etwas Geschick und Ausdauer kannst du die nachfolgenden Aufgaben bestimmt lösen.

■ Setze die Folge um fünf Zahlen fort.

a) 3; −6; 12; −24; …

b) 256; −128; 64; −32; 16; …

c) −2; −4; −5; −10; −11; −22; −23; …

d) 1; −2; 6; −24; 120; …

e) 3; −2; 10; 5; −25; −30; 150; …

■ Finde selbst weitere Folgen.

Wenn du die abgebildeten Zahlen in der richtigen Reihenfolge addierst oder subtrahierst, erreichst du, dass alle Zwischenergebnisse zwischen 10 und −10 liegen.

39 − 30 = 9
9 − 18 = −9
−9 + 17 = 8
8 − 15 = −7
−7 + 12 = 5

■ Versuche es in gleicher Weise mit den Zahlen 55; 18; 63; 13; 15 und 11.

Ergänze mit Rechenzeichen und Klammern zu einem Rechenausdruck.

Beispiel: − 1 + 2 · (3 + 4) = 13

1 2 = −1
1 2 3 = −2
1 2 3 4 = −3
1 2 3 4 5 = −4

■ Setze die Reihe bis −10 fort und suche weitere Lösungen.

■ Addiere oder subtrahiere, beginnend mit der Zahl 1, die natürlichen Zahlen so, dass die Zwischenergebnisse immer negativ sind, aber möglichst nahe bei 0 liegen. Das erste Ergebnis, das kleiner als −20 ist, ist das Endergebnis.

1 − 2 = −1
−1 − 3 = −4
−4 − 4 = −8
−8 + 5 = −3

17 Sarah und Max addieren und subtrahieren die natürlichen Zahlen in der vorgegebenen Weise.

$$0 + 1 - 2 + 3 - 4 + 5 - \dots$$

Sarah behauptet: „Wenn du mir das Ergebnis deiner Rechnung sagst, kann ich dir sagen, aus wie vielen Summanden deine Summe besteht."

18 Gib Beispiele oder Gegenbeispiele an.
a) Die Summe zweier rationaler Zahlen ist stets größer als jeder einzelne Summand.
b) Die Differenz zweier rationaler Zahlen ist größer als Minuend und Subtrahend.
c) Kann der Wert eines Produkts aus rationalen Zahlen kleiner sein als die Faktoren?
d) Kann der Wert eines Quotienten aus zwei rationalen Zahlen größer sein als der Dividend?

19 Dieses Würfelspiel spielt man am besten zu dritt oder viert.
Drei Würfel werden gleichzeitig geworfen. Versucht nun mit den Rechenzeichen und wenn nötig auch Klammern eine Aufgabe zu bilden. Nach fünf Durchgängen addiert ihr eure Ergebnisse. Wer am nächsten bei der Zahl Null liegt, hat gewonnen.
Variante: in eurer Aufgabe muss sowohl eine Punktrechnung als auch eine Strichrechnung vorkommen.

1. Wurf: $5 + 2 - 6 = 1$
2. Wurf: $4 - 2 \cdot 3 = -2$
3. Wurf: $6 : 2 - 3 = -1$
…

20 Übertrage die Tabelle in dein Heft und berechne die fehlenden Angaben (in Euro).

Alter Kontostand	64,25	−408,52	−19,29	−273,16	
Buchung	−103,50	396,83			−47,37
Neuer Kontostand			−91,92	−88,30	−71,73

Rechnen im Koordinatensystem

Addiert man beim Viereck ABCD zu jeder x-Koordinate die Zahl 3 und subtrahiert von jeder y-Koordinate die Zahl 2, erhält man folgendes Bild. Das Viereck ABCD wird also verschoben.

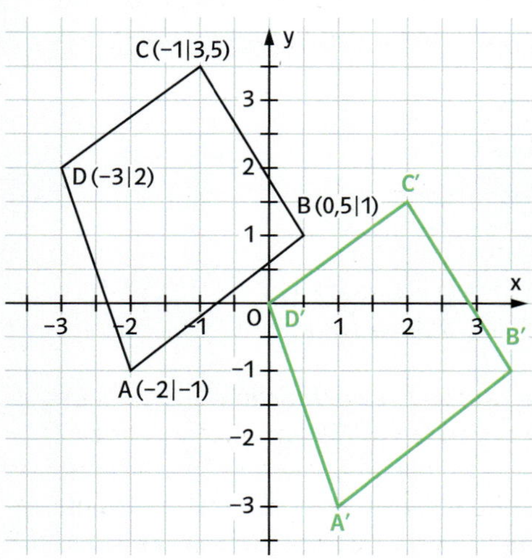

■ Das Viereck ABCD hat die Eckpunkte A(−4|−2); B(8|−4); C(5|0) und D(−5|2). Subtrahiere von den 1. Koordinaten die Zahl 3, von den 2. Koordinaten die Zahl 5.

Das Viereck ABCD hat die Eckpunkte A(7|4); B(1|6); C(−5|−2) und D(8|−4). Zeichne und beschreibe, was mit dem Viereck passiert.

■ Multipliziere die 1. Koordinaten jeweils mit −1.

■ Multipliziere die 2. Koordinaten jeweils mit −1.

■ Multipliziere sowohl die 1. Koordinaten als auch die 2. Koordinaten mit −1.

■ Wie sind die Koordinaten der Bildpunkte A′; B′; C′ und D′ berechnet worden?

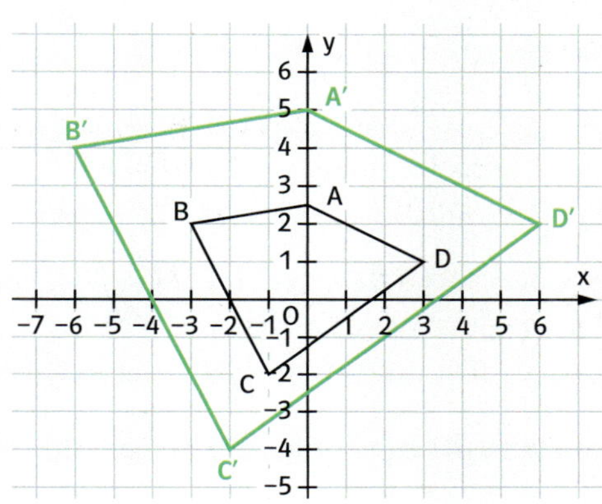

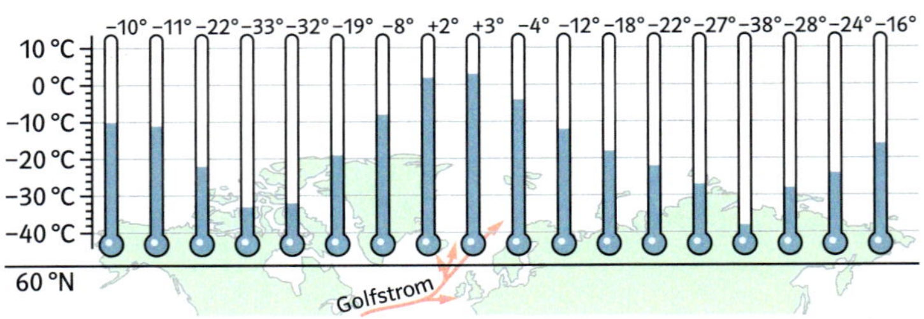

Die Grafik zeigt Durchschnittstemperaturen des Monats Januar entlang dem 60. Breitenkreis.

- Welcher Unterschied besteht zwischen der höchsten und der tiefsten Temperatur? Wo werden sie gemessen?
- Berechne die Durchschnittstemperatur aller 18 Messstationen.
- Um wie viel °C unterscheidet sich diese Durchschnittstemperatur von der in Berlin, die bei − 0,6 °C liegt?

	A	B	C
1	**Mittlere Monatstemperaturen**		
2			
3		Werchojansk	Reykjavík
4	Januar	− 47,0	− 0,5
5	Februar	− 42,7	0,4
6	März	− 29,8	0,5
7	April	− 12,9	2,9
8	Mai	2,8	6,3
9	Juni	13,0	9,0
10	Juli	15,2	10,6
11	August	10,8	10,3
12	September	2,3	7,7
13	Oktober	− 14,9	4,4
14	November	− 36,7	1,1
15	Dezember	− 43,6	− 0,2
16			

Werchojansk (Ostsibirien) und Reykjavík (Island) liegen beide etwa auf dem 65. nördlichen Breitengrad.

- Berechne mit einer Tabellenkalkulation die jährliche Durchschnittstemperatur.
- Erstelle unterschiedliche Diagramme. Welche eignen sich gut, welche weniger?
- Die Temperaturen unterscheiden sich trotz derselben geografischen Breite enorm. Kannst du das erklären?

Die **mittlere Tagestemperatur** wird folgendermaßen bestimmt. Die Temperaturwerte eines Ortes werden zu drei fest vorgegebenen Uhrzeiten (7:30 Uhr; 14:30 Uhr und 21:30 Uhr) gemessen. Dann wird so gerechnet:

$$T_{Mittel} = \frac{1}{4}(T_{7:30} + T_{14:30} + 2 \cdot T_{21:30})$$

	7:30	14:30	21:30
Berlin	− 1 °C	5 °C	2 °C
New York	− 14 °C	− 5 °C	− 17 °C
Sydney	18 °C	33 °C	27 °C
Jakutsk	− 33 °C	− 19 °C	− 40 °C

- Berechne die mittlere Tagestemperatur der angegebenen Städte.

In der Wüste Gobi in Zentralasien gibt es täglich große Temperaturschwankungen. Am Morgen wurden − 12 °C, am Mittag 44 °C gemessen. Die mittlere Tagestemperatur wurde mit 7 °C angegeben.

- Welche Temperatur herrschte am Abend gegen 21:30 Uhr?

Rückspiegel

1 Addiere und subtrahiere.
a) −42 + 25 b) 19 − 32
c) 53 − (−49) d) −39 + (−44)

2 Berechne.
a) (−12) · 8 b) 15 · (−7)
c) 72 : (−8) d) (−84) : (−14)
e) (−24) · (−11) f) (−144) : 36

3 Nutze Rechenvorteile.
a) −24 + 17 + 13
b) −63 + 29 + 51 − 37
c) 112 − 49 + 64 + 78 − 44 − 51
d) 84 − 57 + 38 − 34 + 7 + 52

4 Berechne.
a) 26 − 14 · 6
b) 4 · 9 − 96 : (−12)
c) 35 − 112 : (−14) + 22
d) −19 − 9 · (−11) + 87 : (−3)

5 Addiere die Zahlen in nebeneinanderliegenden Steinen.

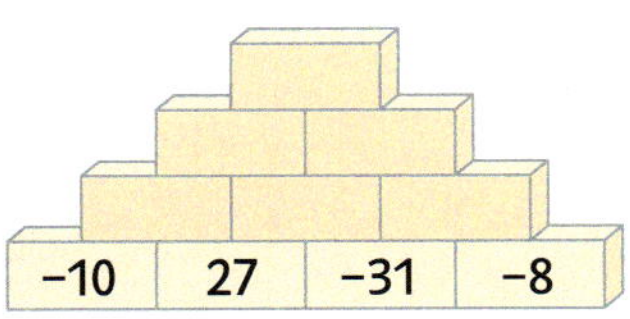

6 Achte auf die Klammern.
a) −36 − (16 − 29) − (−52 + 33)
b) 94 − (67 − (−49 + 37)) − 71
c) −12 − (28 + 5 · (−7))
d) (41 − 56) · (−7) − 76 : 4
e) −144 : (−91 + 67) − (105 − 119) · 6

7 Subtrahiere von der Zahl −17 die Summe der Zahlen 23 und 36.

8 Der Förderkorb einer Kohlenzeche fährt in einer Höhe von 208 m über dem Meeresspiegel los und erreicht nach 737 m Seilfahrt das Kohleflöz.
Wie viele Meter unter dem Meersspiegel liegt das Abbaugebiet?

1 Addiere und subtrahiere.
a) 163 − 214 b) −74 − 97
c) −12,5 + (−23,6) d) −1,79 − (−4,83)

2 Berechne.
a) 2,5 · (−6) b) (−2,8) · (−3,2)
c) (−45,6) : 3,8 d) 127,5 : (−34)
e) $\frac{3}{4} \cdot \left(-\frac{8}{9}\right)$ f) $\left(-\frac{4}{5}\right) : \frac{2}{15}$

3 Nutze Rechenvorteile.
a) −8,2 + 6,9 − 14,8 − 5,5 + 3,1
b) −29,74 − 17,83 − 11,12 − 32,17 − 15,26
c) $\frac{3}{7} \cdot \left(\frac{7}{12} - 7\right)$
d) $23 \cdot \left(-\frac{4}{13}\right) + \left(-\frac{9}{13}\right) \cdot 23$

4 Berechne.
a) −25 + (−12) · 6 − 18 : (−0,5)
b) −12,5 + 16,2 : (−2,7) − (−44,9)
c) $\left(-\frac{1}{2}\right) - 0{,}2 - \frac{3}{4} \cdot (-8)$

5 Die Zahlen in nebeneinanderliegenden Steinen werden addiert. Vervollständige.

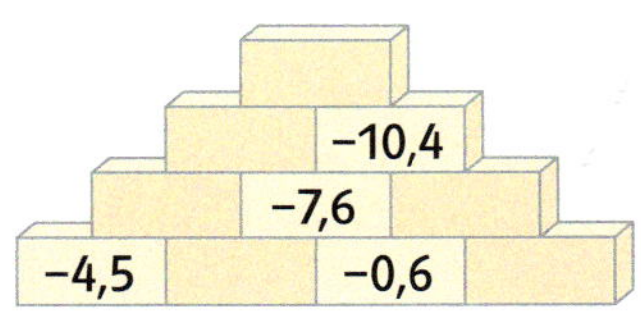

6 Achte auf die Klammern.
a) (−8) · (11 + (−24) − (−27))
b) −8,1 − (−(2,3 − 4,7) − 12,8)) − 5,5
c) −3 + ((−35 − 61) + (−59 + 83)) : (−36)
d) −((5,8 − 9,4) : 1,8 − 6,5) − (0,7 − 4,2 · 0,5)

7 Multipliziere die Differenz der Zahlen −88 und −76 mit dem Quotienten der Zahlen 84 und −28.

8 Beim Start eines Airbus in München (500 m über Meereshöhe) werden 9 °C gemessen. In der Reiseflughöhe (11 900 m über Meereshöhe) herrschen −48 °C.
Wie hoch ist der durchschnittliche Temperaturrückgang pro 100 m?

Dreiecks-Experimente

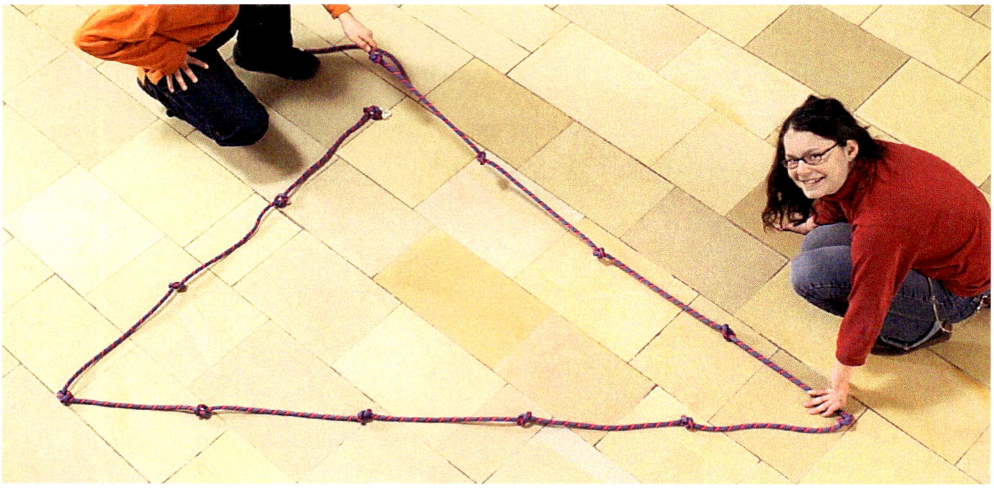

Dreiecke in der Schule

Mit der abgebildeten Knotenschur könnt ihr Dreiecke bilden.

Entdeckt ihr an ihnen Besonderheiten?

Es geht auch ohne Schnur, wenn ihr euch einfach an den Händen fasst.

Welche Dreiecke lassen sich bilden, wenn man die Anzahl der Knoten oder der Schülerinnen und Schüler verändert?

Im Team experimentieren

Jeder benötigt 5 Pappstreifen und einige Papiernieten. Die Löcher der Streifen sollen 2 cm; 4 cm; 6 cm; 8 cm und 10 cm voneinander entfernt sein.

Stellt nun in Gruppen zu je drei Schülern möglichst viele verschiedene Dreiecke her.

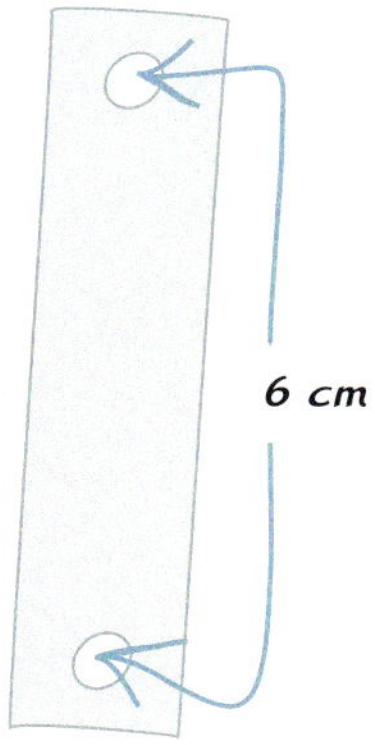

Lassen sich Streifen mit beliebigen Längen zu Dreiecken verbinden?
Versucht eine Regel zu finden.

In diesem Kapitel lernst du,

- dass man durch Messung eines einzigen Winkels die Größe von mehreren Winkeln bestimmen kann,
- welche Regeln für die Winkel von Dreiecken wichtig sind,
- verschiedene Arten von Dreiecken zu unterscheiden,
- wie man Dreiecke konstruiert,
- dass es in Dreiecken Linien mit besonderen Eigenschaften gibt.

1 Winkel im Schnittpunkt von Geraden

→ Falte einen Papierausriss zunächst so, dass zwei parallele Faltlinien entstehen, und klappe das Papier wieder auf. Wenn du jetzt schräg dazu noch einmal faltest, erhältst du 8 Winkel.

→ Musst du alle Winkel messen, wenn ihre Größe gesucht wird?

Schneiden sich zwei Geraden, so entstehen vier Winkel mit besonderen Eigenschaften. Gegenüberliegende Winkel nennt man **Scheitelwinkel**. Es gilt: $\alpha = \gamma$ und $\beta = \delta$.
Bilden zwei nebeneinanderliegende Winkel einen gestreckten Winkel, so nennt man sie **Nebenwinkel**. Es gilt: $\alpha + \beta = 180°$; $\beta + \gamma = 180°$; $\gamma + \delta = 180°$; $\delta + \alpha = 180°$.

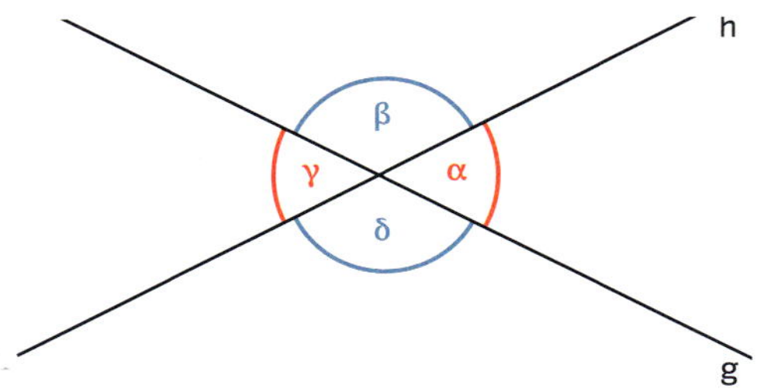

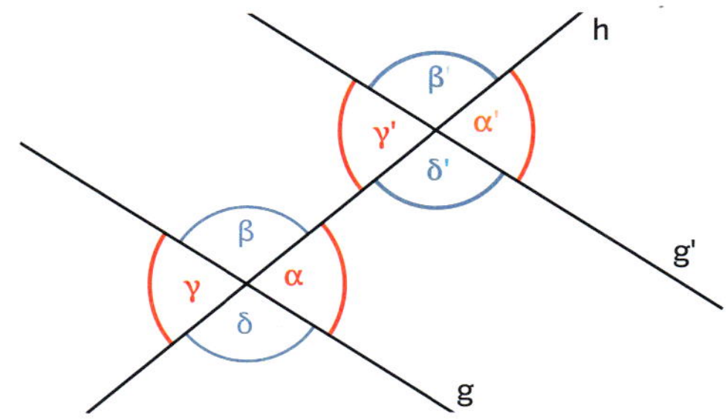

Werden zwei Parallelen von einer Geraden geschnitten, so entstehen acht Winkel. Zu jedem Winkel an der einen Parallelen entsteht ein gleich großer Winkel an der anderen Parallelen. Man nennt sie **Stufenwinkel**. Es gilt beispielsweise $\alpha = \alpha'$.
Darüber hinaus betrachtet man oft Paare von **Wechselwinkeln** wie α und γ'.
Aus $\alpha' = \gamma'$ und $\alpha' = \alpha$ folgt $\alpha = \gamma'$.

Scheitelwinkel sind gleich groß.
Nebenwinkel ergänzen sich zu 180°.

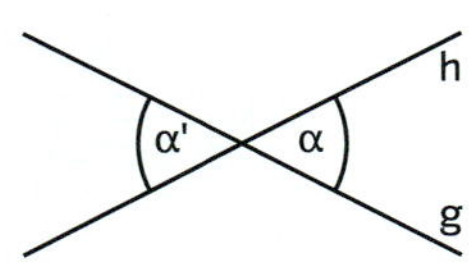

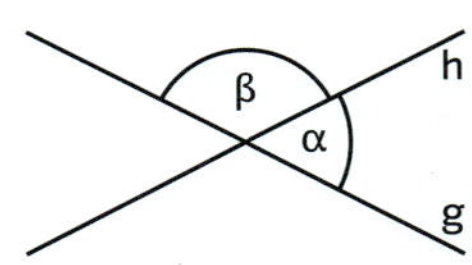

Stufenwinkel an geschnittenen Parallelen sind gleich groß.
Wechselwinkel an geschnittenen Parallelen sind gleich groß.

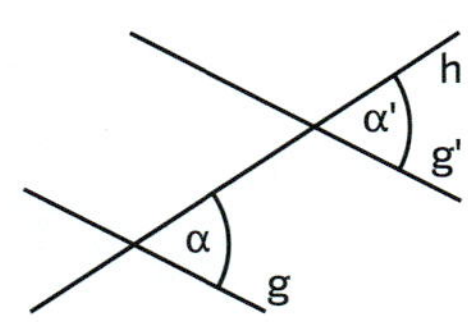

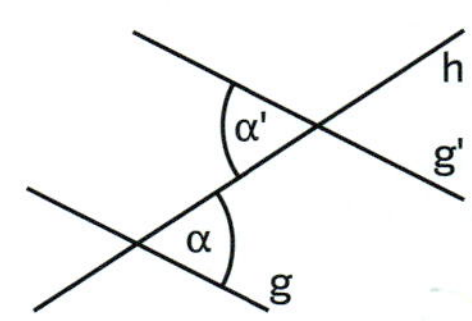

Beispiel

Die Winkel α, β, γ und δ lassen sich aus dem gegebenen Winkel $\varepsilon = 120°$ berechnen.

Stufenwinkel zu ε: $\alpha = 120°$
Wechselwinkel zu ε: $\beta = 120°$
Nebenwinkel zu α: $\gamma = 180° - 120° = 60°$
Nebenwinkel zu α: $\delta = 180° - 120° = 60°$

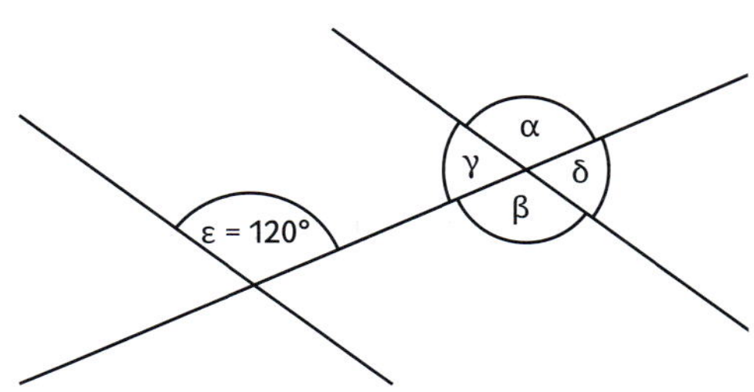

Bemerkung
Eine Stufenwinkelfigur erinnert an den Buchstaben „F“. Man spricht daher auch von F-Winkeln. Die Wechselwinkelfigur sieht aus wie der Buchstabe „Z“. Daher nennt man solche Winkel auch Z-Winkel.

Aufgaben

1 Wie groß sind die Winkel α und β an den Parallelen g und h? Welche Winkelsätze hast du angewendet?

a)
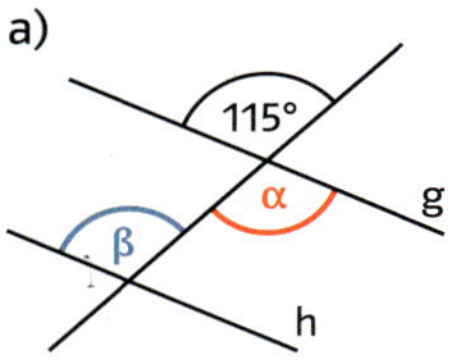

b)
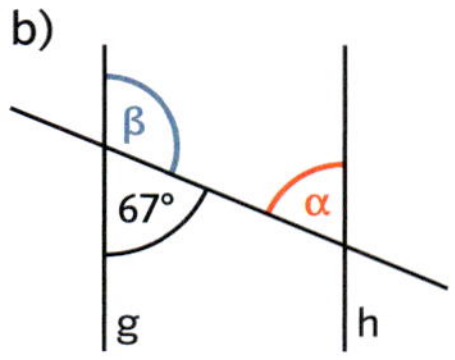

2 Welche der Winkel an den parallelen Geraden sind ebenso groß wie der angegebene Winkel?

a)
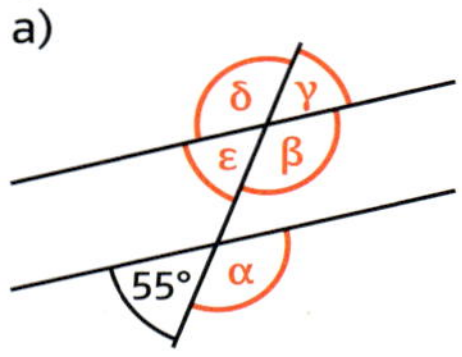

b)
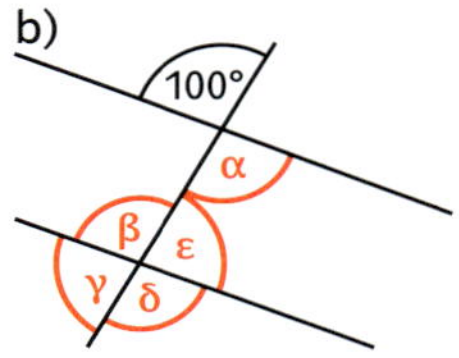

3 Bestimme die Winkel. Die Geraden g und h bzw. i und k sind parallel.

a)
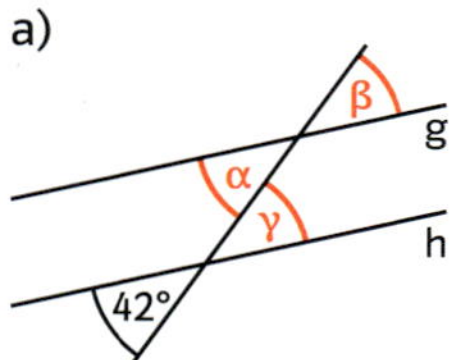

b)
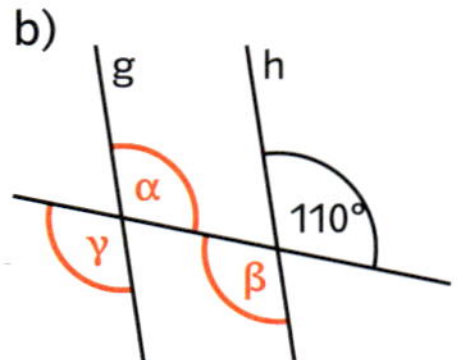

c)
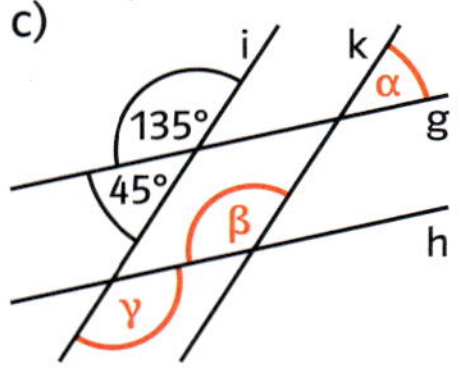

d)
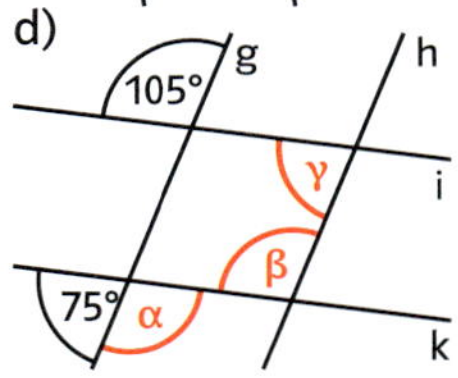

4 Wie groß sind die markierten Winkel in den Buchstaben vom Rand? Zeichne.

5 Zwei Parallelen g und h werden von i unter einem Winkel von 49° geschnitten.
a) Zeichne Stufenwinkel.
b) Zeichne Wechselwinkel.

6 Wie viele verschieden große Winkel gibt es am Scherenarm der Lampe und am Treppengeländer?

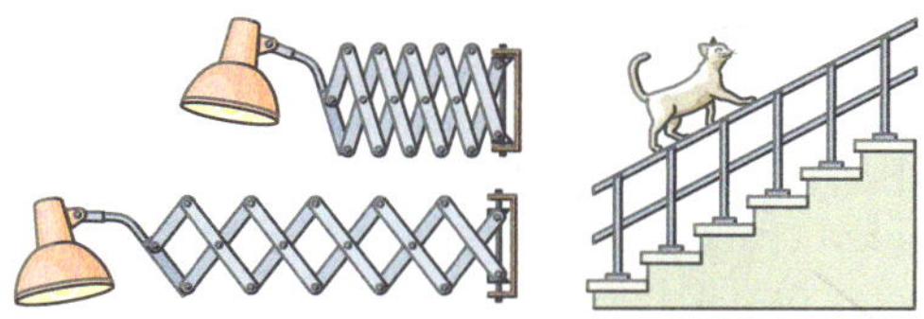

7 Sind die Geraden g und h parallel? Falls nicht: Auf welcher Seite der Geraden i schneiden sie sich?

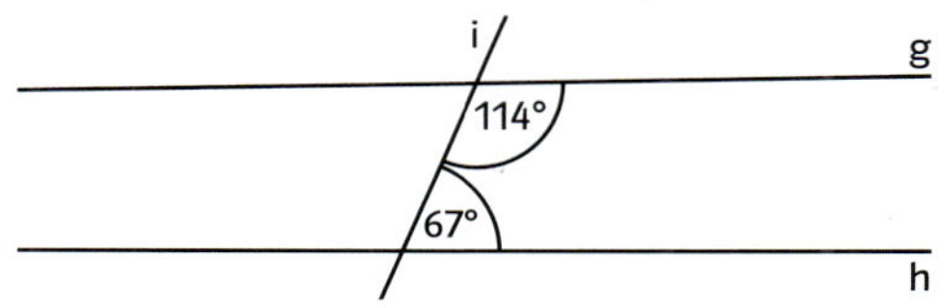

8 a) Was gilt für die Summe von benachbarten Winkeln im Parallelogramm?
b) Findest du auch eine Regel für die gegenüberliegenden Winkel?

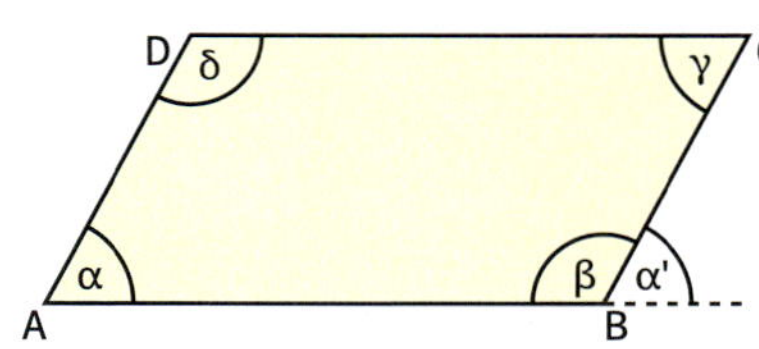

9 Die Geraden g und h sind parallel. Eine geschickt gewählte weitere Gerade hilft dir α zu bestimmen.

a)
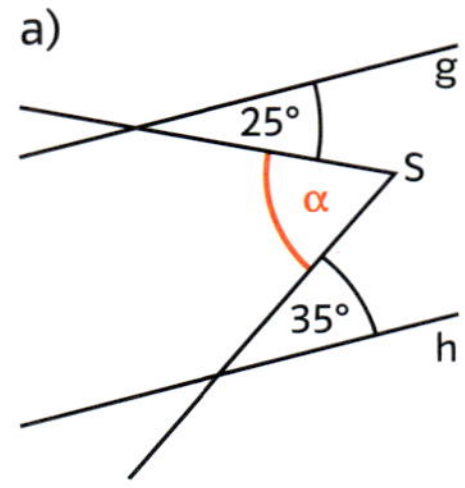

b)
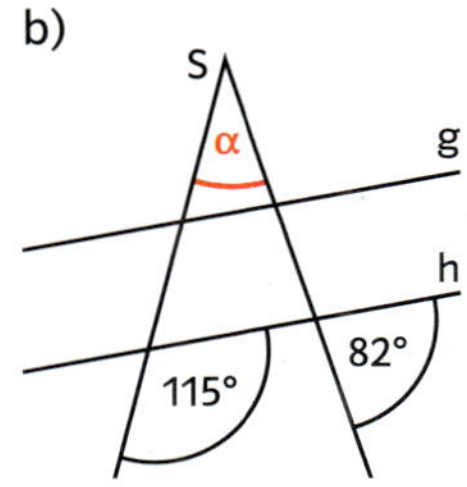

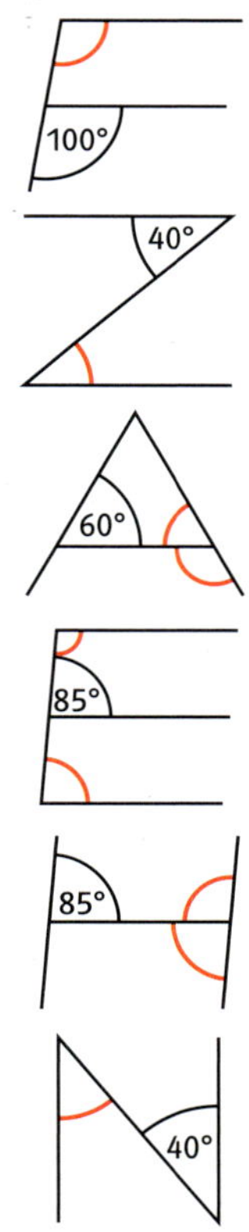

2 Winkelsumme im Dreieck

Zeichne ein beliebiges Dreieck.
→ Kennzeichne die im Dreieck liegenden Winkel mit verschiedenen Farben.
→ Schneide das Dreieck aus und reiße die drei Ecken ab.
→ Wie groß ist der Winkel, der sich durch das Zusammenlegen der Dreieckswinkel ergibt? Wie heißt er?

Um die Winkelsumme im Dreieck zu bestimmen, zeichnet man zur Seite $\overline{AB}$ die Parallele durch den Punkt C.
α', γ und β' bilden einen gestreckten Winkel. Es gilt: $\alpha' + \beta' + \gamma = 180°$.
α und α' sowie β und β' sind Wechselwinkel. Damit gilt: $\alpha = \alpha'$ und $\beta = \beta'$.
Somit erhält man $\alpha + \beta + \gamma = 180°$.

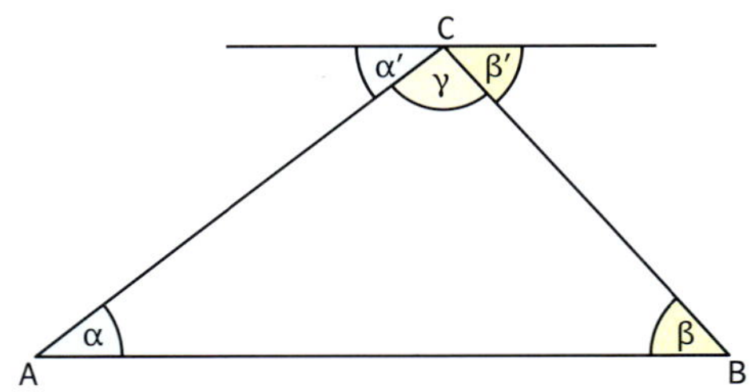

Winkelsumme im Dreieck
Die Summe der Winkel eines Dreiecks beträgt 180°: $\boldsymbol{\alpha + \beta + \gamma = 180°}$.

Beispiel
Im Dreieck ABC werden zwei Winkel gemessen: $\alpha = 32°$ und $\beta = 110°$.
Damit lässt sich γ berechnen:

$$32° + 110° + \gamma = 180°$$
$$142° + \gamma = 180°$$
$$\gamma = 38°$$

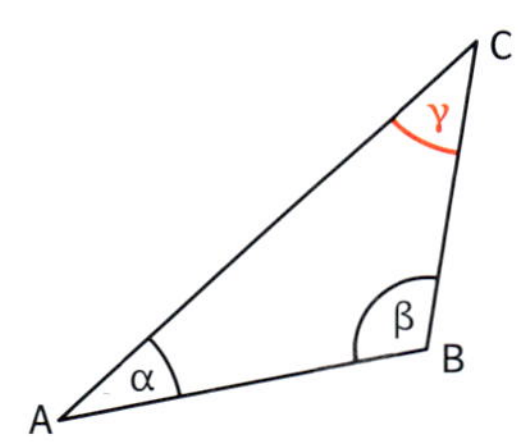

Aufgaben

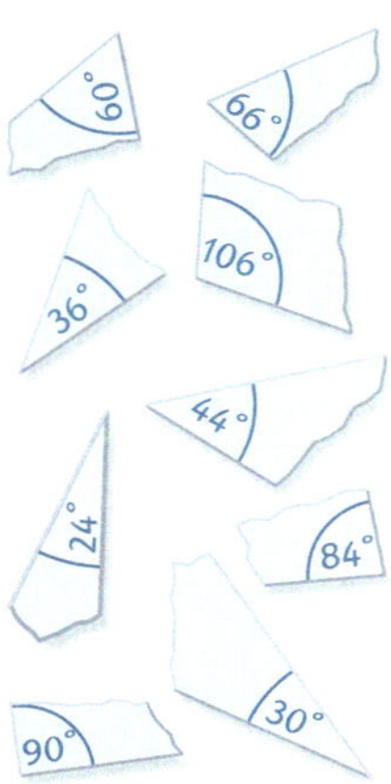

1 Die neun Schnipsel waren die Ecken von drei Dreiecken.

2 Zeichne die Dreiecke in ein gemeinsames Koordinatensystem. Überprüfe die Winkelsumme durch Messung.
a) A(2|2); B(5,5|2); C(5|5)
b) A(−4,5|1,5); B(−1|1); C(−2,5|4)
c) A(−3|−3,5); B(−2|−1); C(−6|−4)
d) A(0|−2); B(3,5|−5); C(2|−2)

3 Wie viele spitze, rechte bzw. stumpfe Winkel kann ein Dreieck besitzen?

4 Ein Winkel fehlt.

	α	β	γ
a)	40°	60°	
b)	33°		87°
c)	105°	25°	

5 Berechne die fehlenden Winkel.
a) $\alpha = 25°$
$\beta = 53°$
b) $\alpha = 111°$
$\delta = 146°$

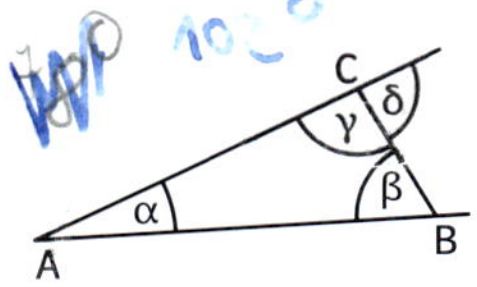

6 Berechne die Winkel.

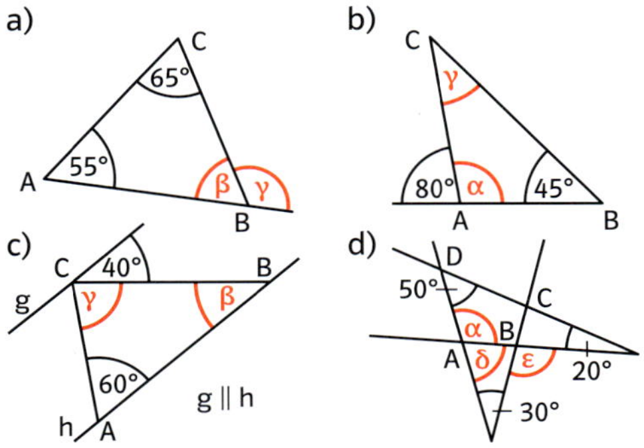

7 Berechne die Winkel β′ und γ′.

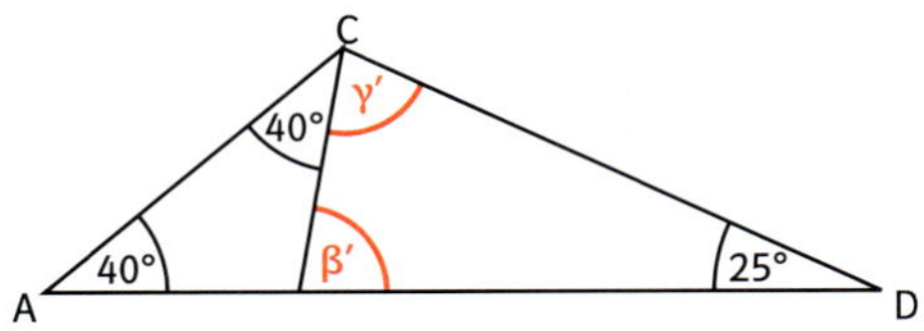

8 Die Geraden g und h sind parallel. Berechne β und γ.

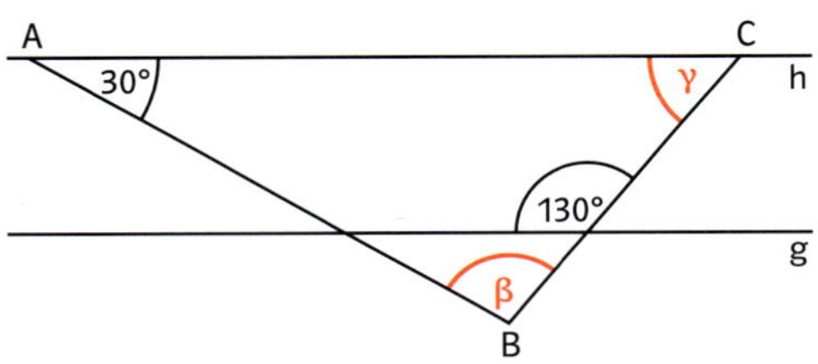

9 Im Dreieck ABC halbiert w den Winkel am Punkt A. Wie groß sind die Winkel γ und δ?

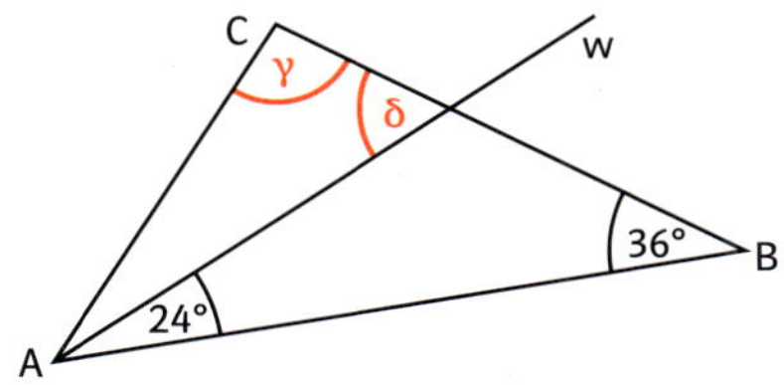

10 a) Gib alle Winkel eines Dreieckes an, wenn diese Vielfache von 15° sind. Es gibt mehrere Möglichkeiten.
b) Formuliere weitere Aufgaben.

11 Vom Dreieck wurden zwei Ecken abgeschnitten, eine sogar abgerissen. Wie groß waren die Winkel α, β, γ des ursprünglichen Dreiecks?

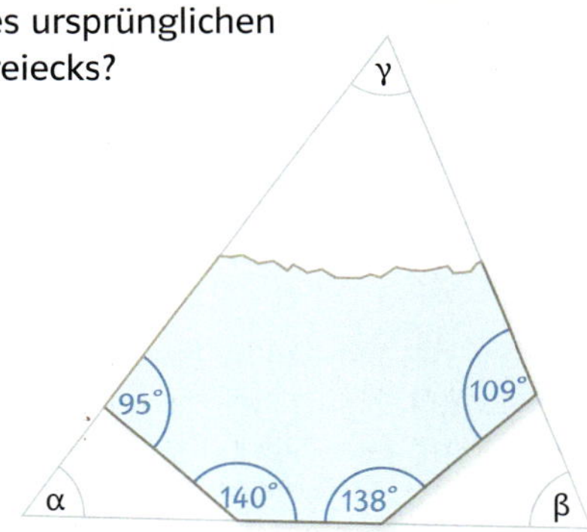

Dynamische Geometriesoftware (DGS)

Dynamische Geometriesoftware kann dir helfen, schnell viele Dreiecke zu untersuchen.

Du kannst folgendermaßen vorgehen:
- das Dreieck ABC zeichnen,
- die Winkel α, β und γ des Dreiecks markieren und ihre Größe messen,
- einen der Punkte A, B oder C auf der Zeichenfläche bewegen.

■ Was beobachtest du, wenn du beim Bewegen eines Eckpunkts die Summe der Winkel betrachtest?

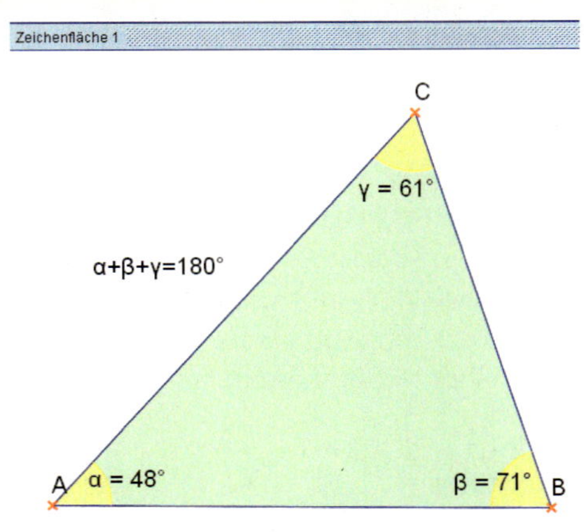

3 Dreiecksformen

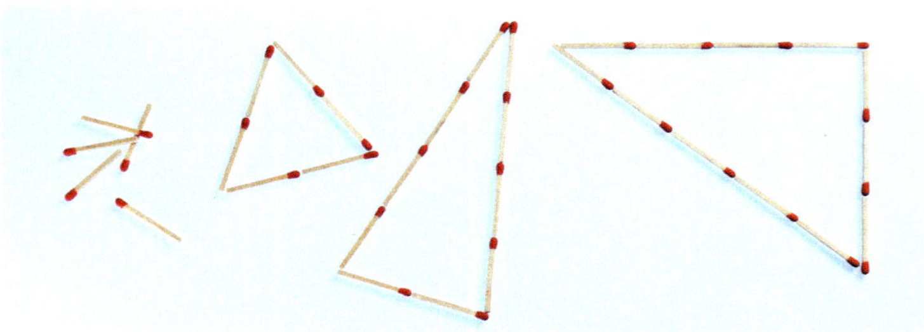

Mit Streichhölzern lassen sich viele verschiedene Dreiecke legen.
→ Wenn du Seitenlängen und Winkelgrößen vergleichst, kannst du „Dreiecksfamilien“ bilden.

Dreiecke können nach der Größe ihrer Winkel eingeteilt werden.

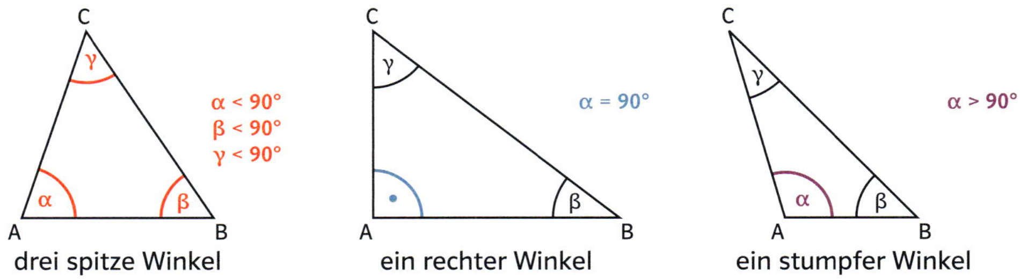

Die Art des Dreiecks wird von der Größe des größten Winkels bestimmt.

Ein Dreieck, dessen Winkel alle kleiner als 90° sind, heißt **spitzwinklig**.
Ein Dreieck mit einem 90°-Winkel heißt **rechtwinklig**.
Ein Dreieck mit einem Winkel, der größer als 90° ist, heißt **stumpfwinklig**.

Dreiecke können auch nach der Länge ihrer Seiten eingeteilt werden.

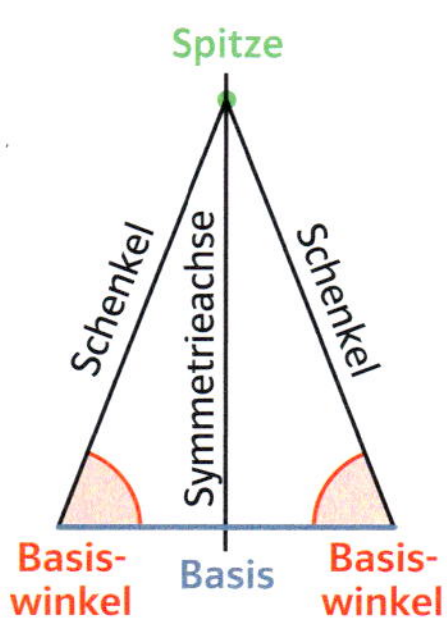

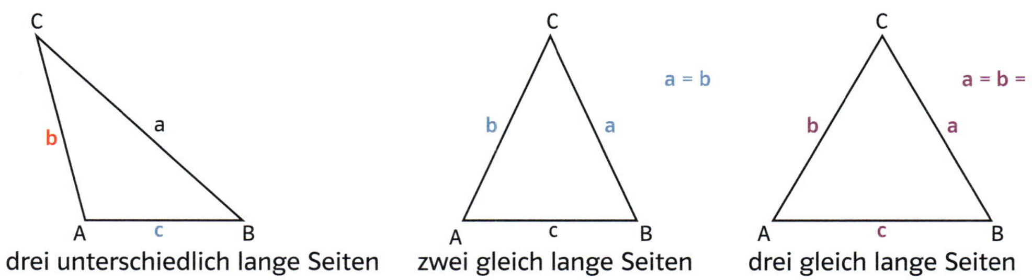

Ein Dreieck, dessen Seiten alle unterschiedlich lang sind, heißt **allgemein**.
Ein Dreieck mit zwei gleich langen Seiten heißt **gleichschenklig**.
Ein Dreieck mit drei gleich langen Seiten heißt **gleichseitig**.

Bemerkung

Für das gleichseitige Dreieck gilt $a = b = c$, es ist ein besonderes gleichschenkliges Dreieck.

Beispiele

a) Das gleichschenklige Dreieck hat eine Symmetrieachse.
Es gilt $a = b$ und somit auch $\alpha = \beta = 40°$.
Mithilfe der Winkelsumme erhält man:
$40° + 40° + \gamma = 180°$; also $\gamma = 100°$.

b) Das gleichseitige Dreieck mit $a = b = c$ besitzt drei Symmetrieachsen.
Deswegen gilt $\alpha = \beta$ und $\alpha = \gamma$.
$\alpha + \beta + \gamma = \alpha + \alpha + \alpha = 3 \cdot \alpha = 180°$.
Im gleichseitigen Dreieck beträgt jeder Winkel 60°.

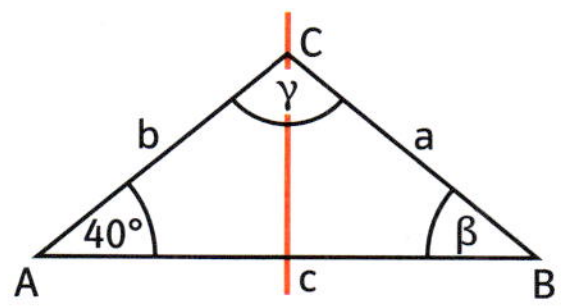

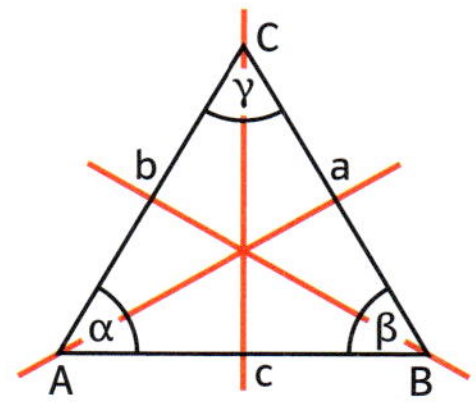

Aufgaben

1 Gehe auf Entdeckungsreise. Suche Dreiecke in deiner Umwelt. Um welche Arten von Dreiecken handelt es sich?

2 Schreibe alle gleichschenkligen Dreiecke auf, die du in den Figuren a), b) und c) findest.
Welche Dreiecke sind gleichseitig?

a)

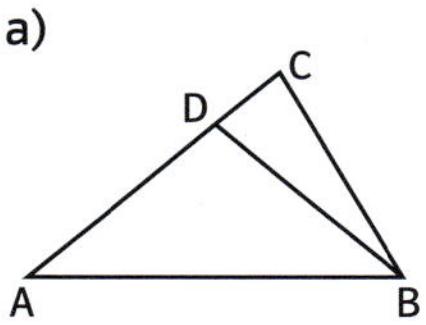

b)

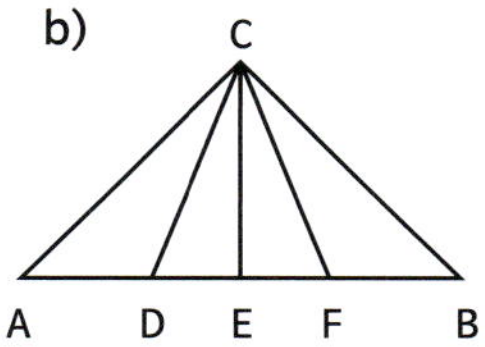

c)

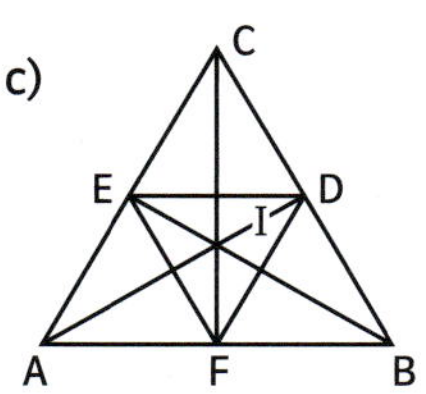

3 Vervollständige die Tabelle. Benenne die Dreiecksart nach Winkeln und Seiten. Lassen sich Aussagen über die Beziehungen zwischen Seiten und Winkeln machen?

	Winkel		
	α	β	γ
a)	30°	60°	
b)	40°		80°
c)	40°	40°	
d)		60°	60°

4 Wo liegt in einem rechtwinkligen Dreieck die längste Seite?

5 Ordne die Nummern der Dreiecke dem richtigen Feld der Tabelle zu.

	spitzwinklig	rechtwinklig	stumpfwinklig
gleichseitig			
gleichschenklig, nicht gleichseitig			
allgemein			

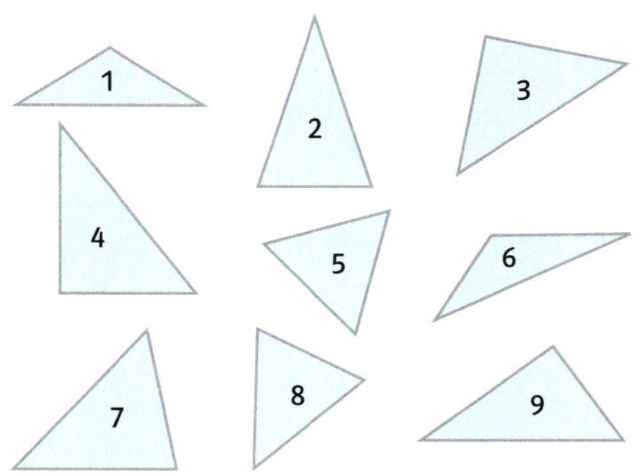

6 Zeichne das Dreieck in ein Koordinatensystem. Bestimme die Dreiecksform nach Seiten und Winkeln.

a) A(1|1); B(2|1); C(2|7)
b) A(1|9); B(4|8); C(7|9)
c) A(0|0); B(2|4); C(−3|2,5)
d) A(−6|−4); B(−5|−0,5); C(−4|1)
e) A(0|−3); B(4|−3); C(4|1)
f) A(−1|4); B(−3|7,5); C(−5|4)

Du findest überall Dreiecke.

! *Seiten-Winkel-Beziehung:*
In jedem Dreieck liegt der größeren von zwei Seiten auch der größere Winkel gegenüber und umgekehrt. Prüfe selbst.

7 a) Zeichne die Brückenkonstruktionen ins Heft. Welche Dreiecksformen wurden hier verwendet?

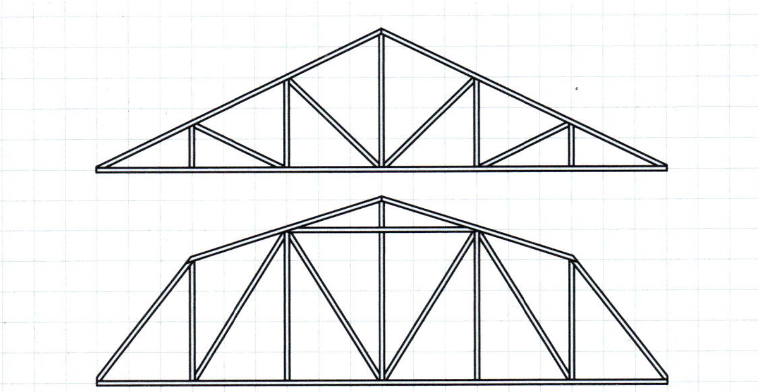

b) Suche Bilder weiterer Bauwerke (Dachkonstruktionen, Fachwerke, …), die aus Dreiecken aufgebaut sind.

8 Ist folgende Aussage wahr oder falsch?
a) Ein stumpfwinkliges Dreieck hat zwei spitze Winkel.
b) Wenn ein Dreieck allgemein ist, so ist es spitzwinklig.
c) Wenn ein Dreieck gleichschenklig ist, so ist es stumpfwinklig.
d) Wenn ein Dreieck gleichschenklig ist, so ist es auch gleichseitig.
e) Wenn ein Dreieck rechtwinklig ist, so ist es nicht stumpfwinklig.

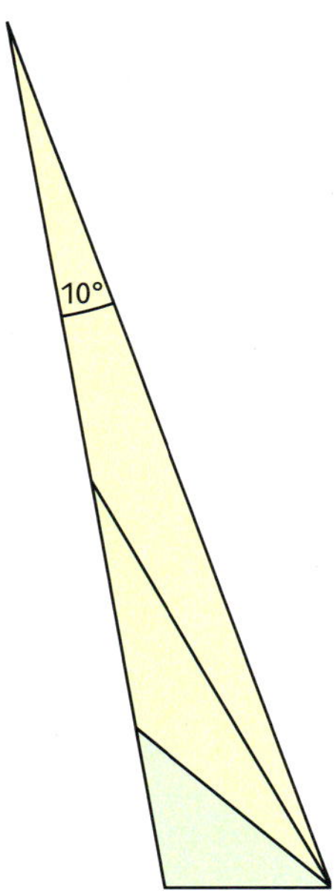

? *Die drei Dreiecke sind gleichschenklig. Welche Winkelsumme ergibt sich am gemeinsamen Eckpunkt?*

9 Ergänze das rechtwinklige Dreieck zu einem achsensymmetrischen Dreieck. Es gibt jeweils zwei Möglichkeiten. Welche Dreiecksart ergibt sich?

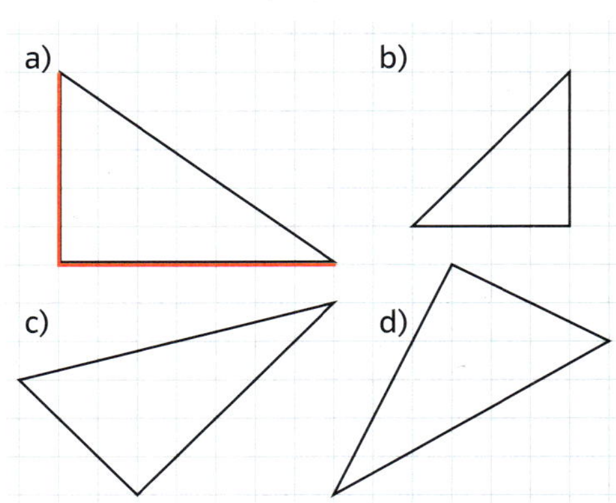

10 Ergänze ein gleichseitiges Dreieck über jede seiner Seiten zu einer größeren achsensymmetrischen Figur. Welche Form hat das große Dreieck, das dabei entsteht?

11 Ein gleichschenkliges Dreieck hat an der Basis die Winkel α und β sowie an der Spitze den Winkel γ.
a) Berechne γ aus $\alpha = 20°$; $70°$; $81°$; $89°$.
b) Berechne α aus $\gamma = 30°$; $50°$; $120°$; $178°$.

12 An eine Hauswand wurde eine 3 m lange Leiter angestellt. Aus Sicherheitsgründen muss der Anstellwinkel α zwischen 50° und 70° liegen.
Welche Werte kann dann der Winkel β an der Hauswand annehmen?

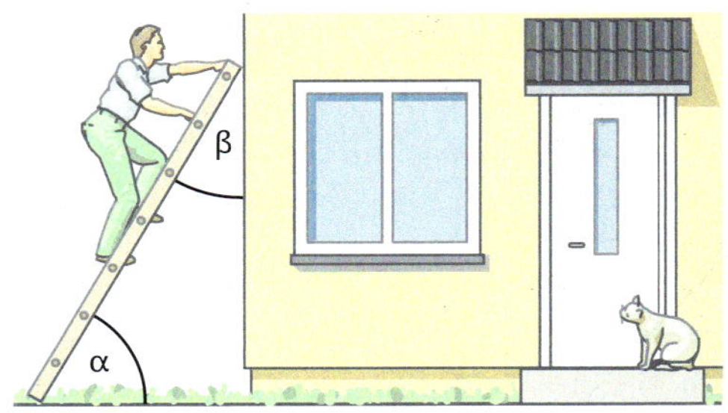

Mit einer maßstäblichen Zeichnung lässt sich sogar ermitteln, wie hoch eine 4 m lange Leiter reicht.

13 In einem stumpfwinkligen Dreieck, dessen Winkelmaße alle ganzzahlig sind, ist $\alpha = 88°$. Wie groß sind die beiden anderen Winkel?

14 Das Dreieck ABC ist gleichseitig.
Berechne alle farbig markierten Winkel.

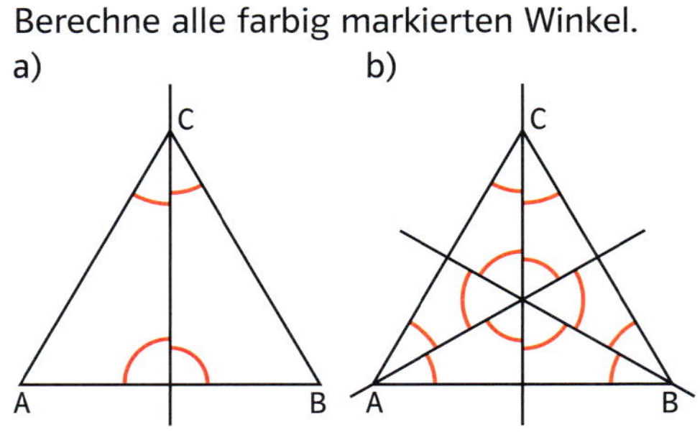

15 Wie sieht ein Dreieck aus, an dem nichts Besonderes ist?

4 Konstruktion von kongruenten Dreiecken

Tina, Maik und Steffi wollen aus bunter Pappe Dreiecke ausschneiden, die dieselbe Form und Größe haben, also deckungsgleich sind.
→ Wie viele Angaben brauchen sie mindestens dazu?
→ Welche Maße müssen sie kennen, damit alle Dreiecke wirklich deckungsgleich sind?

Jedes Dreieck besitzt drei Seiten und drei Winkel. Man spricht auch von sechs Stücken, die gegeben sein können. Um ein Dreieck eindeutig zu konstruieren, benötigt man mindestens drei gegebene Stücke.

Zum Konstruieren von Dreiecken mit Zirkel und Geodreieck braucht man drei Stücke. Stimmen zwei Dreiecke in Seiten und Winkeln überein, also auch in Form und Größe, nennt man sie deckungsgleich bzw. **kongruent**.
Sind drei Seiten **(SSS)**, zwei Seiten und der eingeschlossene Winkel **(SWS)** oder eine Seite und die beiden anliegenden Winkel **(WSW)** gegeben, so können deckungsgleiche bzw. **kongruente** Dreiecke konstruiert werden.
Sind nur die drei Winkel gegeben, so können die Dreiecke verschieden groß sein. Auch die Konstruktion mit zwei Seiten und dem Gegenwinkel einer Seite **(SSW)** liefert nicht in jedem Fall kongruente Dreiecke.

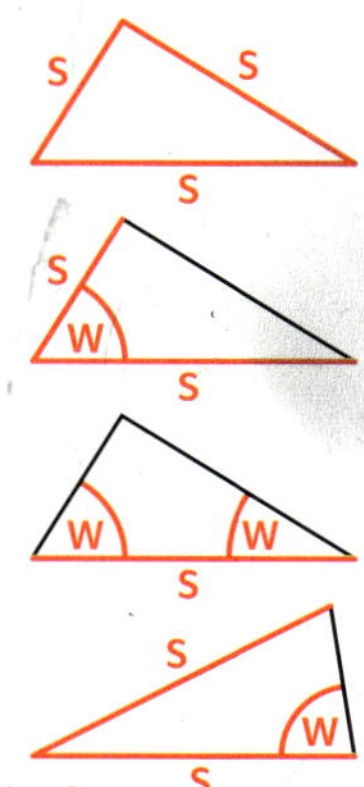

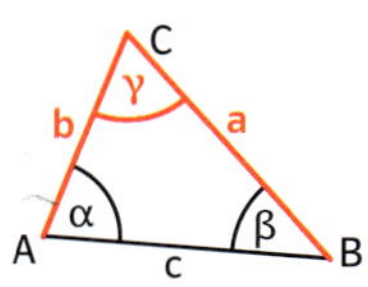

Planfigur
Gegeben: *a, b, γ*

Bemerkung
Um sich die Reihenfolge der notwendigen Schritte bei einer Konstruktion zu überlegen, wird immer eine **Planfigur** angefertigt. Eine Skizze mit farbig hervorgehobenen gegebenen Stücken genügt.

Beispiele
a) Gegeben:
a = 7 cm
b = 5 cm
c = 6 cm
SSS-Konstruktion

Planfigur

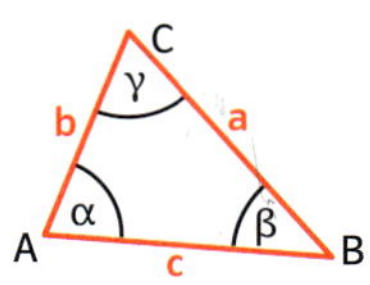

Konstruiert werden
1. die Seite c
2. der Kreis um A mit dem Radius b
3. der Kreis um B mit dem Radius a
4. der Schnittpunkt C der Kreise.

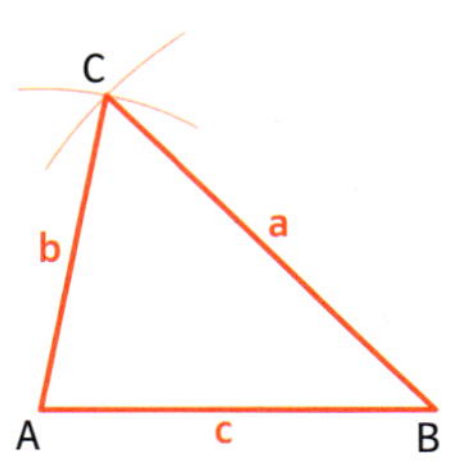

Es gibt nur ein solches Dreieck.

b) Gegeben:
b = 8 cm
c = 7 cm
α = 40°
SWS-Konstruktion

Planfigur

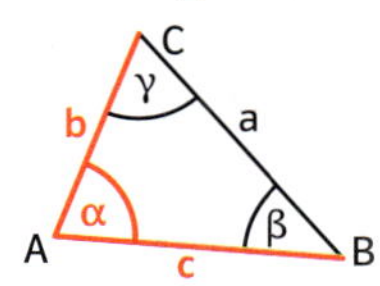

Konstruiert werden
1. die Seite c
2. der Winkel α
3. der Kreis um A mit Radius b
4. der Schnittpunkt C des Kreises mit dem freien Schenkel von α.

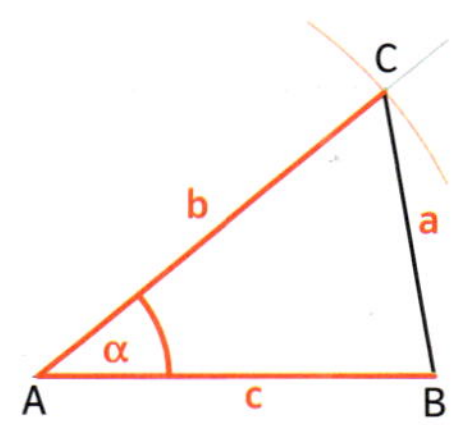

Es gibt nur ein solches Dreieck.

c) Gegeben:
c = 6 cm
α = 30°
β = 105°
WSW-Konstruktion

Planfigur:

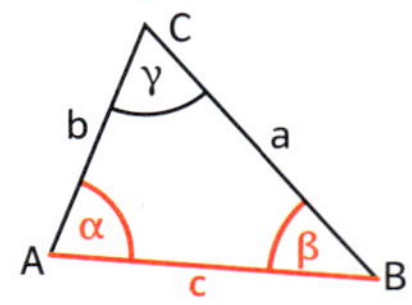

Konstruiert werden
1. die Seite c
2. der Winkel α
3. der Winkel β
4. der Schnittpunkt C der freien Schenkel von α und β.

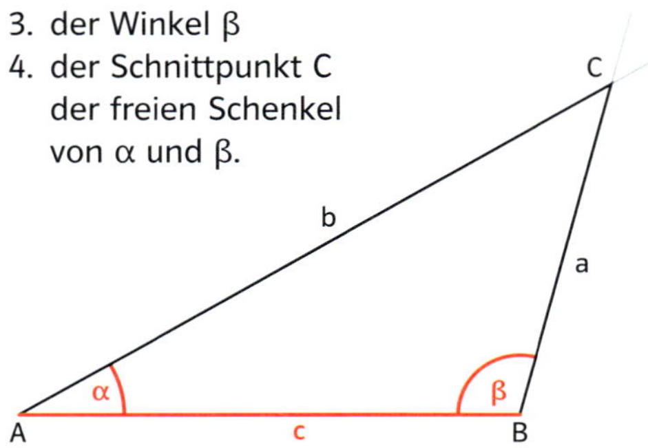

Es gibt nur ein solches Dreieck

d) Gegeben:
c = 5 cm
b = 8 cm
β = 120°
SSW-Konstruktion

Planfigur:

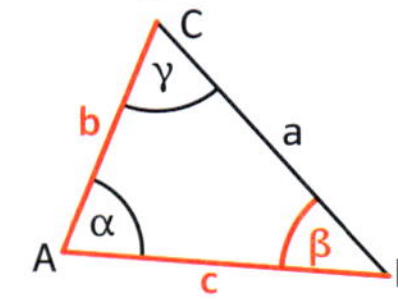

Konstruiert werden
1. die Seite c
2. der Winkel β
3. der Kreis um A mit dem Radius b
4. der Schnittpunkt C des Kreises mit dem freien Schenkel von β.

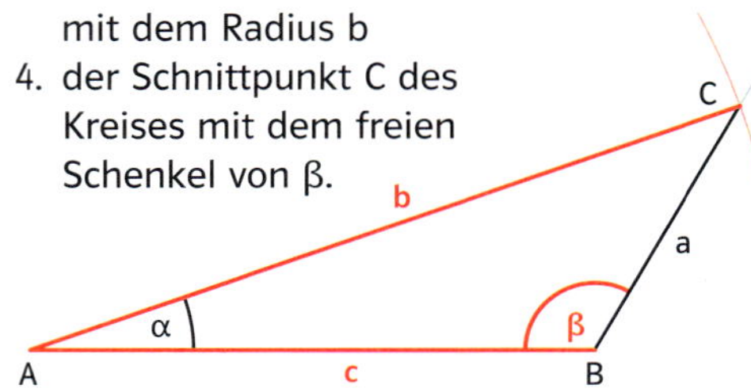

Weil der Kreis den Schenkel nur einmal schneidet, gibt es nur ein solches Dreieck.

Bemerkung

Konstruiert man Dreiecke nach SSW, sind sie nur dann eindeutig, wenn der gegebene Winkel der längeren Seite gegenüberliegt. Liegt der Winkel der kürzeren Seite gegenüber, können zwei Dreiecke konstruiert werden oder auch gar keines.

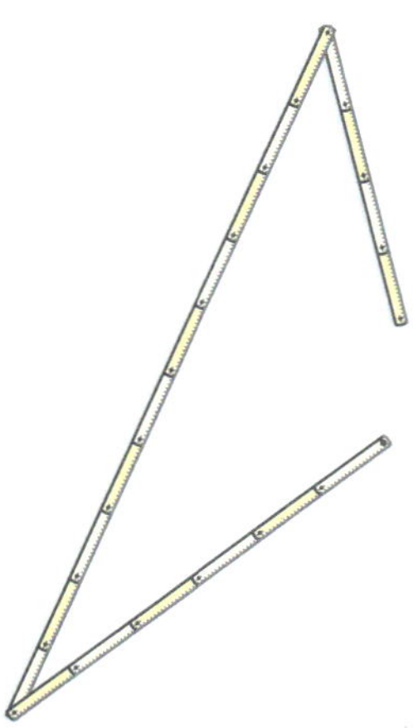

! *Dreiecksungleichung*
In jedem Dreieck ist die Summe der Längen zweier Seiten größer als die Länge der dritten Seite.
$a + b > c$
$b + c > a$
$a + c > b$

Aufgaben

1 Auf wie viele Arten lässt sich der 2 m lange Zollstock zu einem Dreieck knicken?

2 Konstruiere das Dreieck aus drei gegebenen Seiten.
a) a = 7 cm; b = 8 cm; c = 9 cm
b) a = 11 cm; b = 7 cm; c = 10 cm
c) a = 5,5 cm; b = 9,3 cm; c = 7,8 cm

3 Konstruiere das Dreieck aus zwei Seiten und dem eingeschlossenen Winkel.
a) b = 9 cm; c = 10 cm; α = 40°
b) a = 5 cm; c = 10 cm; β = 124°
c) a = 8,5 cm; b = 11,2 cm; γ = 75°

4 Konstruiere das Dreieck aus einer Seite und den zwei anliegenden Winkeln.
a) c = 7 cm; α = 30°; β = 50°
b) b = 4 cm; α = 75°; γ = 80°
c) a = 8,5 cm; β = 20°; γ = 85°

5 Konstruiere das Dreieck aus zwei Seiten und dem Gegenwinkel einer Seite.
a) b = 8 cm; c = 7 cm; β = 50°
b) a = 12 cm; c = 8 cm; α = 42°
c) a = 5,3 cm; b = 8,9 cm; β = 60°

6 Hier gibt es Probleme. Beschreibe.
a) a = 5 cm; b = 10 cm; c = 3 cm
b) c = 5 cm; α = 90°; β = 100°
c) c = 6 cm; α = 80°; γ = 120°

7 Konstruiere das Dreieck nach SSW. Zeichne dazu besonders sorgfältig den Kreisbogen. Was fällt dir auf? Beschreibe dein Problem beim Konstruieren.
a) c = 8 cm; α = 30°; a = 6 cm
b) c = 7 cm; β = 25°; b = 4 cm
c) c = 4 cm; α = 70°; a = 3 cm
d) c = 5 cm; β = 100°; b = 4 cm

Geometrie-Diktat

Konstruiere nach den Anweisungen.
1. Zeichne Seite c = 6 cm; du erhältst A und B.
2. Trage an c in A den Winkel α = 45° ab.
3. Zeichne einen Kreisbogen um B mit Radius r = 7 cm.
4. Der Schnittpunkt von Kreisbogen und freiem Schenkel von α ist C.
5. Verbinde C und B.

8 Beschreibe deine Konstruktionsschritte wie beim Geometrie-Diktat.
a) a = 5 cm; b = 7 cm; γ = 100°
b) a = 9 cm; α = 35°; β = 55°
c) a = 6,5 cm; c = 8 cm; β = 60°
d) a = 8,5 cm; b = 3 cm; c = 10 cm
e) b = 6 cm; β = 30°; γ = 90°

9 Je zwei Dreiecke sind kongruent. Prüfe durch Nachmessen nach der Konstruktion.
a) a = 7 cm; b = 8 cm; c = 3 cm
b) a = 8 cm; β = 35°; γ = 65°
c) α = 90°; a = 13 cm; b = 12 cm
d) b = 8 cm; c = 3 cm; α = 60°
e) a = 13 cm; b = 12 cm; c = 5 cm
f) b = 8 cm; α = 65°; β = 80°

10 Zeichne ein Dreieck und miss drei Stücke aus. Schreibe ein Geometrie-Diktat und diktiere es einem Partner zur Konstruktion. Vergleicht eure Dreiecke.

11 Konstruiere im Heft. Besprich zuvor mit einem Partner oder einer Partnerin die Reihenfolge der Konstruktionsschritte.

a)
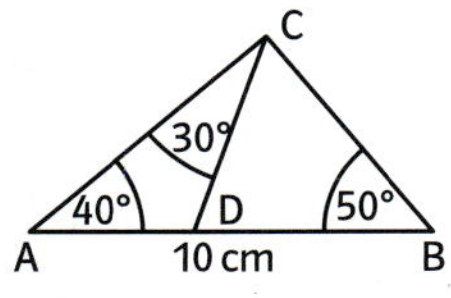

b)
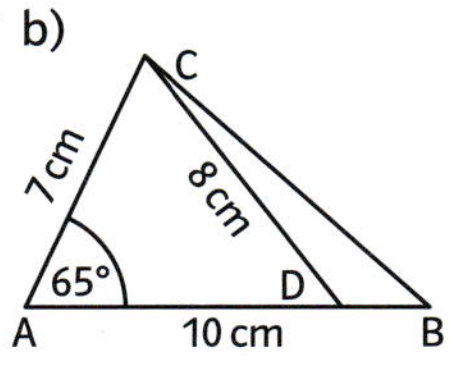

12 Konstruiere das gleichschenklige Dreieck mit Basis c und Schenkeln a und b.
a) c = 7 cm; a = 6 cm b) c = 8 cm; α = 52°
c) a = 7 cm; γ = 110° d) a = 9 cm; α = 35°

13 Wenn man vom Fuß des Münsterturms in Ulm 85 m entfernt ist, sieht man die Spitze unter einem Winkel von 62°. Ermittle die Höhe des Turms durch eine maßstäbliche Konstruktion.

Maßstab
z. B.
1 : 1000 bedeutet: Eine 100 m lange Strecke wird 100 m : 1000 = 0,1 m = 10 cm lang gezeichnet.

14 Auf einem Aussichtsturm sind die Entfernungen und Richtungen von Orten in eine Metallplatte eingraviert.
Wie weit sind die einzelnen Orte voneinander entfernt? Zeichne und miss.

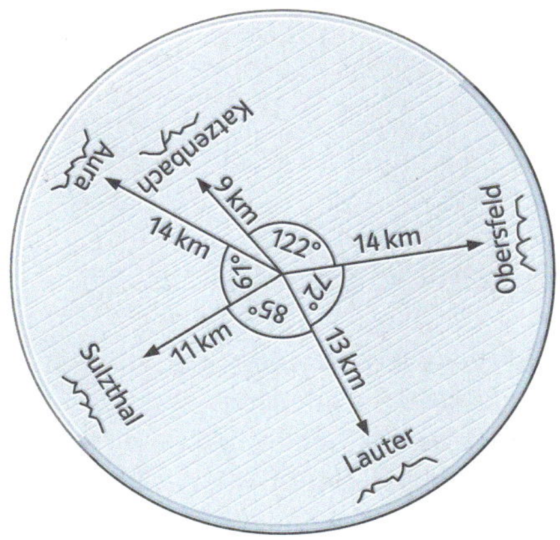

15 In der Geländevermessung werden häufig Dreiecke verwendet, da viele Orte nur schwer zugänglich sind.
Schätze die Höhe der Bergspitze zunächst.
Wie könnte man die Höhe aus den gegebenen Maßen genauer bestimmen?

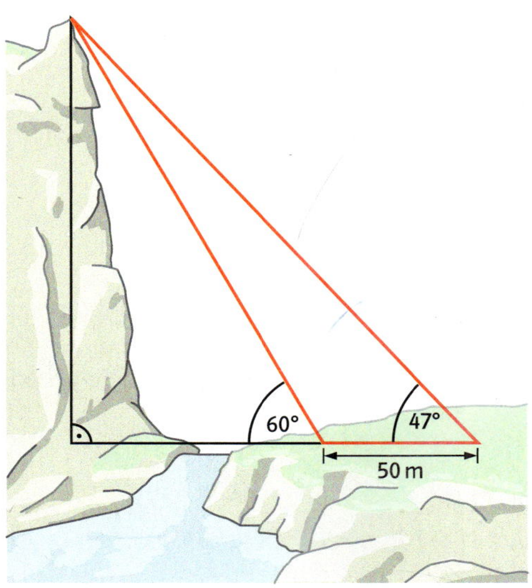

5 Umkreis und Inkreis

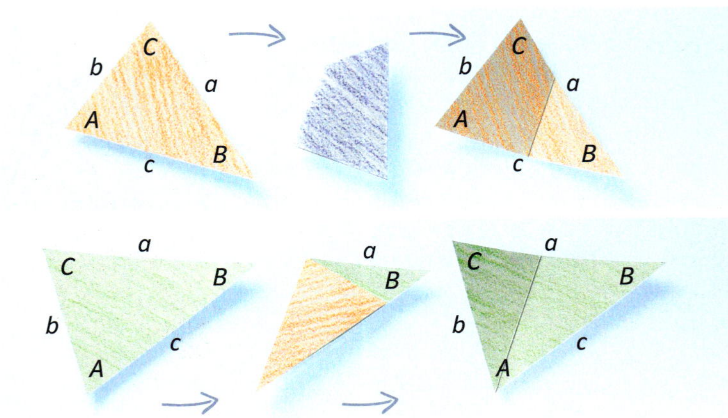

Zeichne auf einem Blatt Papier zwei große spitzwinklige Dreiecke, schneide sie aus und benenne die Eckpunkte und die Seiten wie dargestellt.

→ Falte das erste Dreieck so, dass Punkt A auf Punkt B fällt, und klappe es wieder auf. Falte ebenso B auf C und C auf A.

→ Falte das zweite Dreieck so, dass Seite b auf Seite c fällt, und klappe es wieder auf. Falte ebenso c auf a und a auf b.

→ Was stellst du in beiden Fällen fest?

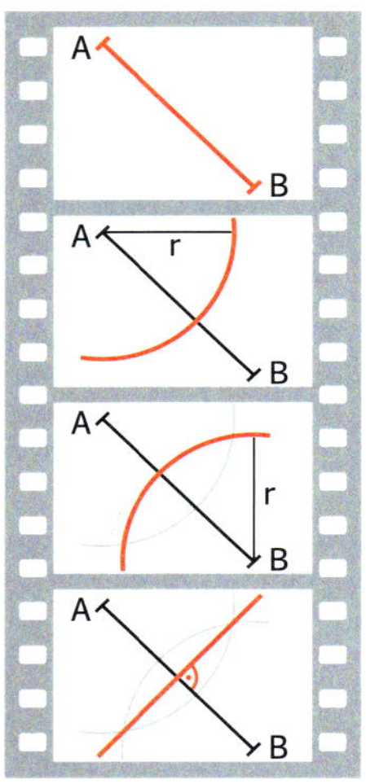

In Dreiecken gibt es Linien und Punkte mit besonderen Eigenschaften.

Die **Mittelsenkrechten m_a, m_b** und **m_c** eines Dreiecks sind Geraden, die senkrecht durch die Mittelpunkte seiner Seiten verlaufen. Jeder Punkt auf einer Mittelsenkrechten ist vom Anfangs- und Endpunkt der zugehörigen Dreiecksseite gleich weit entfernt. Der Schnittpunkt **M** der Mittelsenkrechten hat deshalb von allen drei Eckpunkten eines Dreiecks die gleiche Entfernung. Er ist der **Mittelpunkt des Umkreises** eines Dreiecks.

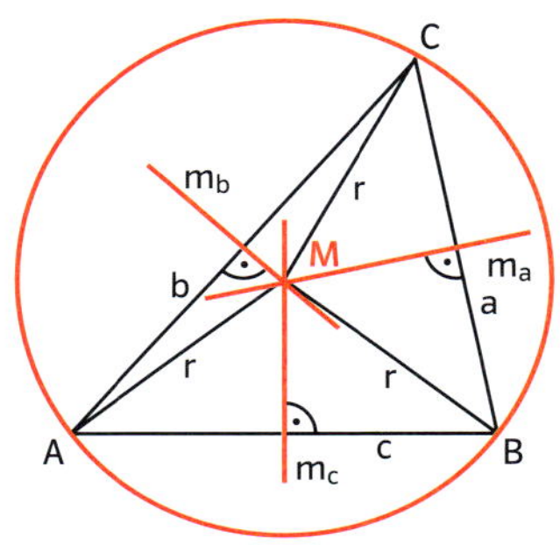

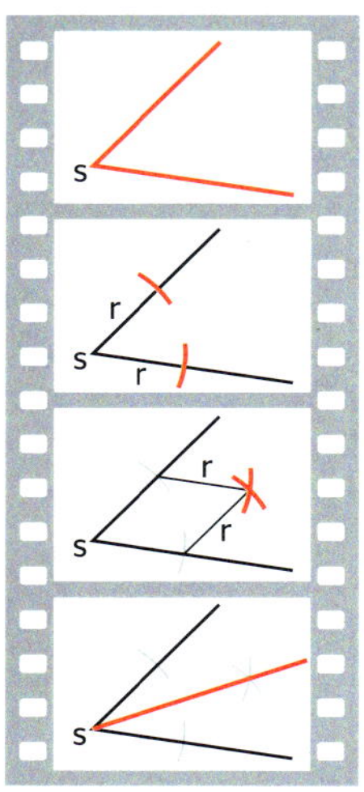

Alle Punkte, die von den Schenkeln eines Winkels den gleichen Abstand haben, liegen auf der **Winkelhalbierenden**. Winkelhalbierende sind Geraden. In jedem Dreieck schneiden sich die Winkelhalbierenden **w_α, w_β** und **w_γ** in einem Punkt **W**, dem **Mittelpunkt des Inkreises**. Der Punkt W hat von allen drei Seiten eines Dreiecks den gleichen Abstand.

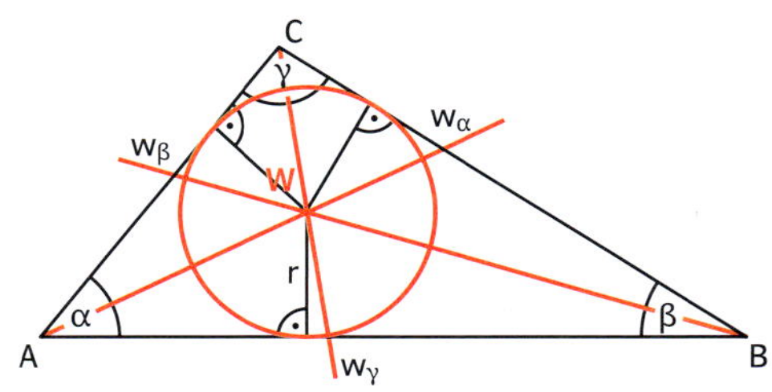

Der Schnittpunkt M der Mittelsenkrechten ist der **Mittelpunkt des Umkreises** eines Dreiecks.
Der Schnittpunkt W der Winkelhalbierenden ist der **Mittelpunkt des Inkreises** eines Dreiecks.

Bemerkung
Auf den Filmstreifen ist die Konstruktion einer Mittelsenkrechten und einer Winkelhalbierenden dargestellt.

Aufgaben

1 Zeichne drei Punkte A, B und C. Konstruiere einen Kreis, der durch alle drei Punkte verläuft.

2 Konstruiere den Umkreis des Dreiecks.
a) $A(0|0)$; $B(8|0)$; $C(3|6)$
b) $A(2|1)$; $B(10|3)$; $C(5|8)$
c) $A(0|0)$; $B(7|0)$; $C(11|5)$

3 Konstruiere Dreieck und Umkreis.
a) $a = 8\,cm$; $b = 5\,cm$; $c = 7\,cm$
b) $c = 7\,cm$; $\alpha = 35°$; $\beta = 115°$
c) $a = 7\,cm$; $b = 5\,cm$; $\gamma = 50°$

4 Während einer Antarktisexpedition soll ein Versorgungslager eingerichtet werden, das von drei Forschungsstationen gleich weit entfernt ist.
Suche den passenden Ort.

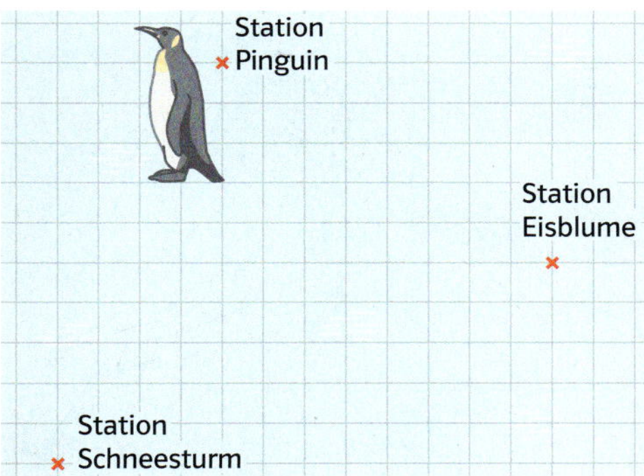

5 Zeichne das Dreieck $A(0|0)$; $B(12|0)$; $C(0|9)$. Setze die Kreiskette fort.
Auch so findest du einen besonderen Kreis.

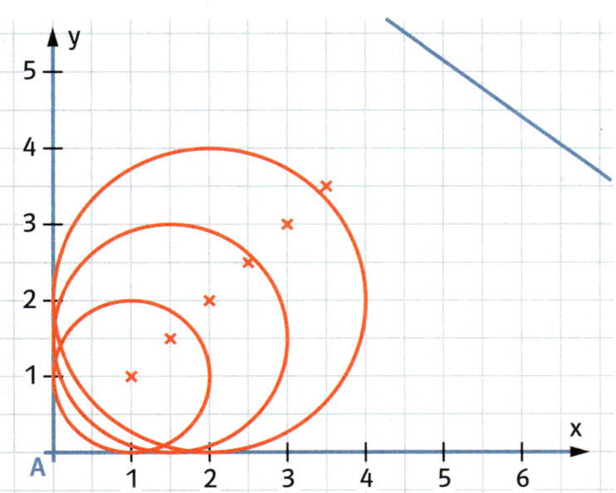

6 Beschreibe die Lage der Rosette im Giebel des Turmdaches.

7 Konstruiere den Inkreis des Dreiecks.
a) $a = 6\,cm$; $b = 8\,cm$; $c = 9\,cm$
b) $b = 7{,}5\,cm$; $\alpha = 120°$; $\gamma = 36°$
c) $a = 5\,cm$; $c = 11\,cm$; $\beta = 90°$

8 Konstruiere zwei Dreiecke mit folgenden Stücken.
Dreieck 1: $a = b = 5\,cm$; $c = 9{,}5\,cm$
Dreieck 2: $a = b = c = 12\,cm$
Welches Dreieck hat den größeren Umkreis, welches den größeren Inkreis? Schätze zuerst.

Arbeiten mit dem Computer

■ Wo befindet sich der Umkreismittelpunkt bei
- spitzwinkligen,
- stumpfwinkligen und
- rechtwinkligen

Dreiecken?
Beschreibe deine Beobachtungen.

■ Und der Inkreismittelpunkt?
Ist es sinnvoll, auch seine Lage zu untersuchen?

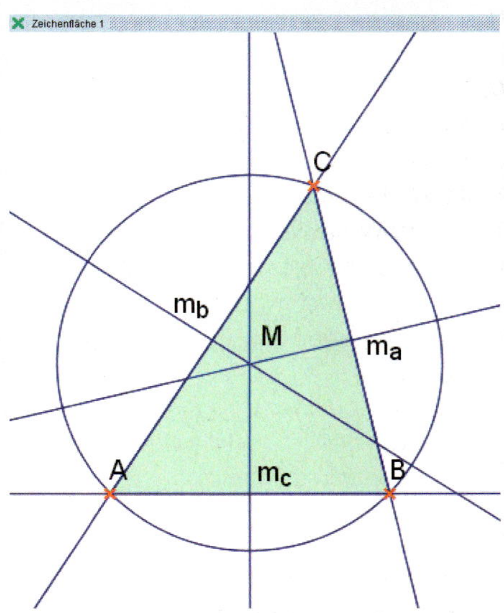

6 Schwerpunkt und Höhenschnittpunkt

Zeichne ein Dreieck auf ein Stück Pappe und schneide es aus.
→ Kannst du das Dreieck auf einem Lineal balancieren?
→ Markiere die verschiedenen Auflagelinien. Was stellst du fest?
→ Versuche nun das Dreieck auf einer Fingerspitze zu balancieren.

Die **Seitenhalbierenden** s_a, s_b und s_c eines Dreiecks sind Strecken, welche die Eckpunkte mit den Seitenmitten des Dreiecks verbinden.
Die Seitenhalbierenden eines Dreiecks schneiden sich im **Schwerpunkt** S.

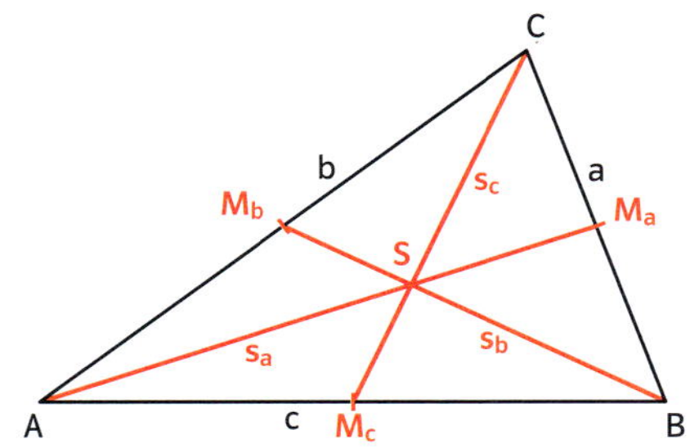

Die Höhen h_a, h_b und h_c eines Dreiecks sind Strecken, die von den Eckpunkten senkrecht zu den gegenüberliegenden Seiten verlaufen. Sie schneiden sich im **Höhenschnittpunkt** H.

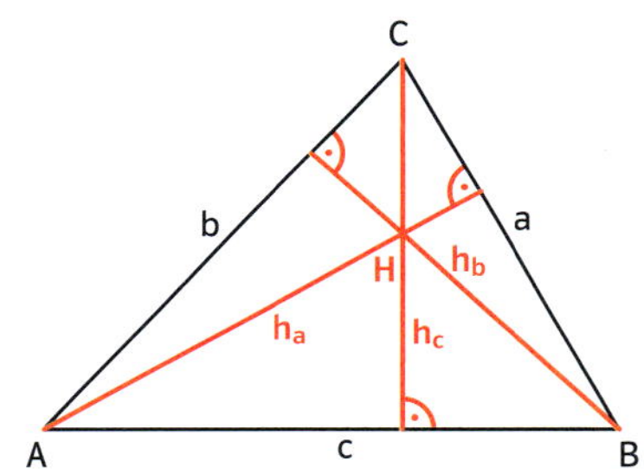

Der Schnittpunkt der Seitenhalbierenden ist der **Schwerpunkt** eines Dreiecks.
Die Höhen eines Dreiecks schneiden sich im **Höhenschnittpunkt**.

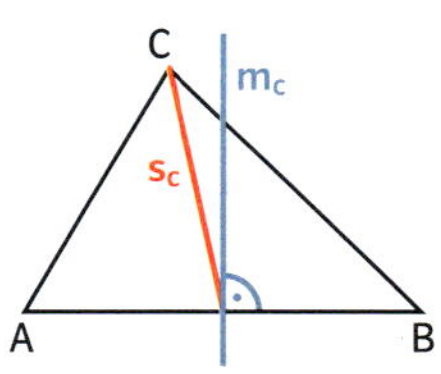

Bemerkungen

Da die Seitenhalbierenden die Gleichgewichtslinien des Dreiecks sind, heißen sie auch **Schwerlinien**.
Auch die Mittelsenkrechten eines Dreiecks halbieren die Seiten.
Sie verlaufen aber im Allgemeinen nicht durch die Eckpunkte.

Beispiel

Die Höhen eines Dreiecks kann man mit dem Geodreieck zeichnen.
Bei stumpfwinkligen Dreiecken liegen zwei Höhen außerhalb des Dreiecks. Die entsprechenden Dreiecksseiten müssen verlängert werden, um die Höhen zu zeichnen.

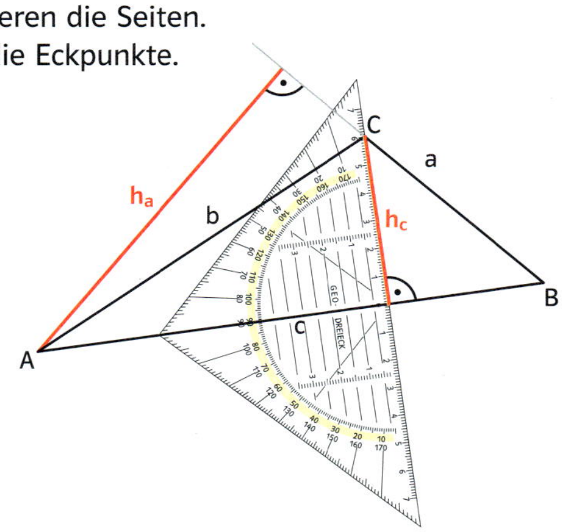

Aufgaben

1 Konstruiere den Schwerpunkt des Dreiecks.
a) A(2|2); B(8|2); C(4|10)
b) A(2|4); B(6|2); C(8|6)
c) A(3|9); B(11|3); C(8|6)

2 Konstruiere die Seitenhalbierenden und Mittelsenkrechten. Was fällt dir auf?
a) gleichschenkliges Dreieck ABC mit c = 5 cm und a = b = 7 cm
b) gleichseitiges Dreieck ABC mit a = 6 cm

3 Kongruente Dreiecke aus Karton werden schichtweise zu Körpern verklebt. Lässt sich vorhersagen, auf welchen Seiten der Körper liegen bleibt, ohne umzukippen?

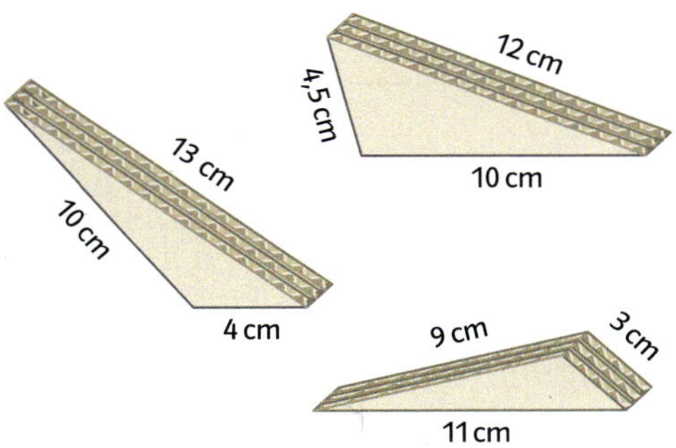

4 Kann ein Schwerpunkt so tief sinken?

5 Zeichne das Dreieck mit den Punkten A(0|0); B(12|1) und C(6|12).
Zeichne die Seitenhalbierenden und den Schwerpunkt ein.
Der Schwerpunkt teilt die Seitenhalbierenden. Miss die einzelnen Abschnitte.
Was fällt dir auf?

6 Konstruiere das Dreieck ABC mit den Höhen und dem Höhenschnittpunkt.
a) c = 7 cm; $\alpha = 40°$; $\beta = 55°$
b) a = 10 cm; b = 5 cm; c = 7 cm
c) c = 9 cm; b = 7 cm; $\alpha = 48°$

7 Konstruiere das Dreieck ABC.
a) c = 6,5 cm; $\alpha = 40°$; $h_c = 5\,cm$
b) c = 5 cm; $\beta = 111°$; $h_c = 6\,cm$
c) a = 7 cm; $\beta = 37°$; $h_a = 7\,cm$
d) b = 5 cm; $\gamma = 120°$; $h_b = 4\,cm$
Lösungsidee:
Ist die Höhe h_c des Dreiecks gegeben, so liegt der Punkt C auf einer Parallelen im Abstand h_c zur Seite c.

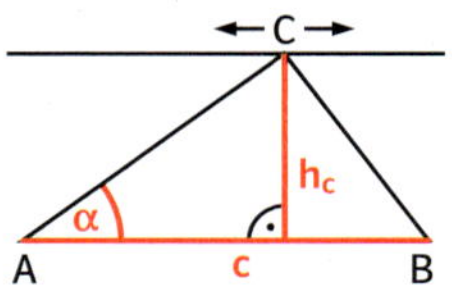

8 In welchem Abstand führt die Hauptverkehrsstraße am Krankenhaus vorbei?

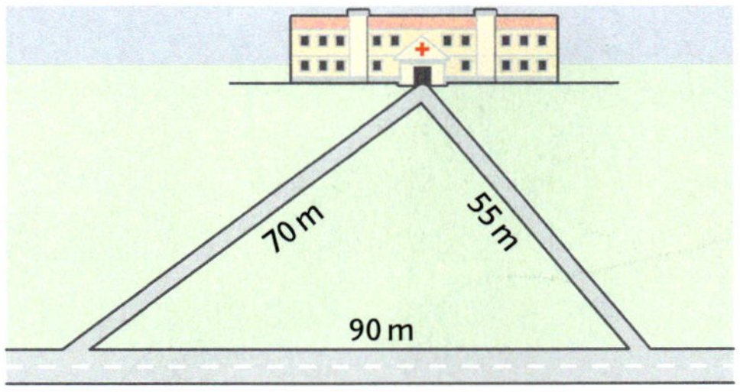

9 Welche Linien oder Punkte in einem Dreieck haben folgende Eigenschaften?
a) Der Punkt ist von A, B und C gleich weit entfernt.
b) Die Strecke teilt das Dreieck in zwei rechtwinklige Teildreiecke.
c) Der Punkt hat den gleichen Abstand von den Seiten a, b und c.
d) Die Strecke geht durch den Schwerpunkt und eine Seitenmitte.
e) Jeder Punkt der Linie ist gleich weit entfernt von A und B.

10 Prüfe mit einer Partnerin oder einem Partner am Computer.
a) Welche Lagebeziehung gibt es zwischen den Punkten M, H und S eines Dreiecks?
b) In welchem Dreieck fallen die Punkte M, H, W und S zusammen?

7 Der Satz des Thales

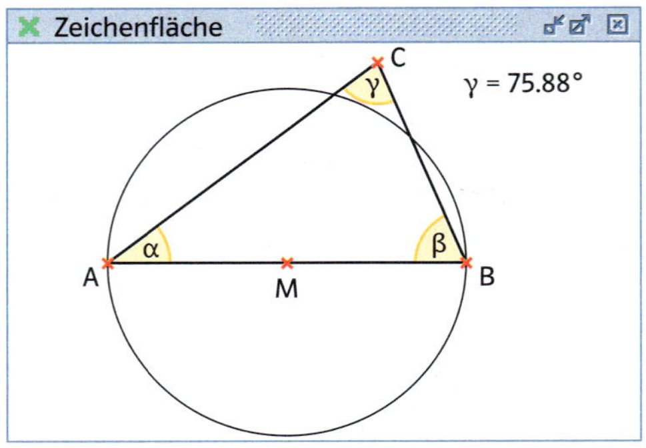

Experimente mit einer Geometriesoftware:

→ Zeichne ein beliebiges Dreieck ABC und einen Kreis um den Mittelpunkt der Strecke $\overline{AB}$ mit $d = \overline{AB}$.

→ Bewege den Punkt C innerhalb des Kreises, auf dem Kreis und außerhalb des Kreises.

→ Was fällt dir auf? Notiere deine Vermutungen.

→ Verändere die Länge der Strecke $\overline{AB}$. Stimmen deine Vermutungen immer noch?

Misst man die Winkel γ_1 bis γ_4 in der Zeichnung, so entsteht die Vermutung, dass alle vier Dreiecke rechtwinklig sind. Diese Vermutung kann man beweisen:

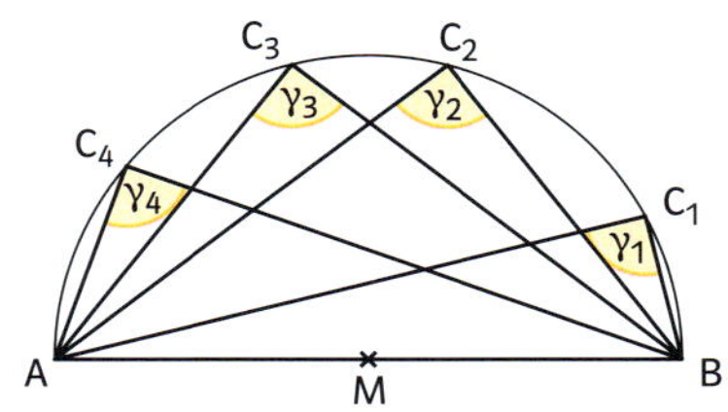

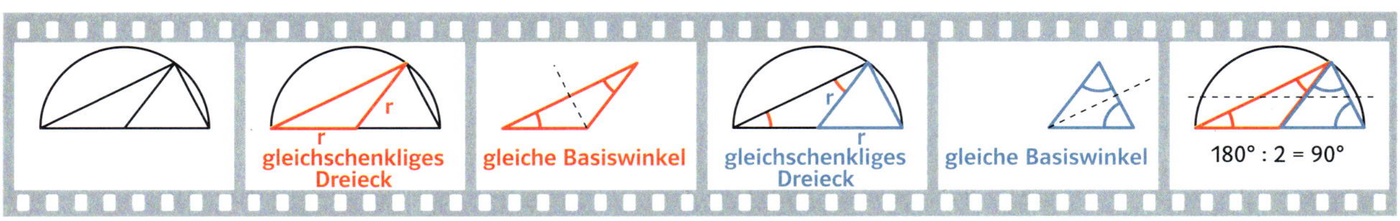

Das Dreieck ABC unterteilt man in zwei gleichschenklige Dreiecke AMC und MBC. Basis von AMC ist b, Basis von MBC ist a. Die Basiswinkel eines gleichschenkligen Dreiecks sind bekanntlich gleich groß. Also ist der Winkel γ, der sich aus je einem Basiswinkel von AMC und MBC zusammensetzt, genauso groß wie α und β zusammen. Die Winkelsumme verteilt sich also zu gleichen Teilen auf γ einerseits und α und β andererseits: $\gamma = 180° : 2 = 90°$.

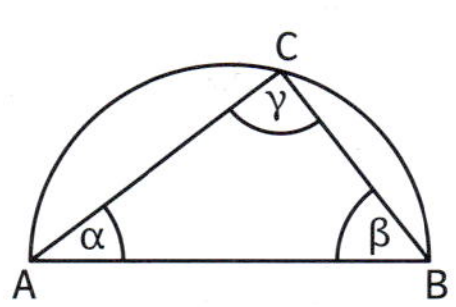

Satz des Thales

Liegt der Eckpunkt C des Dreiecks ABC auf dem Halbkreis über dem Durchmesser $\overline{AB}$, so hat das Dreieck bei C einen rechten Winkel.
Der Halbkreis heißt **Thaleskreis**.

Beispiel

a) Konstruktion eines rechtwinkligen Dreiecks ABC mit $\overline{AB} = 6\,cm$; $\overline{BC} = 5\,cm$; $\gamma = 90°$:
Über $\overline{AB}$ wird der Thaleskreis gezeichnet.
Um B wird ein Kreisbogen mit Radius 5 cm gezeichnet, der den Thaleskreis schneidet.
Schnittpunkt ist der Eckpunkt C.

b) Konstruktion eines rechtwinkligen gleichschenkligen Dreiecks ABC mit $\overline{AB} = 8\,cm$; $\gamma = 90°$:
Über der Strecke $\overline{AB}$ wird der Thaleskreis gezeichnet.
Die Mittelsenkrechte von $\overline{AB}$ schneidet ihn im Eckpunkt C.

Aufgaben

1 1 a) Zeichne mehrere Dreiecke mit $\overline{AB} = 5\,cm$ und $\gamma = 90°$.
b) Zeichne einen Kreis k mit Radius 4 cm. Bestimme Punkte A, B und C auf k so, dass das Dreieck ABC rechtwinklig ist. Begründe deine Lösung.

2 Zeichne zuerst eine Planfigur und schreibe eine Konstruktionsbeschreibung auf. Konstruiere das Dreieck aus
a) $c = 6\,cm$; $\gamma = 90°$; $h_c = 2\,cm$
b) $b = 7{,}8\,cm$; $\beta = 90°$; $h_b = 3{,}2\,cm$
c) $a = 5\,cm$; $\alpha = 90°$; $h_c = 1{,}5\,cm$
d) $c = 5{,}4\,cm$; $\beta = 35°$; $\alpha = 55°$

3 Konstruiere nur mit Zirkel und Lineal, ohne Winkel zu messen. Begründe.
a) Ein rechtwinkliges Dreieck, bei dem ein weiterer Winkel 45° misst.
b) Ein rechtwinkliges Dreieck, bei dem ein weiterer Winkel 30° misst.

4 Konstruiere ein Rechteck, das eine 5 cm lange Seite und eine 6 cm lange Diagonale hat. Versuche verschiedene Lösungswege zu finden.

5 Karin wollte eigentlich drei rechtwinklige Dreiecke mithilfe des Satzes von Thales konstruieren. Kannst du sagen, welcher Fehler ihr unterlaufen ist?

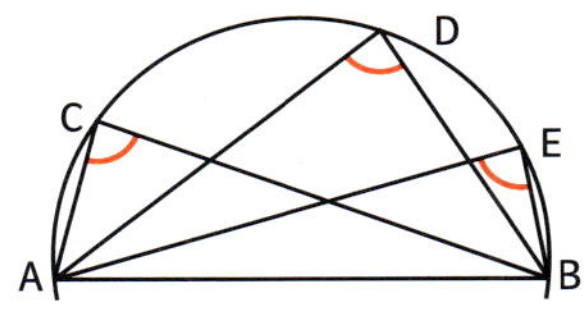

6 a) Konstruiere ein Dreieck ABC mit einem rechten Winkel bei C und der Seite $\overline{AB} = 6\,cm$, das einen Flächeninhalt von $6\,cm^2$ hat.
b) Welches Dreieck mit der Grundseite $\overline{AB} = 6\,cm$ und einem rechten Winkel bei C hat einen möglichst großen Flächeninhalt? Begründe.

Thales von Milet (um 600 v. Chr.) – Wegbereiter der wissenschaftlichen Mathematik

Infolge der dorischen Wanderung mussten in der Antike viele Griechen auswandern. Über die Inseln der Ägäis bevölkerten sie auch die kleinasiatische Küste. Im 7. Jahrhundert v. Chr. entwickelte sich dort die griechische Siedlung Milet zu einem bedeutenden Handelsplatz. Hier war Thales als Kaufmann, Philosoph und Mathematiker tätig.

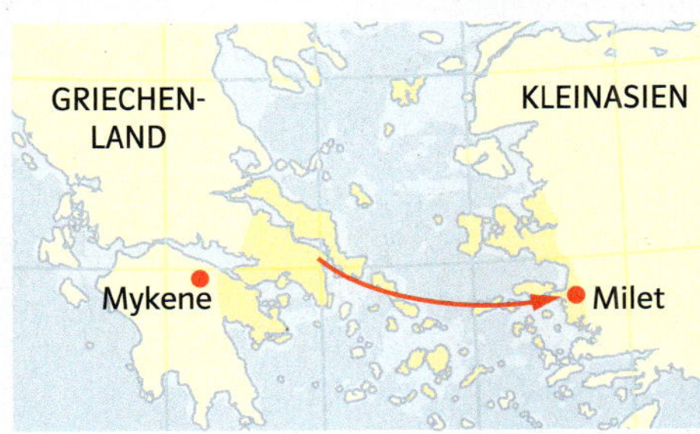

Satz des Thales
Jeder Winkel von einem Punkt auf dem Halbkreis einer Strecke zu ihren Endpunkten ist ein rechter Winkel.

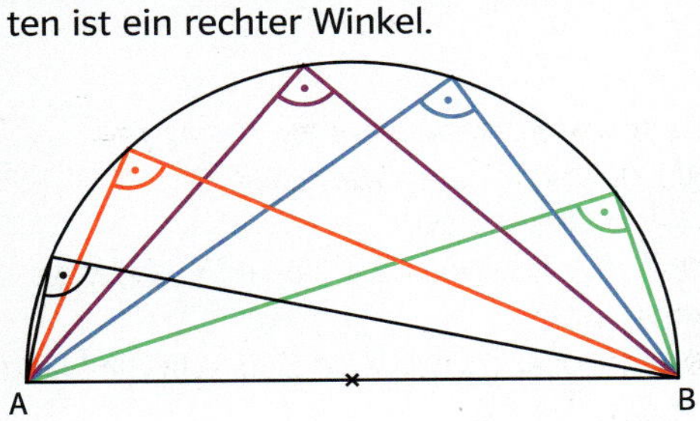

Zu den großen Verdiensten von Thales gehört, dass er die Vorgänge in der Natur nicht mehr dem Wirken der Götter zuschrieb, sondern die Ursachen in den Dingen selbst und ihren Zusammenhängen suchte. Er erklärte z. B. die jährlichen Überschwemmungen in Ägypten mit der Schneeschmelze in den Bergen und erkannte als Erster, dass die Sonne durch den Mond verfinstert wird. Für den 28. Mai 585 v. Chr. sagte er eine Sonnenfinsternis voraus, deren wirkliches Eintreten ihn selbst sehr erstaunt haben soll. Danach galt er als der größte der sieben Weltweisen.

- Kannst du noch mehr über Thales von Milet herausfinden?
- Wem war dieser Sachverhalt schon vor Thales bekannt?

Verwende bei der Suche das Internet oder ein Lexikon.

8 Achsenspiegelung

„Die Sonne bewegt sich nicht."

Leonardo da Vinci verfasste viele seiner Schriften in Spiegelschrift. Man nimmt an, dass er so als Linkshänder schneller schreiben konnte.
Auch bei Kindern im Vor- und Grundschulalter ist dies zu beobachten. Ihr Gehirn muss sich erst noch auf rechtsseitiges Lesen und Schreiben einstellen.

→ Kannst du die nebenstehende Notiz von da Vinci lesen?

→ Wie kannst du Spiegelschriften schnell lesen?

→ Verfasse selbst Texte in Spiegelschrift und lasse sie von anderen entziffern.

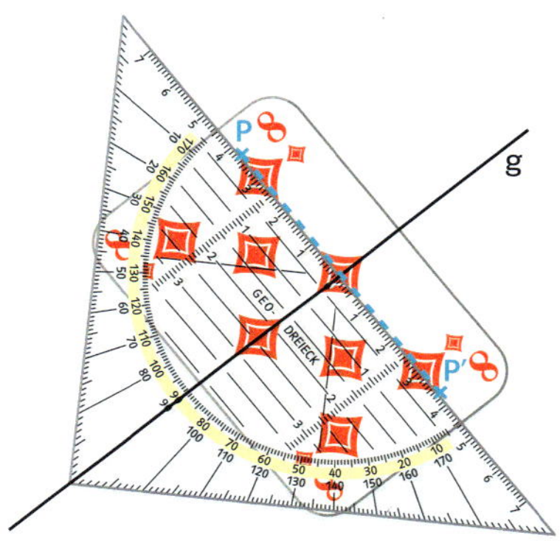

An der Spielkarte kann man das Prinzip der **Achsenspiegelung** gut erkennen.
Die eingezeichnete Achse g teilt die Karte in zwei gleiche Teile. Dabei entspricht jedem Punkt P der einen Hälfte ein Punkt P′ der anderen Hälfte.
Zu jedem Punkt P gibt es einen **Bildpunkt** P′.
Die Strecke $\overline{PP'}$ (gestrichelte Linie) wird durch die Achse halbiert und ist senkrecht zu ihr.

Für eine Spiegelung braucht man eine Gerade g, die **Spiegelachse**. Für den Bildpunkt P′ von P gilt als **Abbildungsvorschrift** der Achsenspiegelung:

1. PP′ ist senkrecht zur Spiegelachse g.
2. P′ hat von g denselben Abstand wie P.

Punkte auf der Spiegelachse werden auf sich selbst abgebildet. Solche Punkte heißen **Fixpunkte**.

Beispiel

Spiegelt man mehrere Punkte einer Geraden, so liegen die Bildpunkte wiederum alle auf einer Geraden. Um eine Gerade zu spiegeln, genügt es also, zwei Punkte zu wählen und deren Partner zu bestimmen: Zeichne eine Senkrechte zu g durch den Punkt A. Übertrage den Abstand des Punktes A von g auf die andere Seite. Verfahre ebenso für den zweiten Punkt.

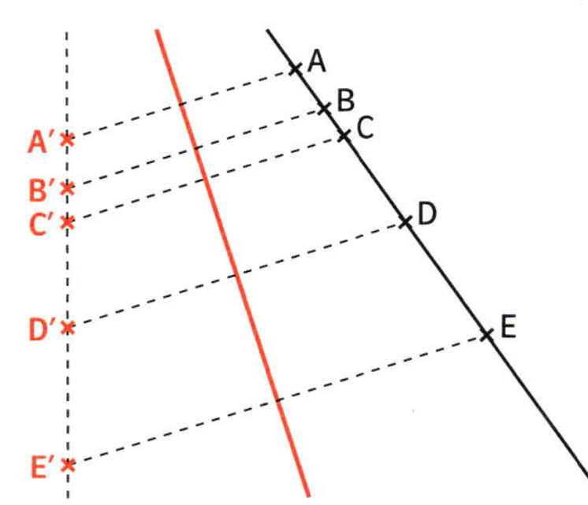

Aufgaben

1 a) Übertrage die Figuren in dein Heft und spiegele sie an der Geraden g.
b) Entwirf ähnliche Figuren und spiegele sie an verschiedenen Achsen.

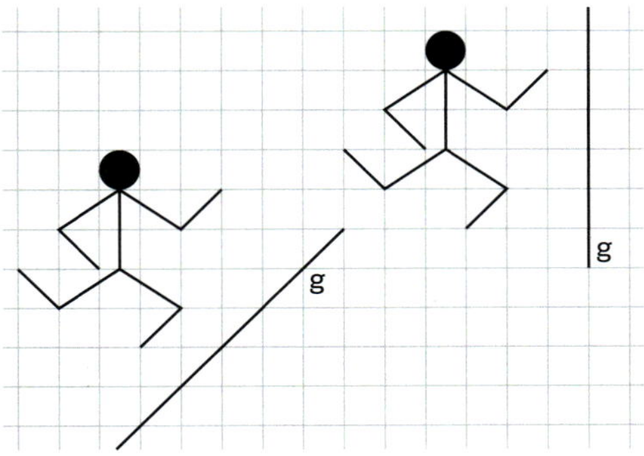

2 Spiegele die Figur.

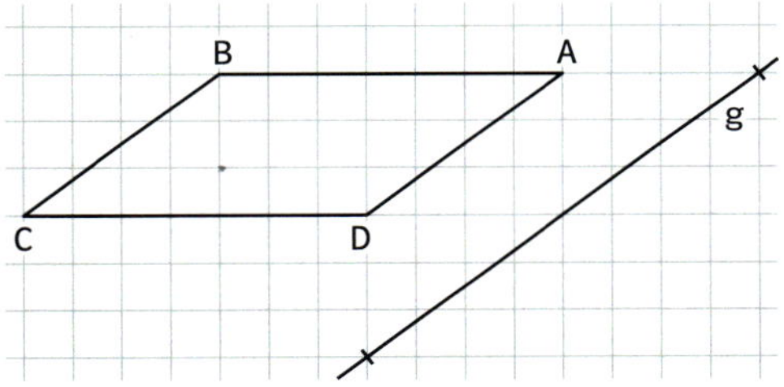

3 Übertrage die Figur in dein Heft und zeichne die Spiegelachsen ein.

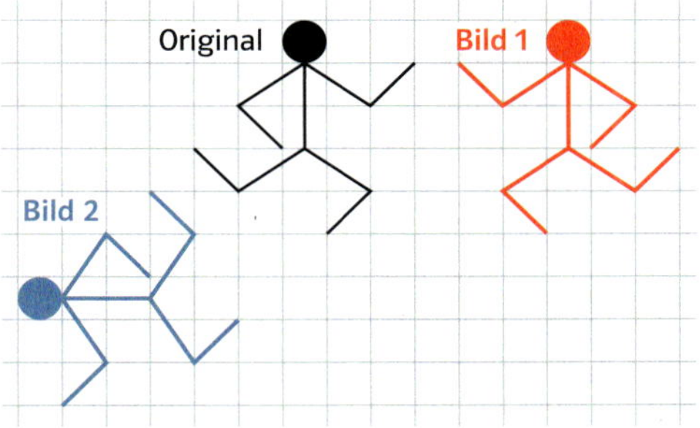

4 Spiegele die Geraden a, b und c an g. Beschreibe die Lage der Bildgeraden.

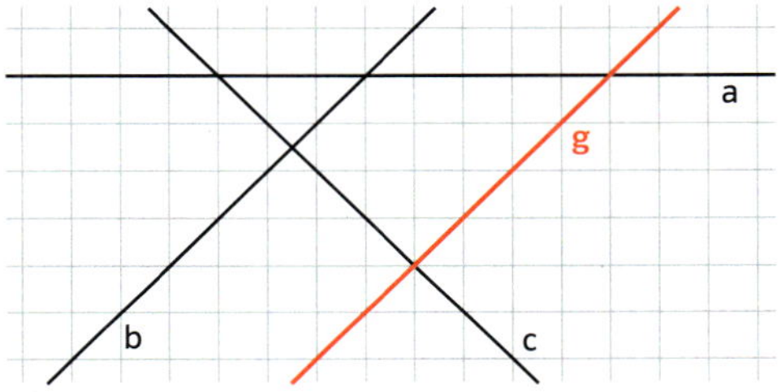

5 Spiegele das Dreieck mit den Eckpunkten A(2|2), B(11|3) und C(4|10) so, dass A in den Punkt A′(4|6) übergeht.

Eigenschaften der Achsenspiegelung

Bei der Achsenspiegelung ist das Bild einer Geraden wieder eine Gerade, eine Strecke ist so lang wie ihre Bildstrecke und ein Winkel so groß wie sein Bildwinkel. Die Achsenspiegelung ist **geradentreu**, **längentreu** und **winkeltreu**. Daher ist sie auch kreistreu (das Bild eines Kreises ist wieder ein Kreis), **parallelentreu** (parallele Geraden bleiben parallel) und **flächeninhaltstreu** (eine Figur und ihre Bildfigur haben denselben Flächeninhalt).
Wenn im Dreieck ABC die Punkte entgegen dem Uhrzeigersinn folgen, so folgen sie im Bilddreieck A′B′C′ im Uhrzeigersinn. Die Achsenspiegelung **kehrt den Umlaufsinn um**.

- Spiegele das Rechteck in einer einzigen Zeichnung an den drei Achsen. Wenn du die Längentreue und die Winkeltreue beachtest, sind die drei Spiegelbilder schnell konstruiert.
- Mit einem Geometrieprogramm kann man sowohl Achsenspiegelungen als auch die Überprüfung ihrer Eigenschaften leicht durchführen.
Spiegele ein beliebiges Viereck an einer Spiegelachse.
Überprüfe Längen- und Winkeltreue.

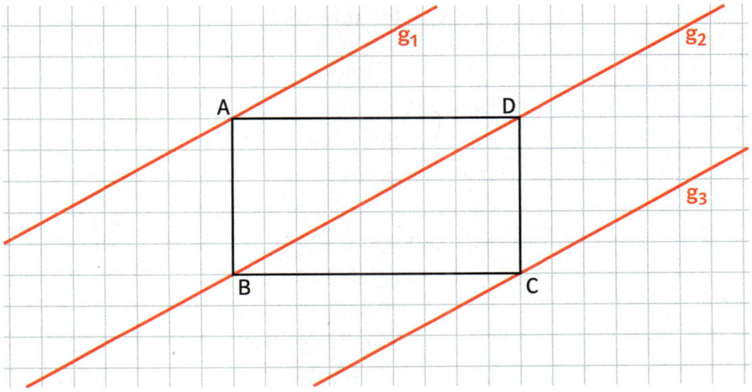

Zusammenfassung

Winkel in Schnittpunkten von Geraden

Scheitelwinkel sind gleich groß.
Nebenwinkel ergänzen sich zu 180°.
Stufenwinkel an geschnittenen Parallelen sind gleich groß.
Wechselwinkel an geschnittenen Parallelen sind gleich groß.

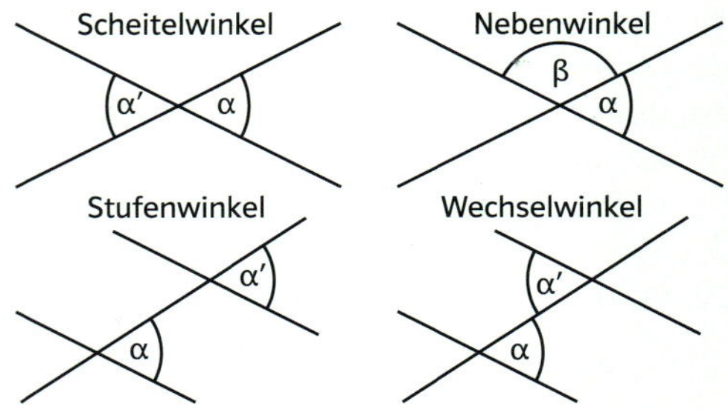

Winkelsumme im Dreieck

Die Summe der Winkel eines Dreiecks beträgt 180°: $\alpha + \beta + \gamma = 180°$.

Dreiecksformen
Einteilung nach Winkeln:

spitzwinklig	Alle Winkel kleiner als 90°.
rechtwinklig	Ein Winkel beträgt 90°.
stumpfwinklig	Ein Winkel ist größer als 90°.

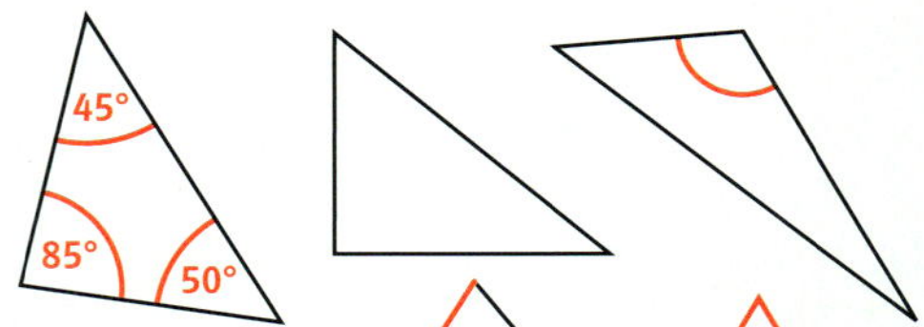

Einteilung nach Seiten:

allgemein	Alle Seiten beliebig lang.
gleichschenklig	Zwei Seiten sind gleich lang.
gleichseitig	Alle Seiten sind gleich lang.

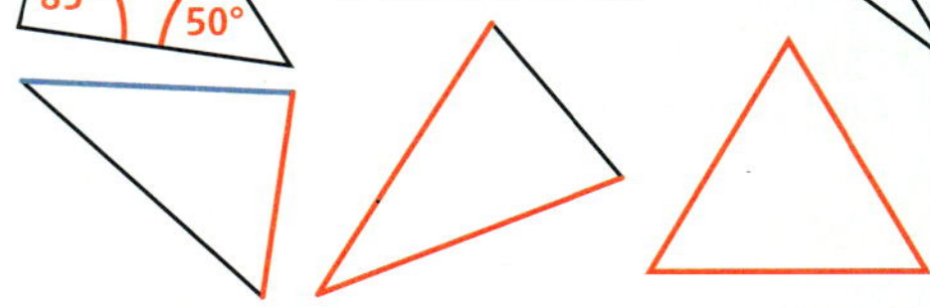

Konstruktion von Dreiecken

Zum **Konstruieren** kongruenter Dreiecke mit Geodreieck und Zirkel benötigt man drei Stücke.

- drei Seiten (SSS),
- zwei Seiten und der eingeschlossene Winkel (SWS),
- eine Seite und die beiden anliegenden Winkel (WSW),
- zwei Seiten und der Gegenwinkel der längeren Seite (SSW).

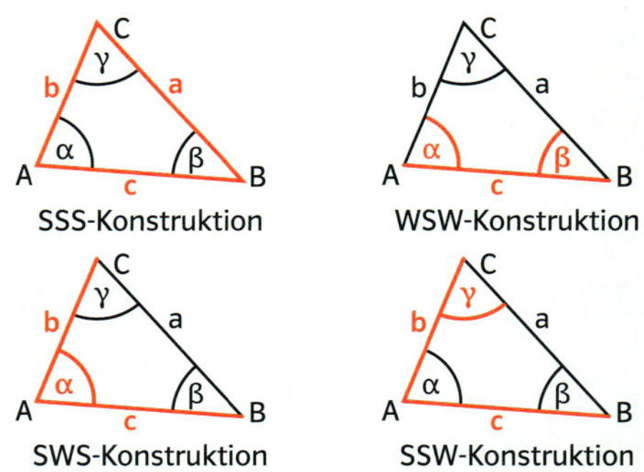

Umkreis und Inkreis

Der Schnittpunkt M der Mittelsenkrechten ist der **Mittelpunkt des Umkreises** eines Dreiecks.
Der Schnittpunkt W der Winkelhalbierenden ist der **Mittelpunkt des Inkreises** eines Dreiecks.

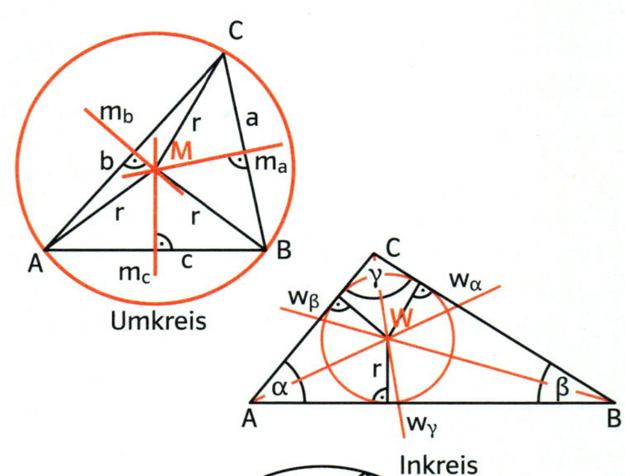

Satz des Thales

Jeder Winkel im Halbkreis über einer Strecke ist ein rechter.

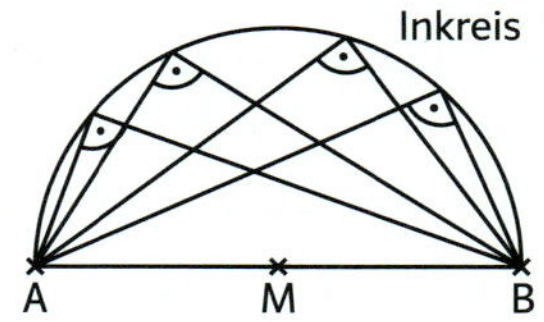

Üben • Anwenden • Nachdenken

1 Aus einem dünnen Karton kannst du ein Messgerät für Steigungswinkel herstellen. Miss verschiedene Winkel an Gegenständen.

2 Wie groß sind die Winkel α und β an den geschnittenen Parallelen g und h?

a) b)

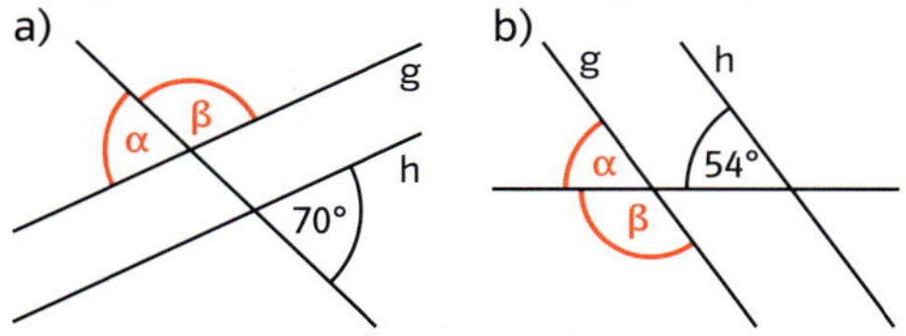

3 Je zwei Geraden sind parallel. Wie groß sind die Winkel α, β und γ?

a) b)

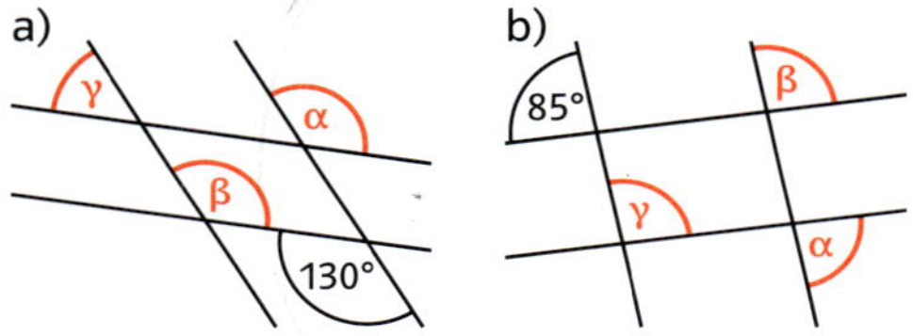

4 Berechne die bezeichneten Winkel.

a) b) c) d) e) f)

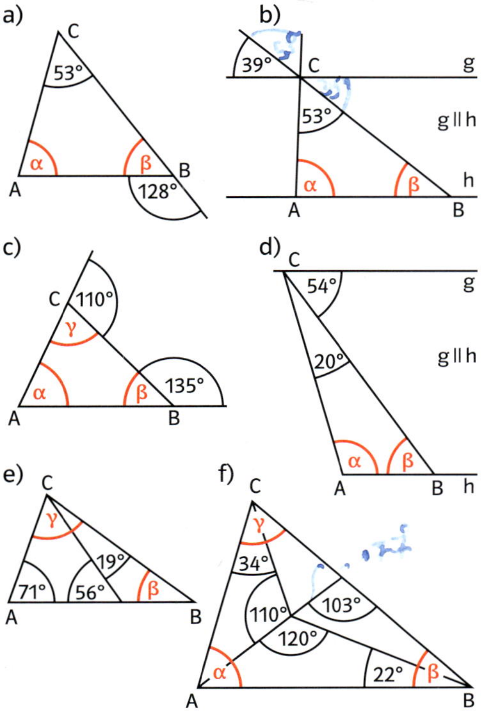

5 Ergänze die Winkel des Dreiecks.

	α	β	γ
a)	50°	70°	
b)		120°	15°
c)	45°	90°	

6 Wie viele gleichschenklige Dreiecke entdeckt ihr?
Wie viele sind sogar gleichseitig?

a) b)

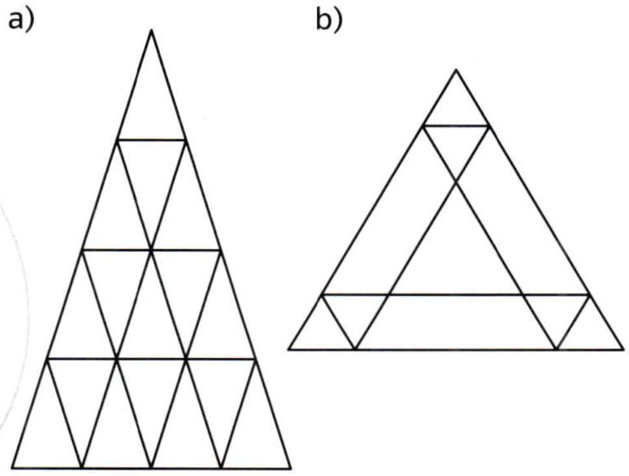

7 Gibt es ein gleichschenkliges Dreieck, bei dem die Basis doppelt so lang wie ein Schenkel ist? Begründe.

8 Zeichne Dreiecke mit verschiedenen Formen. Zerlege die Dreiecke von einem Punkt im Inneren aus in je drei kleinere Dreiecke.

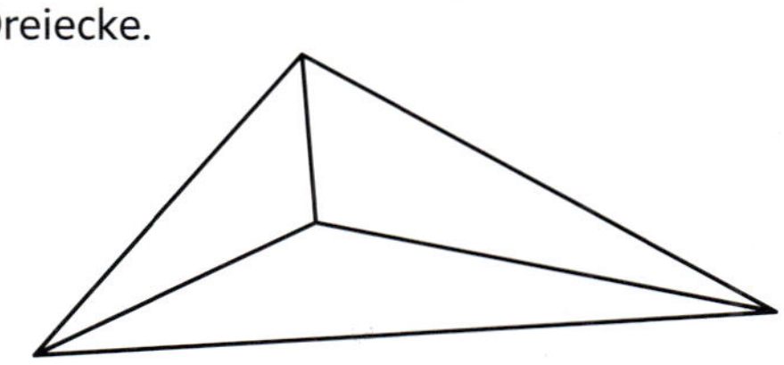

Wie viele Teildreiecke sind spitzwinklig, wie viele stumpfwinklig? Kannst du eine Regel finden?

9 a) Was gehört alles zu einem Dreieck?
b) Welche besonderen Dreiecke gibt es?
c) Kann man die Winkel eines Dreiecks beliebig wählen?
d) Kann man für die drei Seiten eines Dreiecks beliebige Längen vorgeben?

zu Aufgabe 1:

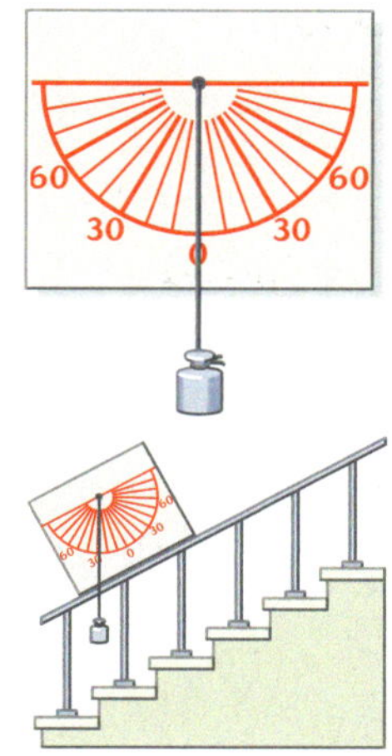

? *Wie groß waren die Winkel des zerschnittenen gleichseitigen Dreiecks?*

10 Jedes Dreieck kann nach der Größe seiner Seiten und Winkel eingeteilt werden.
Der Eintrag in der Tabelle zeigt, dass es Dreiecke gibt, die spitzwinklig und allgemein sind.
Sind alle Kombinationen möglich?

	allgemein	gleich-schenklig	gleich-seitig
spitzwinklig	ja		
rechtwinklig			
stumpfwinklig			

11 Richtig oder falsch?
Kannst du deine Entscheidung auch begründen?
a) Beim Verbinden von drei Punkten entsteht immer ein Dreieck.
b) Alle gleichseitigen Dreiecke sind gleichschenklig.
c) Rechtwinklige Dreiecke können auch gleichseitig sein.
d) Die Basiswinkel im gleichschenkligen Dreieck sind immer spitze Winkel.
e) In einem rechtwinkligen Dreieck ist die Seite gegenüber dem rechten Winkel stets die längste Seite.
f) Der längsten Seite eines Dreiecks liegt stets ein stumpfer Winkel gegenüber.

12 Gib dir drei Größen eines Dreiecks so vor, dass die Konstruktion eindeutig ist. Konstruiere das Dreieck und schreibe ein Geometrie-Diktat.
Verfahre so mit je einem Dreieck nach SSS, SWS, WSW, SSW.

13 Konstruiere die Dreieckskette.
Wo musst du beginnen?

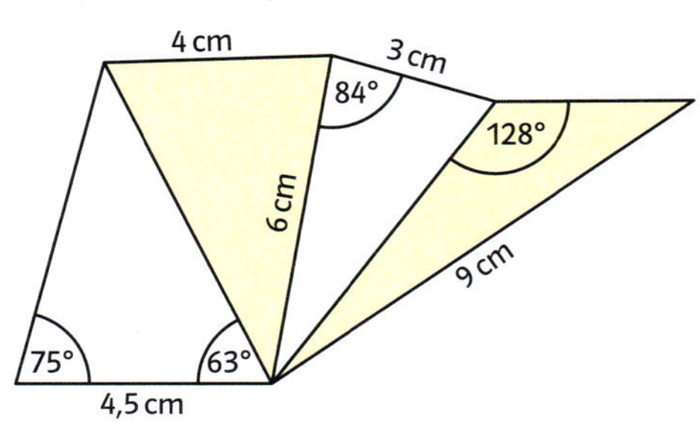

14 Konstruiere nach den Angaben. Schreibe ein Geometrie-Diktat und vergleiche Konstruktion und Diktat mit einem Partner.
a) $\alpha = 60°$; $b = 15\,cm$; $c = 8\,cm$
b) $b = 4\,cm$; $\alpha = 70°$; $\gamma = 60°$
c) $\alpha = 60°$; $a = 6\,cm$; $b = 5\,cm$
d) $a = 8\,cm$; $b = 15\,cm$; $c = 13\,cm$
e) $c = 4\,cm$; $\alpha = 60°$; $\gamma = 50°$
f) $b = 6\,cm$; $c = 5\,cm$; $\beta = 60°$

15 Versuche das Unmögliche.
a) $c = 5\,cm$; $\alpha = 68°$; $\beta = 113°$
b) $a = 12\,cm$; $b = 5\,cm$; $c = 7\,cm$
c) $c = 7\,cm$; $b = 5\,cm$; $h_c = 6\,cm$
d) $c = 5\,cm$; $\alpha = 40°$; $s_b = 3\,cm$

16 Wie hoch liegt die Bergspitze über dem Tal?

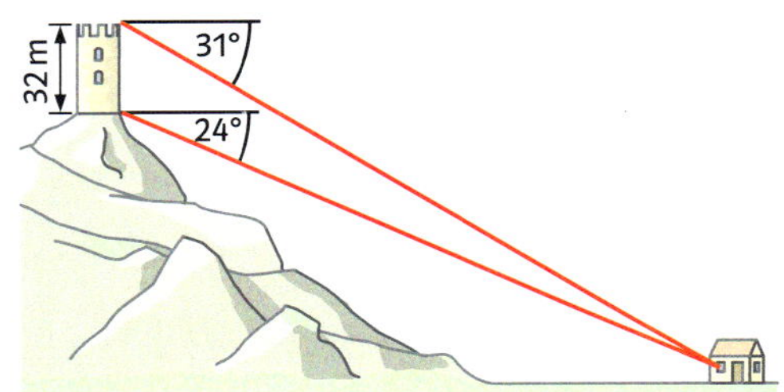

17 Konstruiere
- das Dreieck ABC mit $a = 7\,cm$; $b = 4\,cm$ und $c = 6\,cm$;
- über der Seite a nach außen ein gleichseitiges Dreieck;
- ebensolche gleichseitigen Dreiecke auch über den Seiten b und c;
- die Umkreise der drei gleichseitigen Dreiecke.

Beschreibe dein Ergebnis.

18 Konstruiere den Höhenschnittpunkt.
a) A(0|0); B(8|0,5); C(6,5|6)
b) A(2|0); B(6,5|1,5); C(0|6)
c) A(4|1); B(10|2,5); C(0,5|7)

19 Aus einer dreieckigen Metallplatte mit den Seitenlängen $a = 140\,cm$; $b = 60\,cm$ und $c = 120\,cm$ soll ein Kreis ausgeschnitten werden. Wie groß kann er höchstens werden, wenn sein Abstand vom Rand mindestens 10 cm betragen muss?

Dreiecke in der Technik

Starr ...

Das Fachwerk von Gebäuden darf sich nicht verziehen. Deshalb werden massive Balken so eingefügt, dass Dreiecke entstehen.

Beim Bücherregal reichen zwei Streben aus, damit sich seine Form nicht verändern kann.

und beweglich ...

Aus Baukastenteilen oder Kartonstreifen lassen sich leicht bewegliche Dreiecke herstellen.

- Wie verändert sich der Winkel α, wenn man die Seitenlänge c ändert?

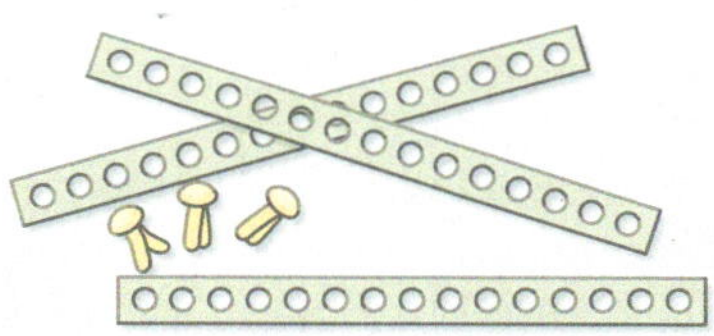

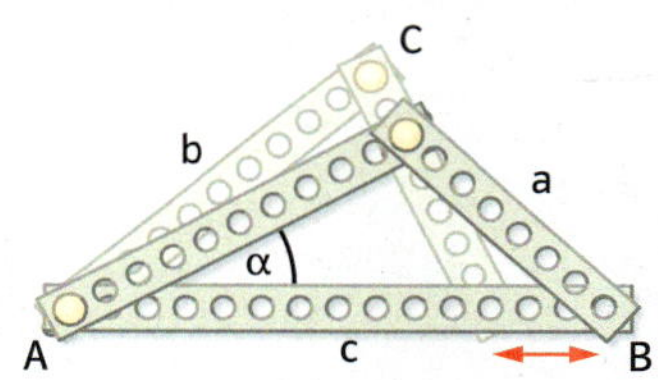

- Nach dem gleichen Prinzip funktionieren der Wagenheber, das Zeichenbrett und der Liegestuhl. Beschreibe ihre Wirkungsweise.

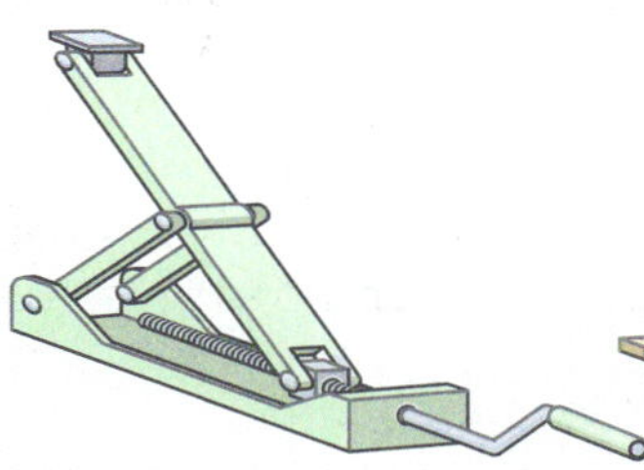

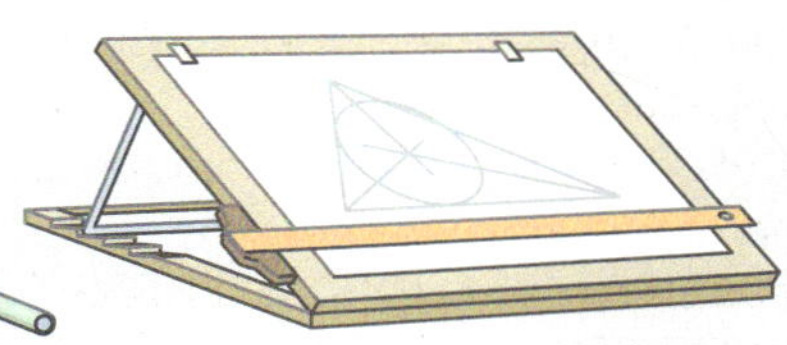

Bei großen Maschinen sind hohe Kräfte erforderlich, um eine Dreiecksseite zu verlängern bzw. zu verkürzen. Dazu werden Hydraulikzylinder verwendet.

- Suche bewegliche Dreiecke und benenne sie. Beschreibe die Funktionsweise.

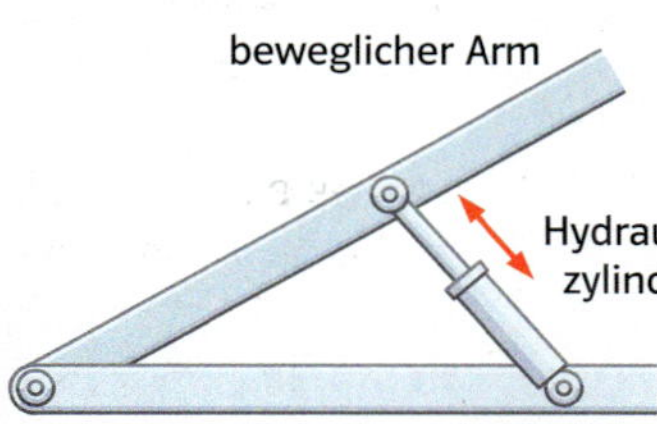

Wohin mit dem Streetballplatz?

Für die Kinder aus drei Hochhäusern wird ein Streetballplatz geplant.

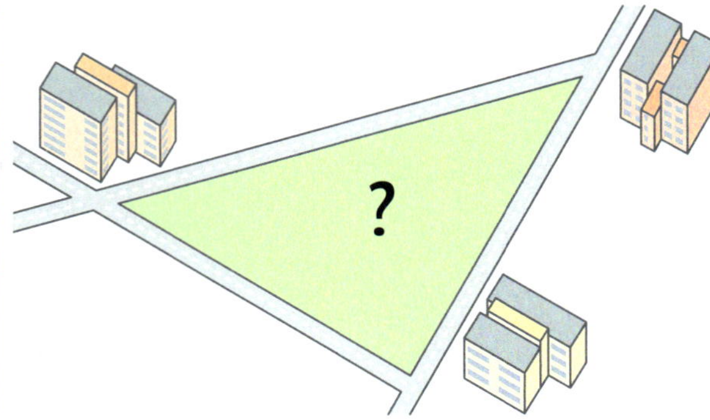

Gespräche mit Anwohnern, Ingenieuren und Vertretern des Stadtrates ergaben verschiedene Anforderungen für die Lage des Streetballplatzes:

- gleiche Entfernung zu allen Hochhäusern;
- maximaler Sicherheitsabstand zu allen Verbindungsstraßen;
- geringe Summen der Längen der anzulegenden Wege zum Streetballplatz;
- ...

Wohin soll der Streetballplatz gebaut werden? Begründet unterschiedliche Standorte mit den oben angeführten Bedingungen. Verwendet zum Zeichnen den Computer. Lassen sich alle Anforderungen erfüllen oder ist ein guter Kompromiss gefragt?

Was ist, wenn

- die Straßen unterschiedlich stark befahren sind?
- die Hochhäuser unterschiedlich viele Bewohner haben?
- ...

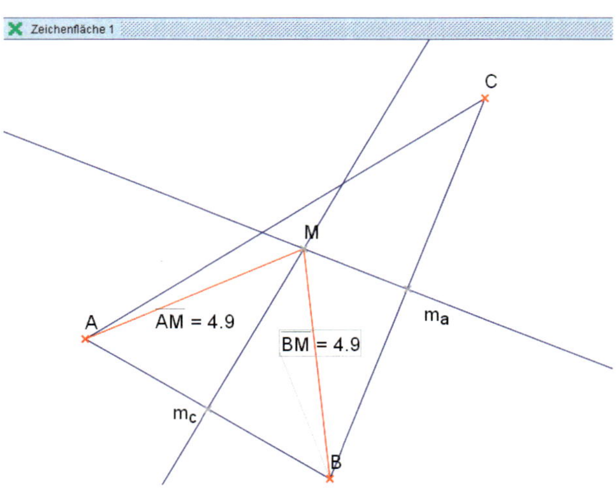

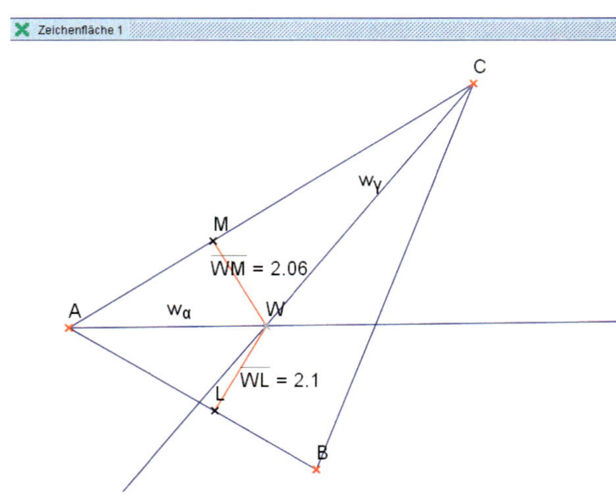

Rückspiegel

Rückspiegel

1 Berechne die fehlenden Winkel im Dreieck.

α	27°		107°	18°	62°
β	52°	79°		108°	117°
γ		62°	16°		

2 Berechne den Winkel γ.

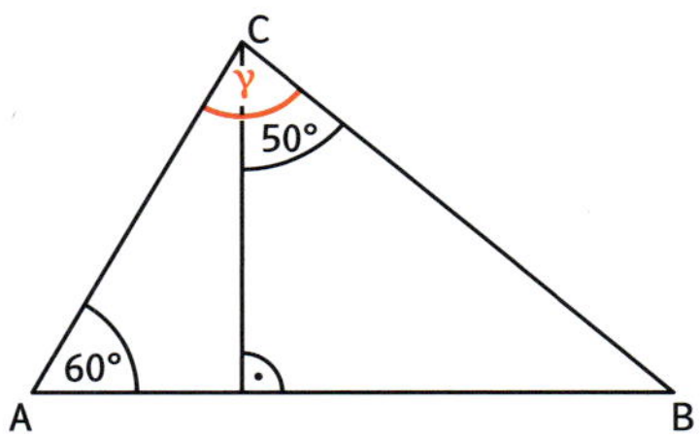

3 Welche Dreiecke sind spitzwinklig, welche stumpfwinklig?

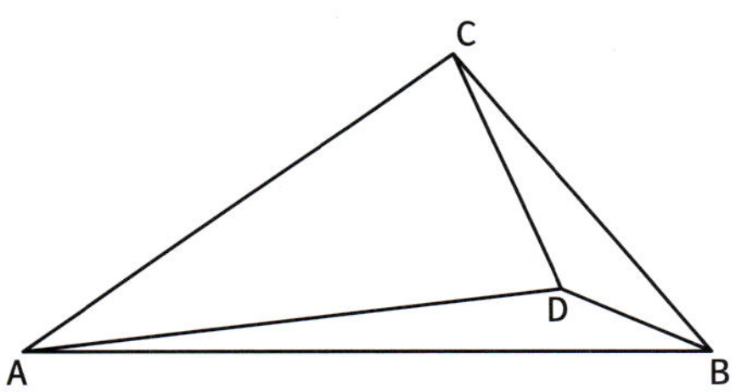

4 Konstruiere das Dreieck ABC.

a) a = 8,5 cm; b = 6 cm; c = 4,5 cm
b) b = 7,5 cm; c = 6 cm; α = 27°
c) c = 5 cm; α = 78°; β = 59°
d) b = 8 cm; c = 5 cm; β = 67°

5 Wie weit sind die Orte voneinander entfernt? Zeichne in einem geeigneten Maßstab.

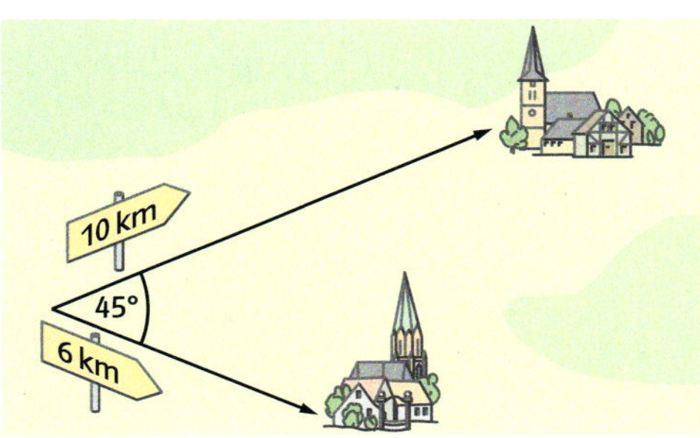

1 Berechne die bezeichneten Winkel.

a)

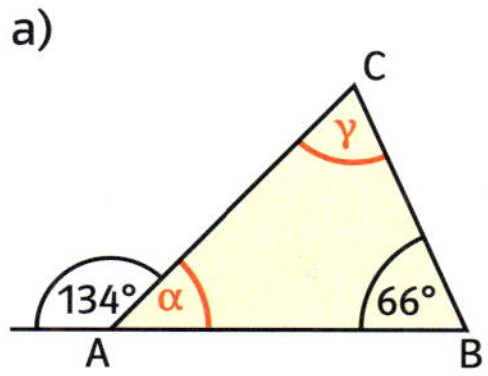

b)

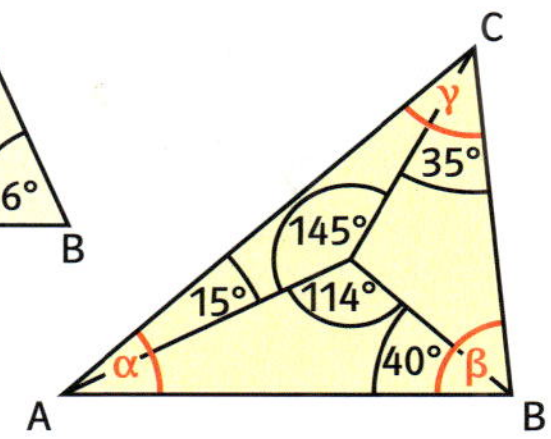

2 Berechne die fehlenden Winkel.

a) Dreieck ABC mit β = 44° und γ = 68°.
b) gleichschenkliges Dreieck ABC mit der Basis c und γ = 72°.
c) gleichschenkliges Dreieck ABC mit der Basis a und β = 28°.

3 Warum gibt es kein Dreieck

a) mit zwei rechten Winkeln?
b) bei dem eine Seite länger als die Summe der beiden anderen ist?

4 Konstruiere die Dreieckskette. Benenne jeweils die Grundkonstruktion.

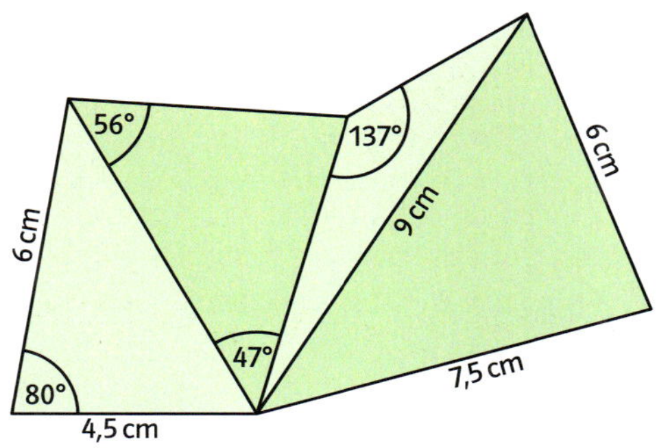

5 Wie hoch schwebt der Ballon über dem Boden?

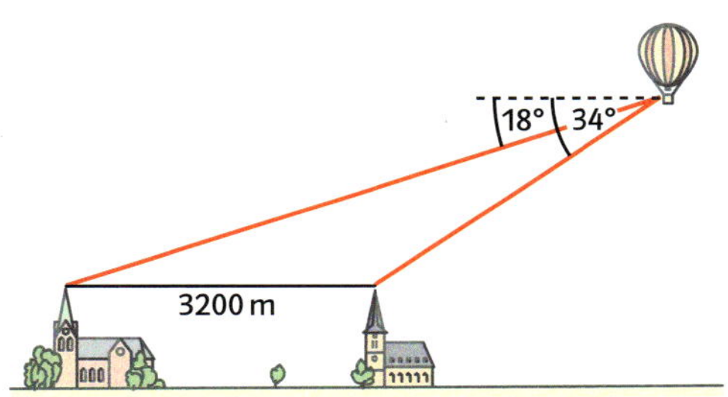

Viele Wege führen …

Ist der Grundriss einer Stadt schachbrettartig angelegt, kann man sich besonders leicht orientieren.

Dies lässt sich gut auf ein Quadratgitter übertragen.
Dazu werden Abkürzungen festgelegt:
2r bedeutet: 2 Einerschritte nach rechts
– 3r bedeutet: 3 Einerschritte nach links
1h bedeutet: einen Einerschritt nach oben
– 4h bedeutet: 4 Einerschritte nach unten

Mannheim

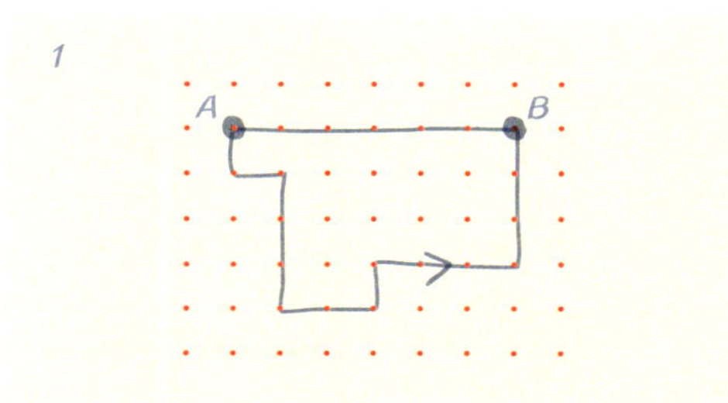

Für den Streckenzug von A nach B gilt:
$-h + r - 3h + 2r + h + 3r + 3h$
oder kurz: 6r.

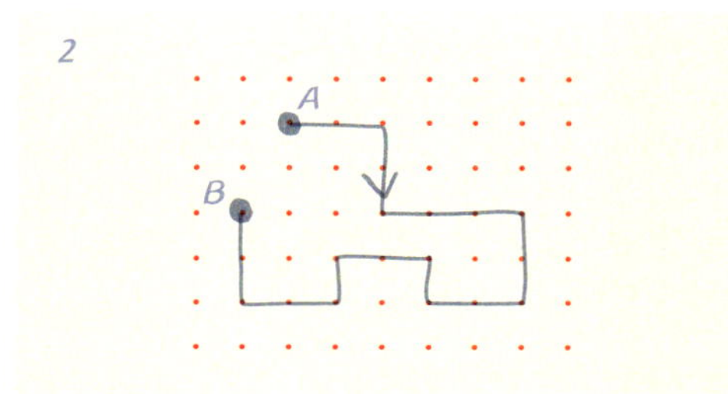

Drücke den Streckenzug von A nach B in einem Term aus.
Kannst du den Weg von A nach B auch kürzer ausdrücken?

Drücke den Weg vom Start S zum Ziel Z durch zwei verschiedene Terme aus.
Gibt es einen kürzesten Term?

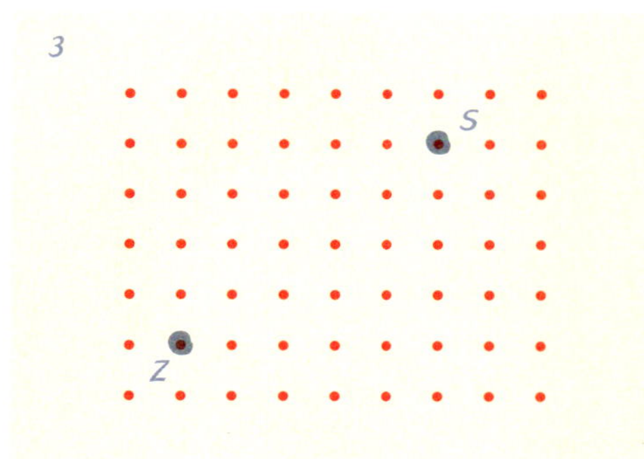

Eine programmierbare Zeichenmaschine zeichnet Figuren von vorgegebener Form. Dabei werden folgende Abkürzungen verwendet:
ax bedeutet: a Einheiten x nach rechts
$-ax$ bedeutet: a Einheiten x nach links
ay bedeutet: a Einheiten y nach oben
$-ay$ bedeutet: a Einheiten y nach unten.

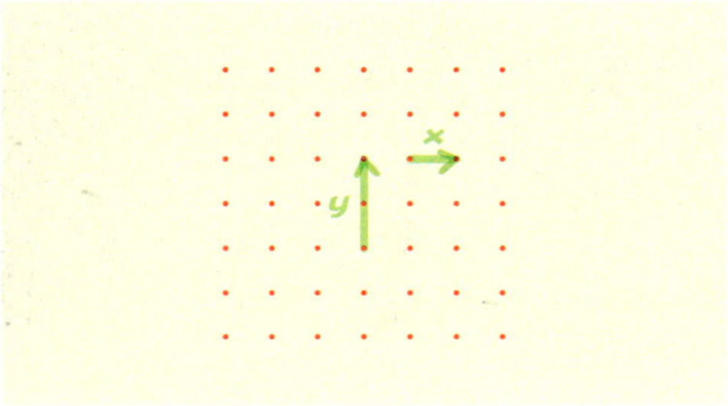

Zeichne die Figur zu dem Term
$4y + 3x - 5y - 2x + y - x$.
Gib weitere Terme für dieselbe Figur an.

Finde ohne Zeichnung heraus, wo die Streckenzüge enden:
$x + y + x + y + x + y + x + y - 4x - 4y$
$2x + 3y - 4x - 5y + 6x - 7y - 4x + 9y$

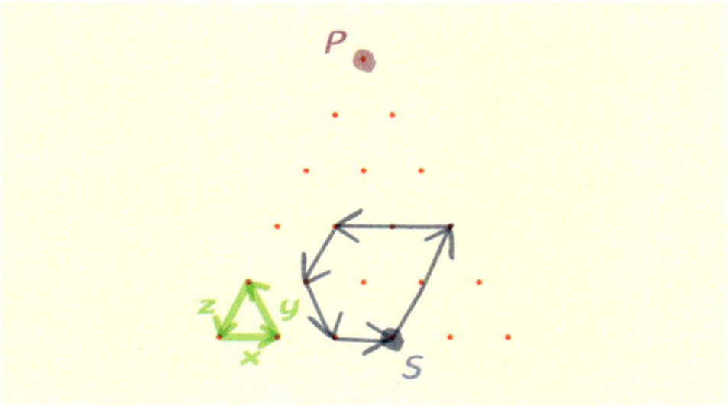

Eine Zeichenmaschine zeichnet Figuren ins Dreiecksgitter.
Die Zeichenschritte sind mit x, y und z festgelegt. Zeichenschritte in entgegengesetzter Richtung werden mit einem Minuszeichen versehen.
Wie lautet der Streckenzug, der in S beginnt und dort endet?
Finde Terme für Streckenzüge von P nach S und vergleiche sie.

In diesem Kapitel lernst du,

- wie man Terme mit Variablen addiert und subtrahiert,
- wie man Terme multipliziert und dividiert,
- wie man Summen in Produkte umwandelt.

1 Terme und Variablen

Familie Schneider plant ihren 15-tägigen Urlaub mit einem gemieteten Wohnmobil. Sie holt verschiedene Angebote ein.

	Tagesmiete	Kilometerpauschale
Firma A	69,– €	0,60 €
Firma B	89,– €	0,30 €

→ Erstelle zum Vergleich eine Kostenübersicht aus Mietpreis und zurückgelegten Kilometern.
→ Was würdest du empfehlen?

Rechenvorgänge lassen sich oft mit einem Term beschreiben. Dabei können für Zahlen oder Größen Variablen verwendet werden.

Handy-Nutzung	Grundgebühr	SMS-Preis	SMS-Anzahl
Januar	9,95 €	0,19 €	85
Februar	9,95 €	0,19 €	62

Bezeichnet man die Anzahl der SMS mit der Variablen x, lautet der Term für die monatlichen SMS-Kosten in €: 9,95 € + 0,19 € · x.
Setzt man für jeden Monat die Anzahl der versandten SMS ein, so lassen sich die Kosten für jeden Monat berechnen:
Januar: 9,95 € + 0,19 € · 85 = 26,10 € Februar: 9,95 € + 0,19 € · 62 = 21,73 €

Terme sind Rechenausdrücke, in denen Zahlen, Variablen und Rechenzeichen vorkommen können.
Ersetzt man die **Variablen** durch Zahlen, lässt sich der **Wert eines Terms** berechnen.

Beispiele

a) Für $x = 7$ und $y = 3$ kann man den Wert des Terms $5 \cdot x + 4 \cdot y$ berechnen:
$5 \cdot 7 + 4 \cdot 3 = 35 + 12 = 47$

b) Für $x = -4$ und $y = -5$ kann man den Wert des Terms $3 \cdot x - 2 \cdot y - 4$ berechnen:
$3 \cdot (-4) - 2 \cdot (-5) - 4 = -12 + 10 - 4 = -6$

c) Aufstellen eines Terms:
Die Summe aller Kantenlängen des Prismas lässt sich beschreiben mit
Länge der Grundkante: a
Länge der Seitenkante: b
Gesamtkantenlänge: $6 \cdot a + 3 \cdot b$

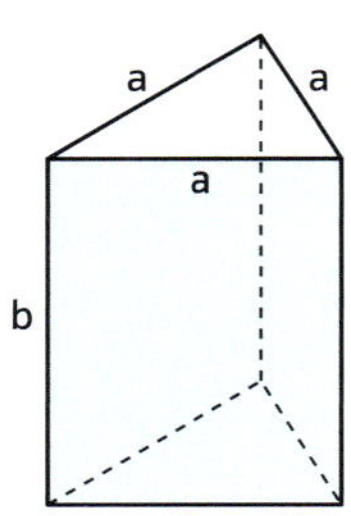

d) Zwei gleichwertige Terme:

	T_1: $6x + 3x - 2x$	T_2: $-3x + 10x$
für $x = 2$	$12 + 6 - 4 =$ **14**	$-6 + 20 =$ **14**
für $x = -3$	$-18 - 9 + 6 =$ **−21**	$+9 - 30 =$ **−21**
für $x = 0{,}5$	$3 + 1{,}5 - 1 =$ **3,5**	$-1{,}5 + 5 =$ **3,5**

Bemerkungen

- Zwei Terme heißen **äquivalent** (gleichwertig), wenn ihre Werte nach jeder Ersetzung der Variablen durch Zahlen übereinstimmen.
- Der Malpunkt zwischen einer Zahl und einer Variablen wird oft weggelassen. Ist ein Faktor die Zahl 1, wird dieser meist nicht notiert.

! $2 \cdot x = 2x$
$1 \cdot a = 1a = a$
$(-1) \cdot a = -1a = -a$

Aufgaben

1 Ordne jedem Term einen Satz zu.

$8a + 4$ $x - 3$ $x : 4$ $8 \cdot (x - 4)$ $\frac{x}{2} - 4$ $3 : (x - 1)$ $(x + 3) : 2$

a) das Achtfache der Differenz aus x und 4
b) die Differenz aus der Hälfte von x und 4
c) die Hälfte der Summe von x und 3
d) der Quotient aus x und 4
e) die Summe aus dem 8-fachen von a und 4
f) der Quotient aus der Zahl 3 und der Differenz von x und 1
g) die Differenz von x und 3

2 Übersetze den Term in Worte.
a) $4 \cdot x + 1$ b) $10 - 3 \cdot x$
c) $z \cdot (5 - x)$ d) $(b + 5) \cdot \frac{1}{2}$
e) $\frac{x}{3} - 10$ f) $5 \cdot x + b \cdot \frac{1}{2}$

3 Setze für die Variable x die Zahlen −3 bis 3 ein und berechne den Wert des Terms.

Beispiel:

x	−3	−2	−1	0	1	2	3
$2 \cdot x + 2$	−4	−2	0	2	4	6	8

a) $2x - 4$ b) $10 - x$ c) $-2x + 1$
d) $-2 - 3x$ e) $x^2 - x$ f) $-4x - 3x$

4 Setze die Zahl 2 für x und die Zahl −3 für y ein und berechne den Wert des Terms.
a) $2x + y$ b) $3x \cdot 2y$ c) $y - 2x$
d) $x \cdot x \cdot y$ e) $x - 5y$ f) $y^2 + 4x$

5 Welche Terme sind äquivalent?

$4a + a$ $a + a - a$ $-a$ $2a$ $-a - a$ $5a$ $-a + 3a$ $-2a$ a $3a - 2a$

6 Wie kann der Term heißen?

a)

x	2	3	4	8
?	5	6	7	11

b)

x	2	3	4	7
?	5	7	9	15

c)

x	2	3	4	9
?	4	7	10	25

7 Welcher Term gehört zu welchem Kantenmodell?

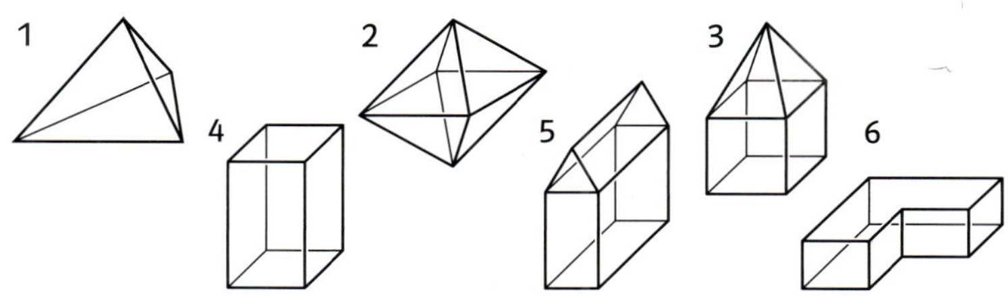

a) $8x + 4y$ b) $12x$ c) $6x + 4y + 4z$
d) $6x$ e) $8x + 8y$ f) $8x + 5y + 4z$
g) $8x$ h) $12x + 4y$ i) $4x + 8y + 6z$

8 Du planst den Getränkeeinkauf für deine Geburtstagsfeier. Du kaufst x Flaschen Apfelsaft zu je 1,45 €, y Flaschen Limonade zu je 0,75 € und z Flaschen Orangensaft zu je 1,98 € ein und gibst w leere Flaschen (Pfand 0,30 €) zurück.
a) Stelle für die Gesamtkosten deines Einkaufs einen Term auf.
b) Berechne die Gesamtkosten für 12 Flaschen Apfelsaft, 15 Flaschen Limonade und 6 Flaschen Orangensaft.
c) Du hast 30 € zur Verfügung und gibst 8 leere Flaschen zurück. Welche Einkaufsmöglichkeiten bieten sich dir?

9 Gib zu dem Term eine mögliche Sachsituation an.
a) $x \cdot 3{,}50 + x \cdot 2{,}75$
b) $0{,}89 \cdot a + 1{,}19 \cdot b + 1{,}39 \cdot c$
c) $x \cdot 1{,}12 + y \cdot 0{,}75 - z \cdot 0{,}25$
d) $15 - 0{,}55 \cdot x - 0{,}45 \cdot y$
e) $2{,}85 \cdot x + 2{,}20 \cdot x + 12 \cdot 7{,}50$

2 Addition und Subtraktion von Termen

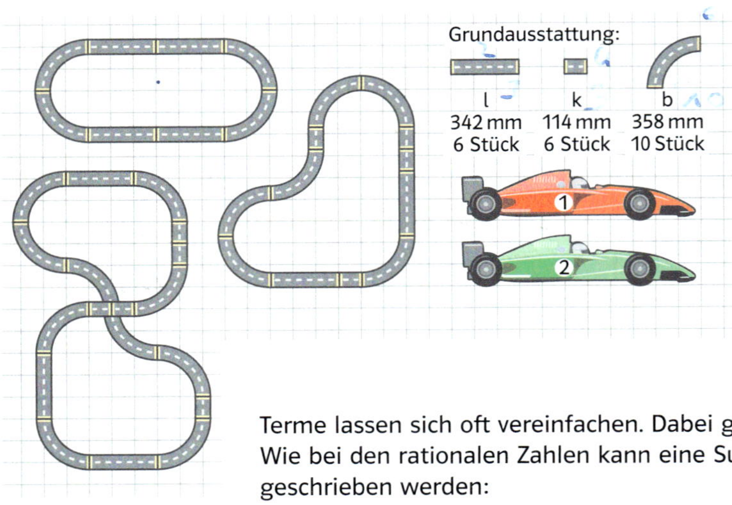

Für den Bausatz der Modellrennbahn gibt es eine Grundausstattung an Fahrbahnstücken.

→ Drücke die Länge jeder Rennstrecke mithilfe eines Terms aus, der die Variablen l, k und b enthält.

Vergleicht eure Terme.

→ Entwirf eigene Rennstrecken und beschreibe ihren Aufbau mit einem Term.

Terme lassen sich oft vereinfachen. Dabei gelten die bisher bekannten Rechengesetze. Wie bei den rationalen Zahlen kann eine Summe mit gleichen Summanden als Produkt geschrieben werden:

$x + x + x + x$

$= 4x$

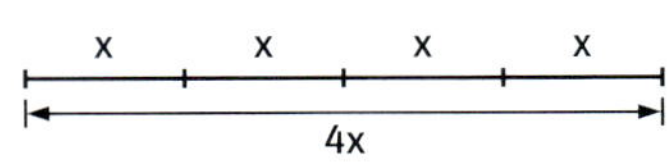

In machen Termen lassen sich die Summanden vor dem Zusammenfassen ordnen. Dazu wendet man das Vertauschungsgesetz an:

$x + y + x + y + x$

$= x + x + x + y + y = 3x + 2y$

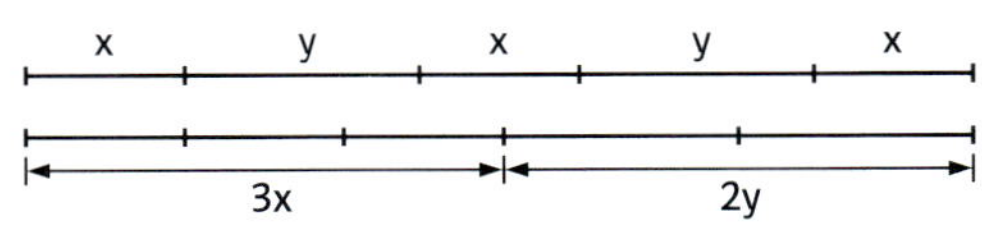

In einem Term wie $5x$ oder $7a$ nennt man 5 bzw. 7 den **Koeffizienten**. Unterscheiden sich Terme wie $3x$, $6x$ oder $-2x$ nur in ihren Koeffizienten, nennt man sie **gleichartig**. Sie lassen sich dann mithilfe des Verteilungsgesetzes zusammenfassen:

$5x - 3x = (5 - 3) \cdot x = 2x$

! *$3x$ und $5x$ sind gleichartig, $3x$ und $5x^2$ nicht.*

Gleichartige Terme lassen sich durch Addieren und Subtrahieren zusammenfassen, verschiedenartige dagegen nicht.

Bemerkung

Beim Zusammenfassen entstehen äquivalente Terme.

Beispiele

a) Der Term wird vereinfacht.

$a - b + 2a - b$

$= a + 2a - b - b$

$= 3a - 2b$

b) $-x - 2y + 3x - 4y + 5z$

$= -x + 3x - 2y - 4y + 5z$

$= (-1 + 3) \cdot x + (-2 - 4) \cdot y + 5z$

$= 2x - 6y + 5z$

c) Die Terme sind äquivalent.

	T_1: $4x + x - 8x$	T_2: $-3x$
$x = 4$	$16 + 4 - 32 = \mathbf{-12}$	$-3 \cdot 4 = \mathbf{-12}$
$x = -1$	$-4 - 1 + 8 = \mathbf{3}$	$-3 \cdot (-1) = \mathbf{3}$

d) Die Terme sind äquivalent.

	T_1: $3x - 5y - 4x$	T_2: $-x - 5y$
$x = 3{,}5$ und $y = -2$	$10{,}5 + 10 - 14 = 6{,}5$	$-3{,}5 + 10 = 6{,}5$

Aufgaben

1 Schreibe als Produkt.

a) $a + a + a + a$ b) $x + x$
c) $y + y + y$ d) $z + z + z + z + z$
e) $b + b + b + b + b$ f) $c + c + c + c$

2 Addiere.

a) $3a + 4a + 2a$ b) $5f + 3f + 2f$
c) $7m + 3m + 4m$ d) $10d + 2d + 6d$
e) $11n + 12n + 20n$ f) $8x + 16x + 9x$
g) $12r + r + 13r$ h) $25p + 17p + p$

3 Addiere und subtrahiere.

a) $4x - x$ b) $y + 5y$
c) $-s + 3s$ d) $9t - t$
e) $25r - r - r$ f) $7g - g$
g) $-13h + h$ h) $-z - z + y$

4 Fasse zusammen.

a) $3p + 5p + 11q$ b) $12a - 6a + 5b$
c) $17r + 10s - 3r$ d) $19z - 3y - 14z$
e) $-9p + 8t + 16p$ f) $26y - 13z + 42z$
g) $18x - 12 - 11x$ h) $29b + 13b - 13$

5 Achte auf gleichartige Summanden.

a) $46m + 2m + 46$ b) $46m + 2 + 46$
c) $46m + m - 46$ d) $46m - 46 - m$
e) $-46m + m + 46$ f) $-46m + 46m - 2$
g) $46 - 2m + 46m$ h) $46m - 46m - 2m$

6 Fülle durch Addieren und Subtrahieren.

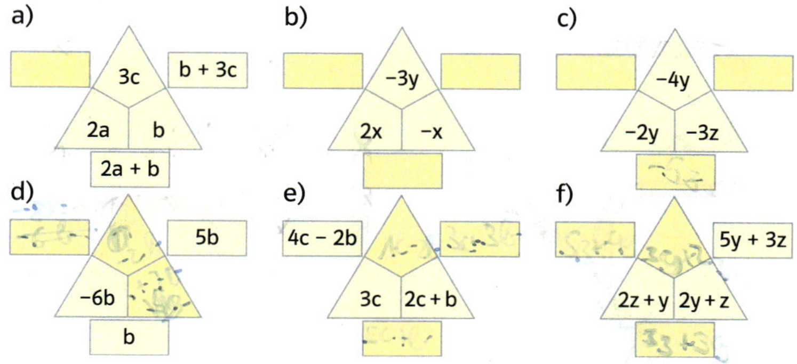

7 Ergänze.

a) $36a + 10a - □ = 20a$
b) $41c + □ - 17c = 30c$
c) $□ + 28g - 17g = 55g$
d) $44e - □ + 12e = 19e$
e) $46f - 18f - □ = 19f$
f) $12b - □ - 15b = -10b$

8 Ergänze. Gib zwei Möglichkeiten an.

a) $□ + □ - □ = 8a$
b) $-□ + □ - □ = -5x$
c) $□ - □ + □ = 2z - y$
d) $-□ + □ + □ = -6x + 2y$
e) $-□ - □ + □ = 2a - 3b$
f) $□ - □ + □ = 12m - 15n$

Term-Bausteine

- Nachbarsteine werden addiert.

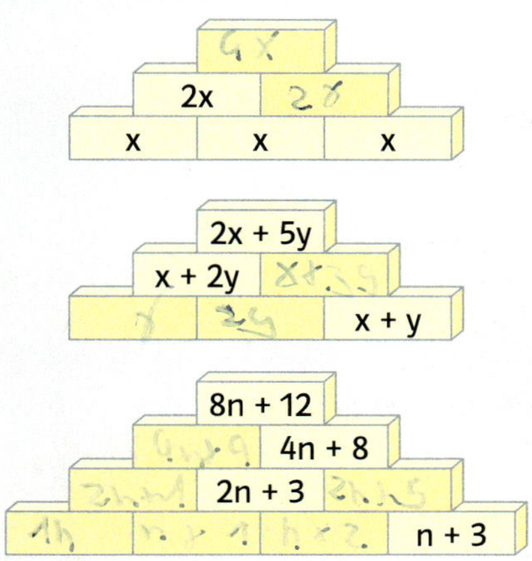

- Erkennst du eine Regel für die Summe im oberen Stein?

- Erkennst du eine Regel auch für vierstufige Steinmauern?

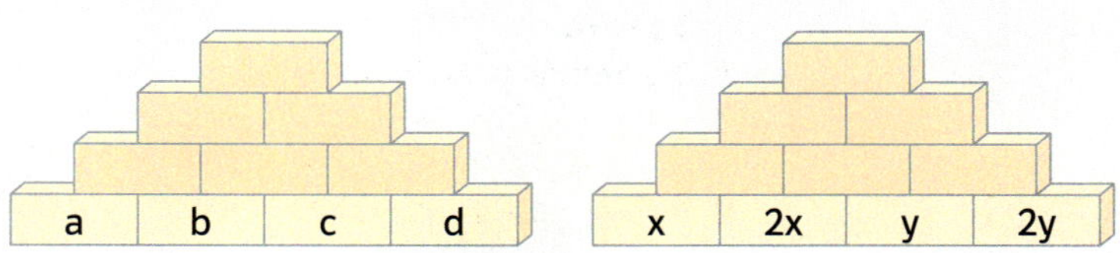

3 Multiplikation und Division von Termen

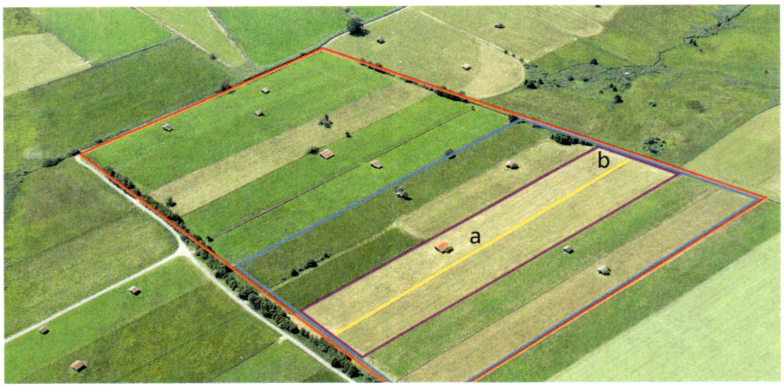

Das Flurbild in vielen Regionen Südwestdeutschlands zeigt, dass es Jahrhunderte lang üblich war, die Ackerflächen in gleichen Teilen zu vererben.
Auf dem Bild siehst du eine aufgeteilte Ackerfläche. Die schmalen Flächenstücke haben die Länge a = 100 m und die Breite b = 40 m.

→ Gib die verschiedenen Teilflächen in m^2 und Ar an.

→ Drücke die einzelnen Flächen mit den Variablen a und b aus.

Ein Term aus einer Variablen und einem Koeffizienten wird mit einer Zahl muliplizieirt, indem der Koeffizient mit der Zahl multipliziert wird.

$2x \cdot 5$
$= 5 \cdot 2 \cdot x$ Kommutativgesetz
$= (5 \cdot 2) \cdot x = 10x$ Assoziativgesetz

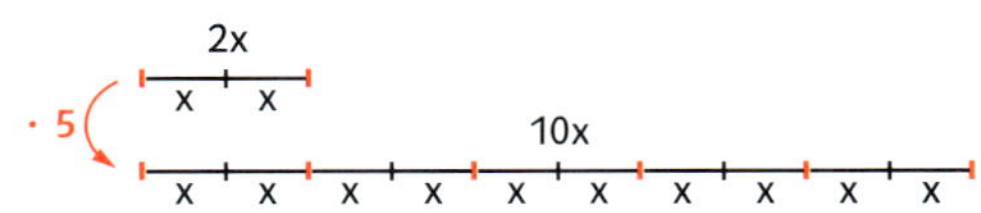

Produkte aus Termen mit Variablen und Koeffizienten werden vereinfacht, indem die Koeffizienten und Variablen jeweils miteinander multipliziert werden.

$2x \cdot 5y$
$= 2 \cdot 5 \cdot x \cdot y$ Kommutativgesetz
$= 10 \cdot x \cdot y$ Assoziativgesetz

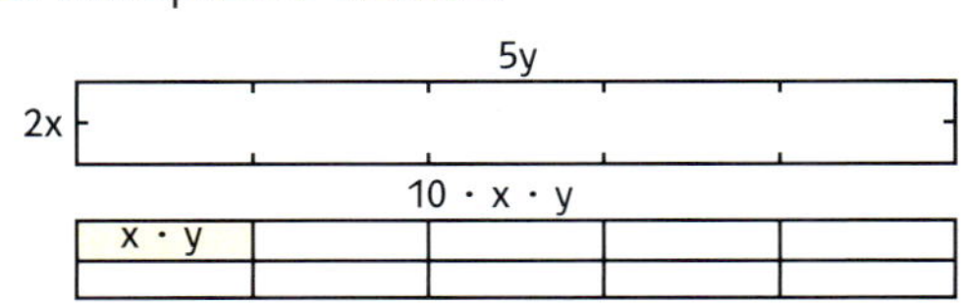

Wird eine Variable mit sich selbst multipliziert, schreibt man sie als Potenz.

$x \cdot x$
$= x^2$

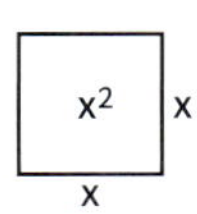

$x \cdot x \cdot x$
$= x^3$

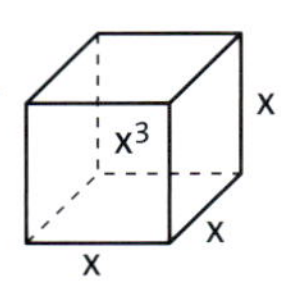

$3x \cdot 5x$
$= 3 \cdot x \cdot 5 \cdot x$
$= (3 \cdot 5) \cdot x \cdot x$
$= 15x^2$

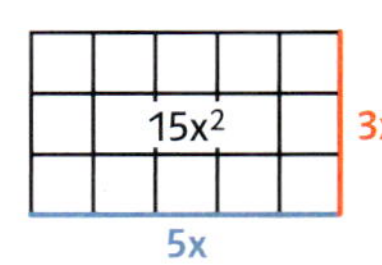

Ein Produkt aus Zahlen und Variablen lässt sich vereinfachen, indem man die Koeffizienten und die Variablen getrennt multipliziert.
Beim Dividieren eines Terms durch eine Zahl wird der Koeffizient dividiert.

Beispiele

a) $3x \cdot 5y$
$= (3 \cdot 5)x \cdot y$
$= 15xy$

b) $7 \cdot x \cdot x \cdot y$
$= 7 \cdot (x \cdot x) \cdot y$
$= 7x^2y$

c) $3m \cdot 6n + 5m \cdot n$
$= (3 \cdot 6) \cdot m \cdot n + 5m \cdot n$
$= 23mn$

d) $2x \cdot y \cdot 5y \cdot w$
$= 2 \cdot 5 \cdot x \cdot y \cdot y \cdot w$
$= 10wxy^2$

e) $15x : 3$
$= (15 : 3) \cdot x$
$= 5x$

! $x \cdot y = xy$
$a \cdot b \cdot c = abc$

Zur besseren Übersicht werden in Produkten mit mehreren Faktoren die Koeffizienten vorangestellt und nachfolgend die Variablen alphabetisch angeordnet.

Aufgaben

1 Multipliziere im Kopf.

a) $3 \cdot 2x$; $4 \cdot 3x$; $1{,}5 \cdot 4x$
b) $6 \cdot 4a$; $3 \cdot 8a$; $4 \cdot 2{,}5a$
c) $7 \cdot 2w$; $8 \cdot 4t$; $10 \cdot 3u$
d) $3c \cdot 8$; $5f \cdot 9$; $4g \cdot 17$
e) $11t \cdot 5$; $12s \cdot 7$; $9r \cdot 13$
f) $15y \cdot 4$; $16m \cdot 8$; $18p \cdot 6$

2 Fasse zusammen.

a) $a \cdot a$; $b \cdot b$; $x \cdot x$
b) $z \cdot z \cdot z$; $n \cdot n \cdot n \cdot n$; $t \cdot t \cdot t \cdot t \cdot t$
c) $a \cdot a \cdot b$; $m \cdot n \cdot n$; $p \cdot p \cdot q$
d) $t \cdot t \cdot t \cdot z$; $a \cdot a \cdot b \cdot b$; $x \cdot y \cdot x \cdot y$
e) $y \cdot a \cdot y \cdot y$; $x \cdot b \cdot b \cdot x$; $d \cdot s \cdot d \cdot s$
f) $g \cdot h \cdot h \cdot g$; $r \cdot s \cdot s \cdot r \cdot r$; $r \cdot t \cdot r \cdot t \cdot r$

3 Ordne vor dem Multiplizieren.

a) $2xy \cdot 5a \cdot 3bx$
b) $6r \cdot 4uv \cdot 6vw$
c) $4x \cdot 8xy \cdot 5yb$
d) $16r \cdot 3uv \cdot 2uv$
e) $4cd \cdot 5ce \cdot 6de$
f) $7ux \cdot 7vx \cdot 7uv$
g) $8rms \cdot 8 \cdot 8sn$
h) $6ac \cdot 7bc \cdot 8ab$

4 Vereinfache und unterscheide.

a) $5 + 5$; $5 \cdot 5$
b) $y + y$; $y \cdot y$
c) $a + a + a$; $a \cdot a \cdot a$
d) $x^2 + x^2$; $x^2 \cdot x^2$
e) $2n + 2n$; $2n \cdot 2n$
f) $2 + 3t$; $2 \cdot 3t$
g) $b + 3b$; $b \cdot 3b$
h) $x + x^2$; $x \cdot x^2$

5 Ergänze die Produktterme.

a)

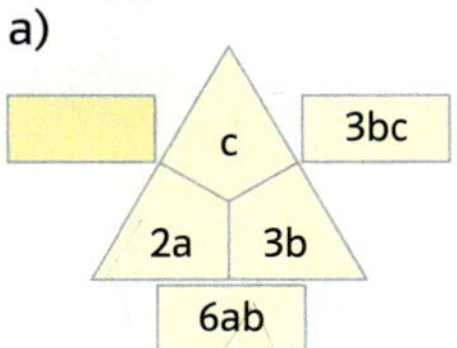

b)

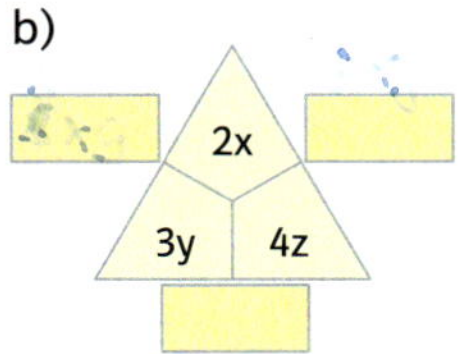

c)

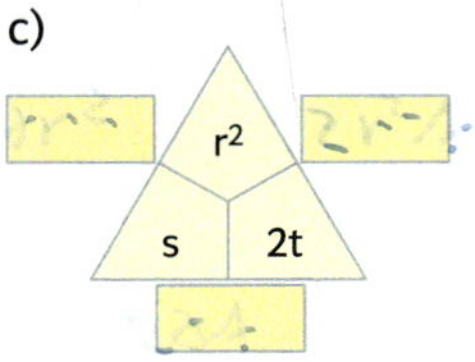

d)

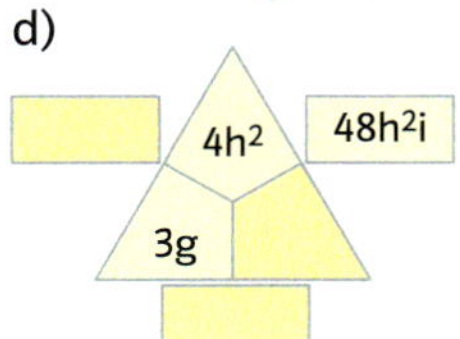

e)

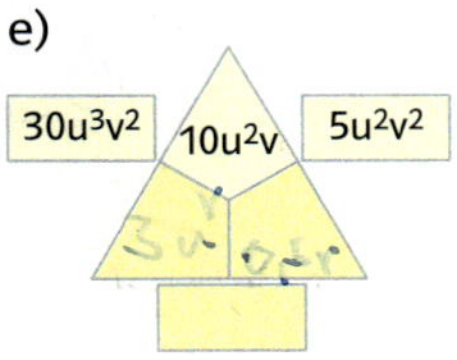

f)

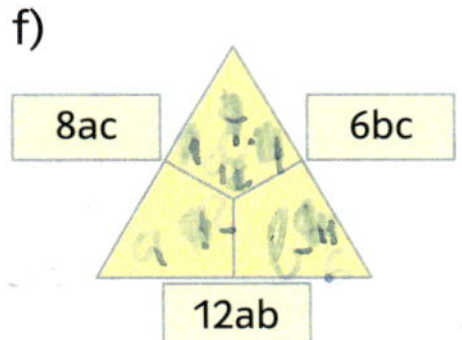

6 Vereinfache so weit wie möglich.

a) $2 \cdot x \cdot 4 \cdot y$
b) $y \cdot 3y \cdot 5$
c) $x^2 \cdot 5x \cdot 3x$
d) $3n \cdot 4p \cdot 5n^2p$
e) $y^2 \cdot 4y \cdot (-3)$
f) $t^2 \cdot 5s \cdot t \cdot 2s$
g) $3a^2 \cdot 2b^3 \cdot ab$
h) $c^2 \cdot d \cdot 3c^2 \cdot (-4)$

7 Ergänze.

a) $\square \cdot 7x = 28xy$
b) $3r \cdot \square = 33rs$
c) $5b \cdot \square = 45bc$
d) $\square \cdot (-6g) = -54gp$
e) $\square \cdot 16x^2 = 80x^2z$
f) $-8z \cdot \square = -96z^2x$
g) $-13v \cdot \square = 91v^2w$
h) $\square \cdot (-15t^2s) = 75s^2t^2$

8 Es gibt mehrere Möglichkeiten. Gib mindestens drei davon an.

a) $\square \cdot \square = 18ab$
b) $\square \cdot \square = -22cd$
c) $\square \cdot \square = 32a^2c^2$
d) $\square \cdot \square = 60xy^2z$
e) $\square \cdot \square = -24t^2s^2$
f) $\square \cdot \square = 5{,}6pqr^2$
g) $\square \cdot \square = -7{,}2s^3t^3$
h) $\square \cdot \square = 7{,}5a^2b^3c$

! *Unterscheide:*

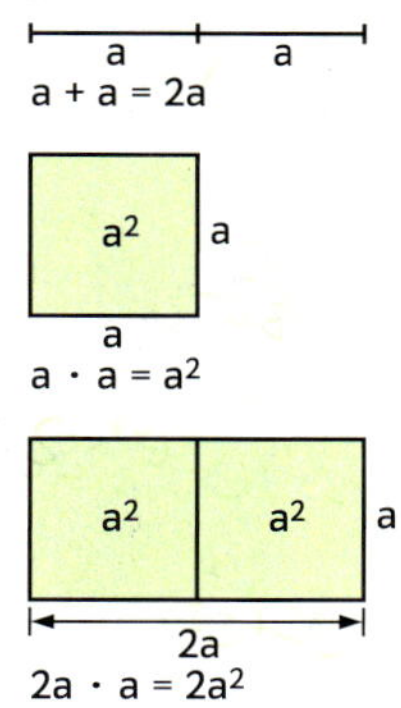

? $a + a^2 = ?$
$a \cdot a^2 = ?$

Summe aus Produkten

Der Term xy ist ein Produkt, $x + y$ dagegen eine Summe.
Wie vereinfacht man nun den Term $xy + xy$?
Nach der Rechenregel „Punkt vor Strich" musst du so vorgehen:

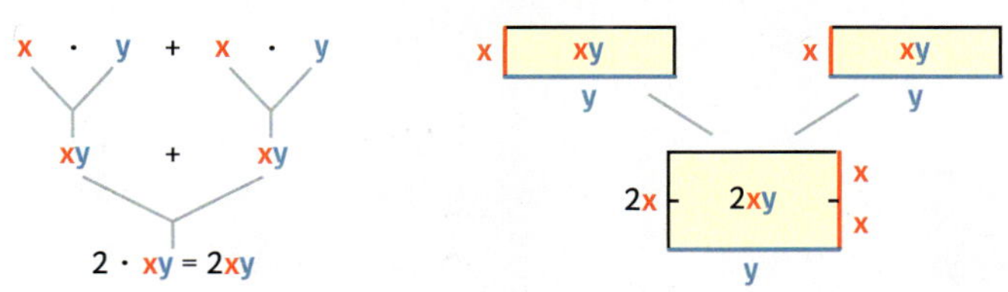

Das Produkt xy wird behandelt wie ein Summand. Achte darauf, dass auch hier nur gleichartige Terme zusammengefasst werden können. Faktoren können auch vertauscht sein:
$2ab^2 + ba^2 + ab^2 = 2ab^2 + ab^2 + a^2b = 3ab^2 + a^2b$

■ Schreibe als Produkt.
$cd + cd$; $nt + nt + nt$
$2vw + 2vw$; $31pc + pc + pc$
$12y^2 + 12y^2$; $10de - 3de + de$

■ Fasse zusammen.
$5ab + 3mn - ab + 2mn$
$4xy + 9gh + 7xy - 5gh$
$5ft - 3ft + 12ab + 8ab$
$16ab - 4gh - 20ab + 5gh$

■ Vereinfache.
$xy - yx$; $abc + bac + cba$
$ot + to$; $otto + toto$
Finde ähnliche Beispiele.

■ Hier ist Sorgfalt angesagt!
$xyz + x^2y - xy^2z - xyx$
$snr + sn^2r - ns^2 + ss - sn^2r$
$r^2st + rs^2t + rst + s^2tr - tsr^2$
$gh^2 - hi^2g + ihg - 2g^2h + i^2gh$

9 In der Tabelle sind die Produkte durcheinandergeraten.

·	$2a$	$3ab$	$0{,}5a^2$	$8a^2b^2$
$4ab$	$\frac{1}{24}a^3$	$\frac{5}{4}a^2bc$	$\frac{1}{4}a^2b$	$\frac{1}{6}a^2$
$12a^2$	$\frac{2}{3}a^3b^2$	$24a^3$	$20a^2b^3c$	$7{,}5ab^2c$
$2{,}5bc$	$6a^4$	$2a^3b$	$32a^3b^3$	$8a^2b$
$\frac{1}{12}a$	$12a^2b^2$	$96a^4b^2$	$5abc$	$36a^3b$

Wie viele Paare gleichartiger Terme gibt es? Addiere sie.

10 Vereinfache.

a) $7ax \cdot 7ab \cdot (-3b)$
b) $18xy \cdot (-4v) \cdot 3vx$
c) $2c^2 \cdot (-2a) \cdot b^2 \cdot a$
d) $25ab \cdot (-40bc) \cdot (-5c)$
e) $3ab \cdot (-4bc) \cdot 5cd \cdot (-6de) \cdot 7ef$
f) $5xyz \cdot (-12xz) \cdot (-6yz) \cdot 5xy \cdot (-4)$

11 Welche Lösung gehört zu welchem Term?

$-x^2yz$
$48a^2b^2c^2$
$0{,}56a^2b^2c^2$
$-1{,}2ab^2c$
$0{,}5x^2yz^3$
$-8{,}4a^2b^2c$
$-0{,}92a^2b^3c^2$

a) $0{,}5a \cdot 3b \cdot (-2c) \cdot 0{,}4b$
b) $1{,}2a^2 \cdot (-4b) \cdot 2c \cdot (-5bc)$
c) $\frac{3}{2}x \cdot \left(-\frac{5}{8}yz\right) \cdot \frac{4}{5}x \cdot \frac{4}{3}$
d) $4{,}2b^2c \cdot 0{,}5a \cdot (-4a)$
e) $b \cdot (-0{,}1a^2) \cdot 0{,}7c^2 \cdot (-8b)$
f) $11{,}5ac \cdot 0{,}4b^2 \cdot (-0{,}2c) \cdot ab$
g) $\frac{5}{8}yx \cdot \frac{4}{3}z \cdot \left(-\frac{2}{5}z^2\right) \cdot \left(-\frac{3}{2}x\right)$

12 Wo steckt der Fehler?
Formuliere Tipps, wie sich der Fehler vermeiden lässt.

a) $a + 2a = 3a^2$
b) $x + x^2 = 2x^3$
c) $2b + 3b^2 = 5b^3$
d) $n^2 \cdot 2n = 3n^2$
e) $2z^2 + 2z^2 = 4z^4$
f) $ef + ef = 2e^2f^2$

13 Dividiere den Term durch die angegebene Zahl.

a) $8de : 2$; $10g^2 : 5$; $9mn : 9$
b) $12x : 4$; $7s^2 : 2$; $15pt : 3$
c) $10rs : (-2)$; $18w : (-6)$; $21xy : (-3)$
d) $6ab : 0{,}2$; $13rst : 0{,}1$; $8p^2q : 0{,}4$
e) $wm : 2$; $t^2v : 3$; $hg : 4$
f) $-2tv : 3$; $3p^2q : 5$; $-6yz^2 : 9$

14 Nachbarsteine werden multipliziert.

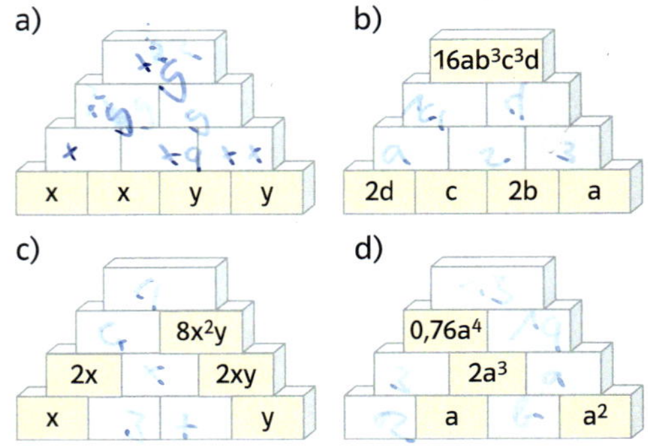

15 Berechne die fehlenden Angaben des Rechtecks.

	Länge	Breite	Umfang	Flächeninhalt
a)	$2a$	a	☐	☐
b)	$3a$	b	☐	☐
c)	$4a$	$1{,}5b$	☐	☐
d)	$5a$	☐	☐	$30ab$
e)	☐	$2b$	$6a + 4b$	☐

Würfel stapeln

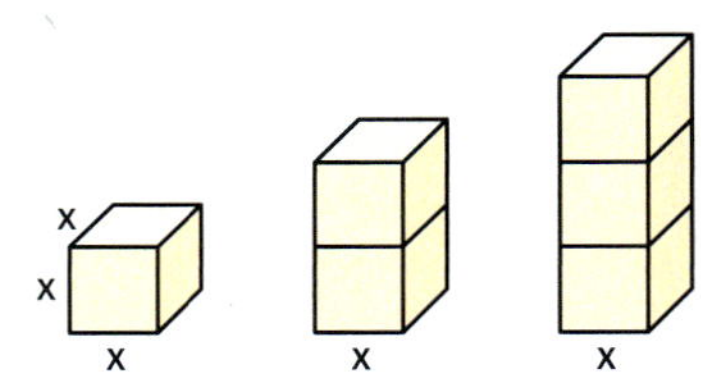

■ Drücke Oberfläche und Volumen der Türme mithilfe von x aus. Entdeckst du eine Regelmäßigkeit? Eine Tabelle hilft:

	Turm bestehend aus			
	1 Würfel	2 Würfeln	3 Würfeln	...
O	$6 \cdot x^2$	$10 \cdot x^2$		
V	x^3			

■ Was ergibt sich für den 100er-Turm?
■ Bedeutet doppeltes Volumen auch doppelte Oberfläche? Erkläre.
■ Marcel meint: „Wenn du mir die Oberfläche deines Turmes verrätst, sage ich dir, aus wie vielen Würfeln dein Turm besteht." Wie funktioniert der Trick?

Zauberhafte Mathematik

Mit mathematischen Zaubertricks kannst du verblüffende Effekte erzielen, ohne viel vorbereiten oder üben zu müssen. Sie funktionieren aufgrund einfacher mathematischer Überlegungen. Probier es doch selbst mal aus.

Die fünf magischen Zahlen

Der Zauberlehrling Tobias stellt seinem Meister eine Aufgabe:
„Denke dir eine beliebige Zahl. Bilde dann die Summe dieser Zahl und der vier darauf folgenden Zahlen. Ziehe von der Summe zehn ab und nenne das Ergebnis für alle laut und deutlich."

Nach kurzem Nachdenken nennt der Meister seine Ergebniszahl. Tobias greift zum Zauberstab, hält ihn zwischen seine beiden Zeigefinger, nennt den Zauberspruch und kann dem Meister die anfangs gedachte Zahl sofort sagen.

Fünf Zahlen wurden hier addiert,
dann hast du auch mal dividiert,
das Ergebnis laut genannt:
Ich geb' die geheime Zahl bekannt.

■ Führe den Trick nacheinander mit fünf selbst gewählten Zahlen durch. Notiere deine Startzahlen und die Ergebnisse übersichtlich in einer Tabelle. Was fällt dir auf?

Startzahl	45	12	...	...	...
Ergebnis	225	...	...	...	...

■ Schreibe die Zauberanweisungen in Form eines Terms und vereinfache diesen anschließend so weit wie möglich. Schaue dir jetzt die gedachte Zahl und das entsprechende Ergebnis der Reihe nach an. Wie konnte Tobias die gedachte Zahl so schnell nennen?
■ Entwickle weitere Tricks, bei denen beispielsweise nicht die vier folgenden Zahlen, sondern die nächsten sechs oder acht folgenden Zahlen addiert werden. Vielleicht kannst du ja auch eine Multiplikation einbauen?

Erbsenzauber

Anstelle der Erbsen kannst du auch Münzen und für die Becher die linke und die rechte Hand nehmen.

■ Versuche herauszufinden, wie der Zaubertrick funktioniert. Tipp: Stelle einen Term auf zur Berechnung der Summe, die der Kandidat am Ende nennt.
■ Erfinde selbst einen ähnlichen Zaubertrick, teste ihn mit deiner Nachbarin oder deinem Nachbarn und stelle ihn dann der Klasse vor.

Zusammenfassung

Variable

Buchstaben oder andere Symbole, die für Größen oder Zahlen stehen, nennt man **Variablen**.

$5 \cdot$ ✿; $y - 6z$

Term

Terme sind **Rechenausdrücke** aus Zahlen, Variablen und Rechenzeichen.

$-18 - 7$; 3^2; $x : 5$; $3 \cdot y \cdot (y - 6)$

Äquivalente Terme

Zwei **Terme** heißen **äquivalent** (gleichwertig), wenn ihre Werte nach jeder Ersetzung der Variablen durch Zahlen übereinstimmen.

	T_1: $2x - 3x + 4x$	T_2: $3x$
$x = 2$	$4 - 6 + 8 = 6$	$3 \cdot 2 = 6$
$x = -1$	$-2 + 3 - 4 = -3$	$3 \cdot (-1) = -3$
...		

Addieren und Subtrahieren von Termen

Gleichartige Terme lassen sich durch Addieren oder Subtrahieren zusammenfassen, verschiedenartige dagegen nicht.

$2x + 3x + x = 6x$ aber $x + 2 \cdot y = x + 2 \cdot y$
$3 \cdot y + 5 \cdot y = 8 \cdot y$ aber $x^2 + x = x^2 + x$

Verkürzte Schreibweise:
$3 \cdot x = 3x$ $1 \cdot x = x$

Multiplizieren und Dividieren von Termen

Terme mit Variablen werden **multipliziert**, indem die Koeffizienten und die Variablen getrennt multipliziert werden.
Produkte mit gleichen Variablen gibt man in Potenzschreibweise an.

$2x \cdot 6 = 12x$
$3a \cdot 4b \cdot 5c = 60abc$

$3x \cdot 4x \cdot y = 12x^2y$
$5a^2 \cdot 6b = 30a^2b$

Beim **Dividieren** eines Terms wird der Koeffizient dividiert. Die Variable bleibt unverändert.

$12x : 4 = 3x$

Verkürzte Schreibweise:
$x \cdot y = xy$

Üben • Anwenden • Nachdenken

1 Übertrage die Tabelle und setze ein.

x	y	x + y
z	z	z
x · z	y · z	x · z + y · z

a)

12	15	□
3	□	□
□	□	□

b)

14	□	26
□	4	□
□	□	□

2 Setze die Zahlen in die beiden Terme $4x - 3y + 5$ und $x + x^2 - y + 1$ ein und berechne deren Werte.

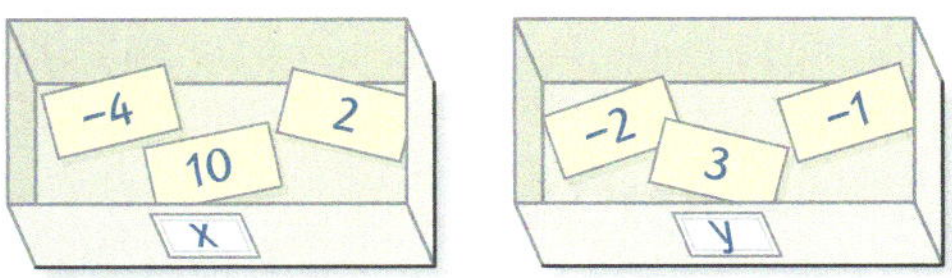

a) Für welche Einsetzungen erhält man den größten bzw. den kleinsten Termwert?
b) Welche Zahlen müssen für x und y eingesetzt werden, damit man bei beiden Termen den Wert 4 erhält?

3 Die Summe der Spalten, Zeilen und Diagonalen beträgt $3x$.
Ergänze das magische Quadrat.

x − y		
	x	
x − z		

4 Wähle eine beliebige Zahl und setze diese in den ersten Term ein. Setze den Wert des ersten Terms in den zweiten usw. Wie lautet der Wert des letzten Terms? Verfahre ebenso mit anderen Zahlen.

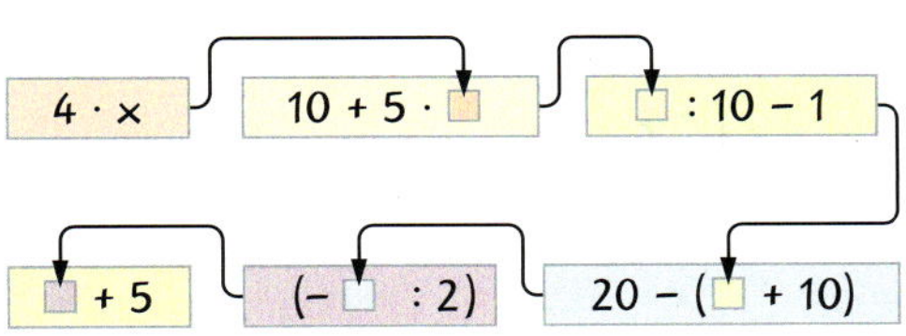

Terme zeichnen

Eine programmierbare Zeichenmaschine zeichnet räumliche Figuren von vorgegebener Form.
Die Striche können nach rechts, links, oben, unten, hinten und vorne ausgeführt werden. Vor dem Start muss man ein Programm eingeben, nach dem die Maschine zeichnen soll.
Dabei werden folgende Abkürzungen verwendet:
+ x bezeichnet einen Einerschritt nach rechts,
− x bezeichnet einen Einerschritt nach links,
+ y bezeichnet einen Einerschritt nach oben,
− y bezeichnet einen Einerschritt nach unten,
+ z bezeichnet einen Einerschritt nach hinten,
− z bezeichnet einen Einerschritt nach vorn.

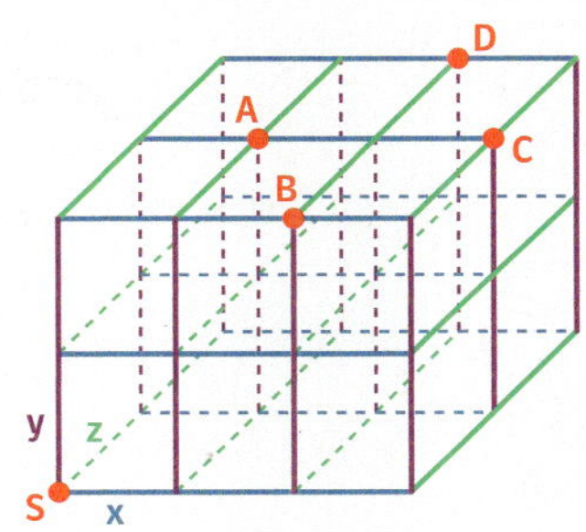

- Der Term für den Weg von S aus lautet:
$2x + 2z + y - x + y + 2x - 2y - x + 2y - 2z$
Endet der Weg im Punkt A, B oder C?
Wie lautet der kürzeste Term für diesen Weg?
- Stelle einen Term für den Zeichenweg von S nach D auf.
Nimm einen zweiten Weg nur über außen liegende Teilstrecken und drücke diesen in einem Term aus.
Vergleiche die beiden Terme.

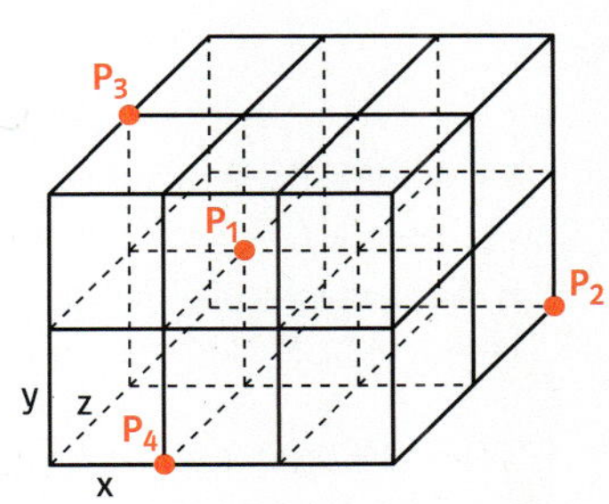

- Legt zusammen mit eurem Rechenpartner verschiedene Gitterpunkte fest und beschreibt die Wege mit Termen.
Wer findet jeweils die kürzeste „Wegbeschreibung"?

5 Ergänze die Summenbausteine.

a)

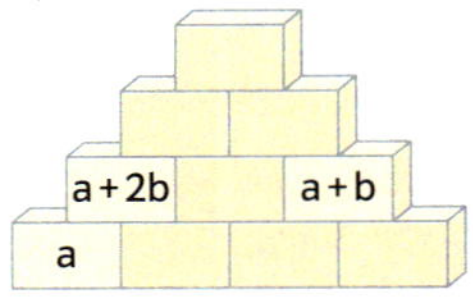

b)

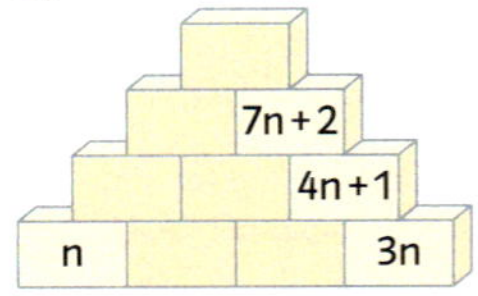

6 a) Setze für die Variable x verschiedene Werte ein und berechne die Ergebnisse entlang der verschiedenen Wege. Vergleiche sie.

b) Beginne mit einer Variablen in den Endfeldern und rechne bis zum Feld S.

c) Starte mit der Variablen in einem beliebigen Feld und ergänze die übrigen Felder.

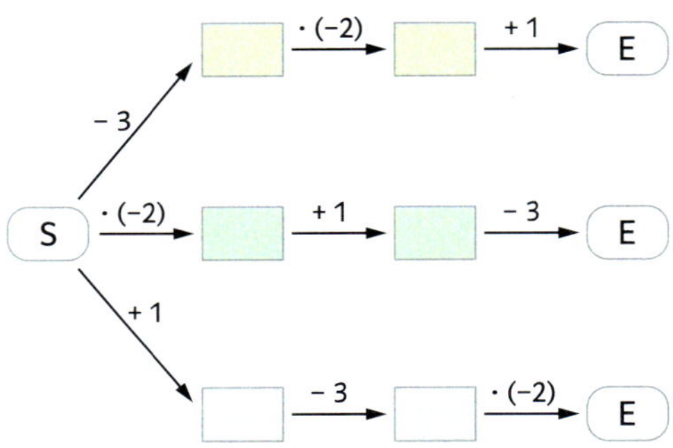

7 a) Prüfe im Zauberquadrat die Produkte der Zeilen, Spalten und Diagonalen. Suche Gruppen von 4 Feldern, die das magische Produkt ergeben.

ab	c	d	ab
ad	b	bc	a
bc	ad	a	b
1	ab	ab	cd

b) Ergänze die Felder zu einem magischen Quadrat.

p^2q	n		
mpq	p	np	
	mpq	pq	p
			mn

8 a) Addiere die Terme entlang des vorgegebenen Weges.

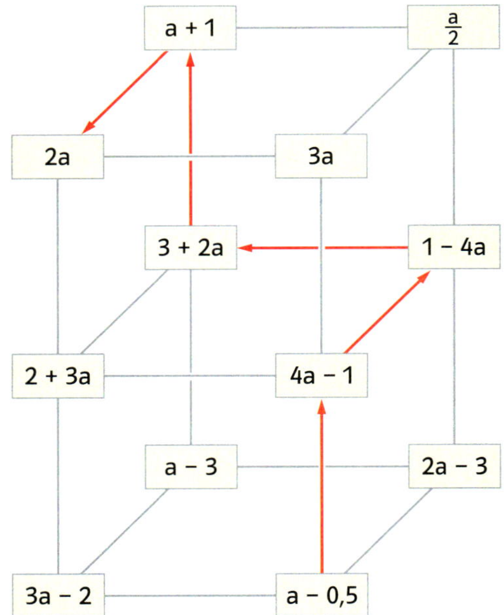

b) Schlage eigene Wege ein.

c) Stellt euch gegenseitig Aufgaben und überprüft die Ergebnisse.

d) Suche Wege mit den Summen 2a − 7 und 10a − 3.

e) Baue einen Würfel mit den Ecktermen a; 2a; … ; 8a und bilde entlang der Kanten verschiedene Produktterme.

9 Die Seiten eines Quadrates mit der Länge a werden einmal halbiert und einmal verdoppelt.

a) Gib einen Term für den Flächeninhalt der veränderten Quadrate an.

b) Stelle auch für den Umfang der Quadrate einen Term auf.

10 Die Kanten eines Würfels mit der Länge x werden halbiert.

a) Gib einen Term für das Volumen des neuen Würfels an.

b) Gib einen Term für die veränderte Oberfläche des Würfels an.

c) Stelle Terme für das Volumen und die Oberfläche eines Würfels auf, dessen Kanten verdoppelt bzw. verdreifacht wurden.

Rückspiegel

1 Setze für x die Zahl 5 und für y die Zahl 3 ein und berechne den Term.

a) $2 \cdot x + 3 \cdot y$ b) $2 \cdot y + 3 \cdot x$
c) $2 \cdot 2x + 2y$ d) $3x + (-2y + x)$

2 Berechne die Summe aller Kantenlängen des Körpers zuerst in cm und stelle dann einen Term mit den Variablen x, y oder z zur Berechnung auf.

a)

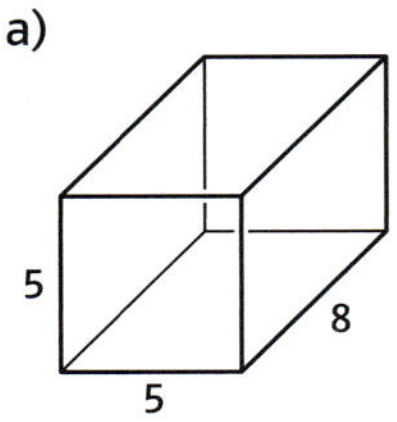

b)

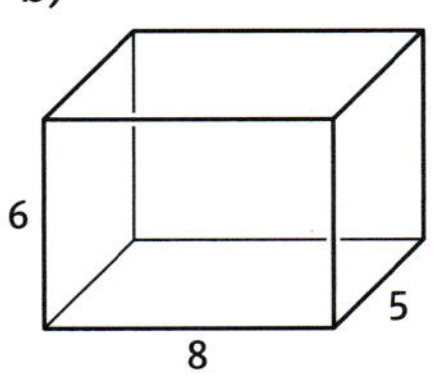

3 Vereinfache.

a) $25a - 17b - 3b + 15a$
b) $14x + 7y - 4x + 13y$
c) $19a - 3c + 28c - 9a$
d) $46x - 24y - 37x - 28y$

4 Ergänze.

a) $2x \cdot \square = 18xy$ b) $6xy \cdot \square = 72x^2y$
c) $\square \cdot 13a = 65abc$ d) $\square \cdot 3ab = 75a^2b^2$
e) $\square \cdot \square = 32x^2y$ f) $\square \cdot \square = 48p^2qr$
g) $15xy : 3 = \square$ h) $3p^2q : 5 = \square$
i) $-8t^2v : 0{,}5 = \square$ j) $-6yz^2 : (-1{,}2) = \square$

5 Schreibe als Term und vereinfache.

a) Subtrahiere vom Produkt aus x und 5 das Doppelte von x.
b) Multipliziere das Produkt aus 3 und y mit x und subtrahiere anschließend das Produkt aus x und y.
c) Halbiere die Summe aus dem Produkt von 10 und b und der Differenz aus 50 und 10 b.

Rückspiegel

1 Setze für x die Zahl −2 und für y die Zahl −0,5 ein und berechne den Term.

a) $3 \cdot x - 2 \cdot y$ b) $-y - 4x$
c) $6y + 2 \cdot (-3x)$ d) $-4 \cdot (-6y) + x \cdot (-4)$

2 Berechne die Summe aller Kantenlängen des Körpers zuerst in cm und stelle dann einen Term mit den Variablen x, y oder z zur Berechnung auf.

a)

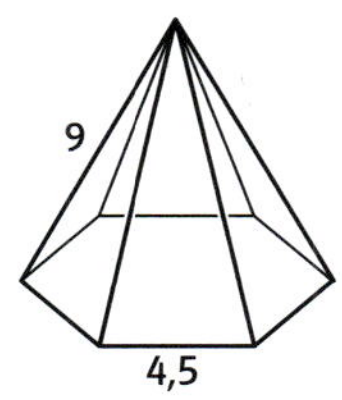

b)

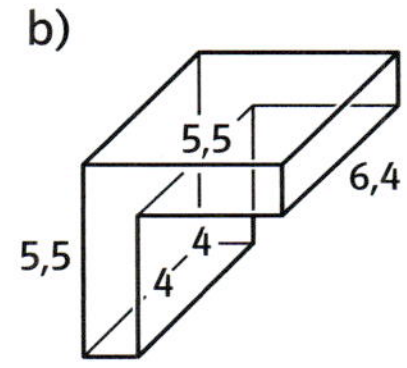

3 Vereinfache.

a) $14a - 8b - 10b + 6a + 18b$
b) $13r - 17s - 28r - 13s$
c) $18{,}5x + 23{,}9y - 10{,}1y - 20{,}5x$
d) $-19{,}8c - 33{,}9d + 17{,}1d - 42{,}8c$

4 Berechne.

a) $3x \cdot (-5xy)$ b) $-4ab \cdot 15a^2c$
c) $-7uv \cdot (-9vw)$ d) $7{,}5v^2 \cdot (-0{,}4v^2w^2)$
e) $0{,}5a \cdot (-3b) \cdot 0{,}4b$
f) $(-0{,}5rs) \cdot (-16rs^2t)$
g) $-19ab^2 : 3$
h) $-54x^2y^2 : (-9)$
i) $t^2v^2 : (-4)$
j) $-4{,}8a^2bc^2 : (-12)$

5 Überprüfe die Aussage mit Zahlen. Rechne mit Variablen zum Begründen.

a) Die Summe aus einer Zahl und ihrem Doppelten ist immer durch 3 teilbar.
b) Die Summe von drei aufeinander folgenden Zahlen ist immer durch 3 teilbar.

Zahlen lernen laufen

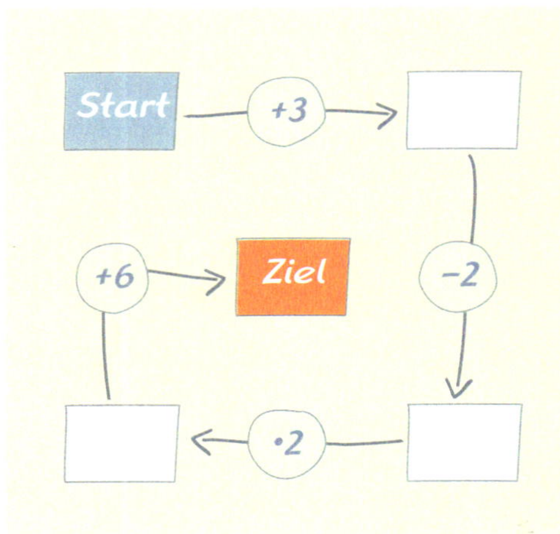

Schickt Zahlen durch die Spirale.

Welche Startzahl verwandelt sich in die Zielzahl 20?

Welche Zahl wird zur 100?

Gibt es eine Zahl, die sich in die 60 verwandelt?

Denkt euch ein Spiel mit dieser Spirale aus.

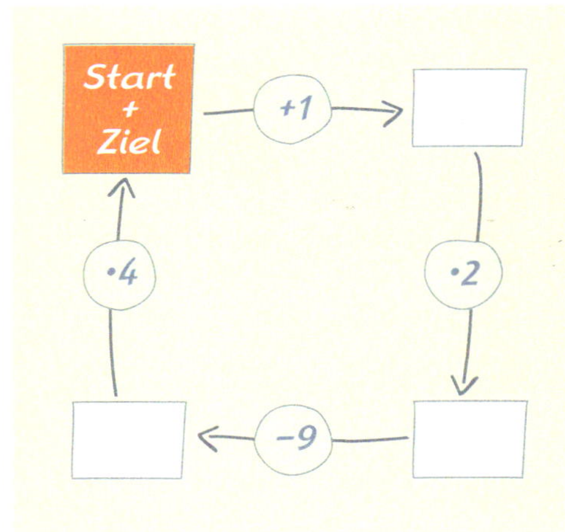

Das rote Feld ist Start und Ziel. Manche Zahlen werden auf einem Rundlauf größer, manche kleiner. Gibt es eine, die sich nicht verändert?

Du kannst auch die Zahlen in der Gegenrichtung auf die Runde schicken.

Entwirf selbst Rechenspiralen und Rundläufe.

Welche Zahl muss am Start antreten, damit im Ziel eine 4 ankommt? Bevor du anfängst, sagt dir der Würfel, wie viele Runden die Zahl drehen muss.

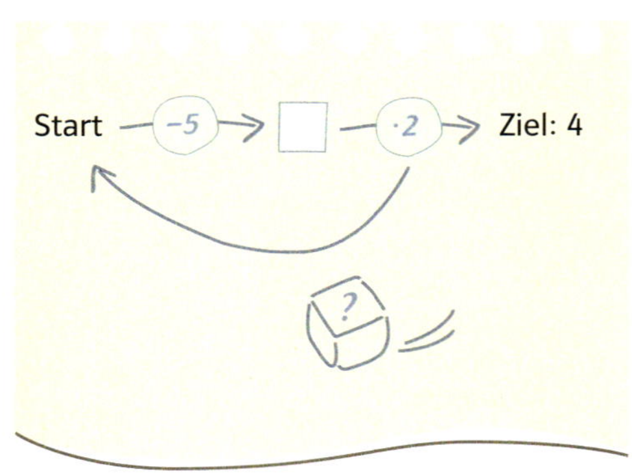

Das Anna-und-Maria-Spiel

Die Klasse vereinbart:
Anna ist heute 14 Jahre und Maria 10 Jahre alt.

Karin bekommt den Ball als Erste und sagt ihren Satz über das Alter von Anna und Maria:
In 16 Jahren wird Anna 3-mal so alt sein wie Maria heute ist.

Sie wirft den Ball Torsten zu und er sagt seinen Satz:
In 10 Jahren wird Anna 8-mal so alt sein wie Maria vor 7 Jahren war.

Torsten bringt Tina an die Reihe:
Zwei Jahre bevor Anna doppelt so alt war wie Maria, war sie 3-mal so alt wie Maria.

Birthe sagt:
In 4 Jahren wird Anna 4 Jahre älter sein als Maria.

Hanna sagt:
Nie war Anna 4-mal so alt wie Maria.

Mika hat sich einen echten Hirnverdreher ausgedacht:
Wenn Maria so alt sein wird wie Anna heute ist, wird Anna 3-mal so alt sein wie Maria, als Anna so alt war, wie Maria heute ist.

Spielt das Spiel in eurer Klasse. Ihr könnt auch absichtlich falsche Sätze sagen. Wer damit durchkommt, erhält Extrapunkte, wer dabei erwischt wird, verliert seine Punkte.

Anna heute ... Anna in ? Jahren ... ... in ? Jahren

In diesem Kapitel lernst du,

- wie man Gleichungen durch Probieren löst,
- wie man Gleichungen mit System löst,
- was man unter Äquivalenzumformungen versteht,
- wie man Textaufgaben liest und löst.

1 Lösen durch Probieren

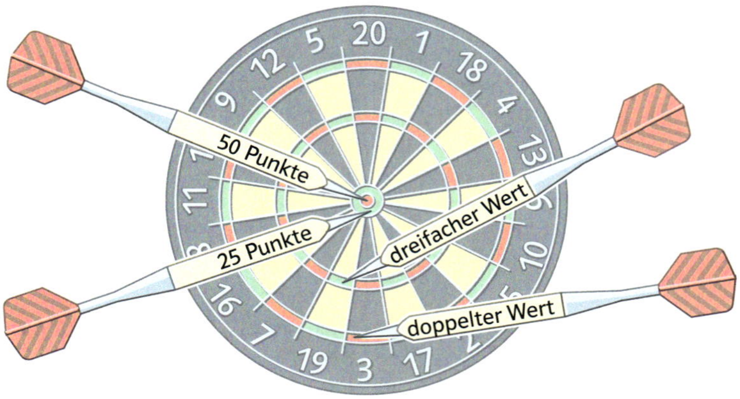

Beim Dart-Spiel beginnen alle mit demselben Punktestand, z. B. 301. Wer als Erster mit möglichst wenig Würfen genau 0 erreicht, ist Sieger. Dabei zählen die Treffer in den Farbringen sogar mehrfach.

→ Bei einem Punktestand von 59 Punkten rechnet sich Simon mit zwei Würfen noch Siegchancen aus. Wie muss er werfen?

→ Renata hat mit den ersten drei Würfen zusammen 51 Punkte erzielt. Dabei steigerte sie sich beim zweiten Wurf um 2 Punkte, beim dritten Wurf sogar um 4 Punkte gegenüber dem ersten Wurf.

Häufig ist für einen Term mit einer Variablen ein bestimmter Wert vorgegeben. Dann muss man für die Variable die passende Zahl suchen. Dies lässt sich mit einer **Gleichung** beschreiben: Bei einfachen Gleichungen kann man die gesuchte Zahl durch **Probieren** finden.

$3 \cdot x + 2 = 14$
$3 \cdot 1 + 2 = 5$
$3 \cdot 2 + 2 = 8$
$3 \cdot 3 + 2 = 11$
$3 \cdot 4 + 2 = 14$
$3 \cdot 5 + 2 = 17$
…

Die Zahl, die man einsetzen muss, um 14 zu erhalten, ist also die Zahl 4.

Eine **Gleichung** besteht aus zwei Termen, die durch ein Gleichheitszeichen miteinander verbunden sind.
Gleichungen lösen heißt, für die Variable die Zahl zu finden, die beide Terme der Gleichung zu demselben Wert führt.

Beispiele

a) $2 \cdot x + 3 = 9$ $5 \cdot \square = 20$ $9 \cdot x - 5 = 40$ und $3 \cdot x + 12 = 7 \cdot x$ sind Gleichungen, aber auch $y = \frac{1}{3}$.

b) Einfache Gleichungen kannst du im Kopf lösen:

$x + 6 = 15$ $12 - y = 5$ $a \cdot 5 = 60$
$x = 9$ $y = 7$ $a = 12$

c) Lösen einer Gleichung durch systematisches Probieren:

	$9 \cdot x + 2 = 29$	
11	$9 \cdot 1 + 2 \neq 29$	29
20	$9 \cdot 2 + 2 \neq 29$	29
29	$9 \cdot 3 + 2 = 29$	29

Die gesuchte Zahl ist 3.

	$x \cdot 4 - 8 = 32$	
	…	
40	$12 \cdot 4 - 8 \neq 32$	32
28	$9 \cdot 4 - 8 \neq 32$	32
32	$10 \cdot 4 - 8 = 32$	32

Die gesuchte Zahl ist 10.

	$3 \cdot x + 12 = 7 \cdot x$	
15	$3 \cdot 1 + 12 \neq 7 \cdot 1$	7
18	$3 \cdot 2 + 12 \neq 7 \cdot 2$	14
21	$3 \cdot 3 + 12 = 7 \cdot 3$	21
24	$3 \cdot 4 + 12 \neq 7 \cdot 4$	28

Die gesuchte Zahl ist 3.

Aufgaben

1 Ordne die Gleichungen den Sätzen zu und erkläre die Bedeutung der Variablen.

$a - 4 = 6$ $\quad$ $6 = 4 \cdot y$

$a + \frac{a}{2} = 6$ $\quad$ $2 \cdot x - 4 = 6$

$n + 1 = 6$ $\quad$ $3 \cdot y + y = 6$

a) Eine Zahl vermindert um 4 ergibt 6.
b) Das Doppelte einer Zahl vermindert um 4 beträgt 6.
c) Die Summe des Dreifachen einer Zahl und der Zahl selbst beträgt 6.
d) Eine Zahl vermehrt um die Hälfte dieser Zahl beträgt 6.
e) Der Nachfolger einer natürlichen Zahl ist 6.
f) Das Vierfache einer Zahl beträgt 6.

2 Wie heißt die gesuchte Zahl?
a) Das Fünffache einer Zahl ist 70.
b) Eine Zahl vermehrt um 13 ist 85.
c) Die Summe aus einer Zahl und 7 ist 10.
d) Ein Viertel einer Zahl ist 18.
e) Subtrahiert man von einer Zahl 6, erhält man 7.
f) Dividiert man eine Zahl durch 12, erhält man 12.

3 Löse die Gleichung im Kopf.

a) $17 + x = 34$ $\quad$ b) $x + 15 = 16$
c) $y - 12 = 29$ $\quad$ d) $17 - y = 1$
e) $3 \cdot z = 39$ $\quad$ f) $16 = z \cdot 4$
g) $m : 3 = 15$ $\quad$ h) $42 = m : 2$
i) $7 + 2 \cdot x = 37$ $\quad$ j) $3 \cdot x - 7 = 20$
k) $6 = 12 - 3 \cdot x$ $\quad$ l) $18 - 2 \cdot x = 15 + x$

Mit Gleichungen Probleme lösen

Auf einem Bücherbrett stehen Lexika, Sachbücher und Romane. Insgesamt sind es 39 Bücher. Es sind 6 Sachbücher mehr als Romane und 3 Lexika weniger als Romane.

Sachbücher $x + 6$ $\quad$ Romane x $\quad$ Lexika $x - 3$

Gesamtzahl: 39

$$(x + 6) + x + (x - 3) = 39$$
$$x + 6 + x + x - 3 = 39$$
$$3 \cdot x + 3 = 39$$

Durch Probieren kommt man auf die Zahl 12. Es sind also 12 Romane, 18 Sachbücher und 9 Lexika.

- In Turgays Klasse gehen insgesamt 31 Schülerinnen und Schüler. Es gibt 7 Mädchen mehr als es Jungen gibt.
- Natalies Klasse besuchen 29 Jugendliche, neun Jungen mehr als Mädchen.
- Eine 58 cm lange Leiste wird in zwei Teile zersägt. Das größere Stück ist 14 cm länger als das andere.
- Katrin warf doppelt so viele Tore wie ihre Mitspielerin Sonja. Beide warfen zusammen 27 Tore.

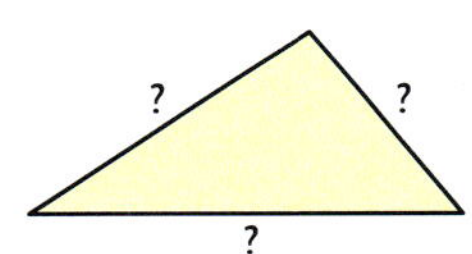

$a + b = 12\,cm$
$b + c = 16\,cm$
$c + a = 14\,cm$

4 Wer hat die Scheibe eingeschossen? Wenn man die Trikotnummer des Unglücksschützen verdoppelt und dazu 4 addiert, dann davon wiederum 7 subtrahiert, erhält man 13.

5 Schreibe selbst ein Zahlenrätsel für deinen Rechenpartner auf.

6 Übertrage die Tabelle ins Heft und bestimme mit ihrer Hilfe die Lösung der Gleichung.

a)

x	$15 \cdot x = 90$
0	
1	
…	

b)

x	$3 \cdot x - 2 = 7$
1	
2	
…	

c)

x	$2 \cdot x + 2 = 18$
0	
2	
…	

d)

y	$88 + 8 \cdot y = 30 \cdot y$
0	
1	
…	

7 Ordne die Lösung richtig zu.

a) $7 \cdot x + 4 = 8 \cdot x$	$x = 2$
b) $12 + x = 6 + 2 \cdot x$	$x = 8$
c) $3 \cdot x + 6 = 38 - x$	$x = 4$
d) $6 \cdot x - 7 = 5 \cdot x + 7$	$x = 14$
e) $2 \cdot x - 5 = 3 - 2 \cdot x$	$x = 6$

8 Löse durch Einsetzen der Zahlen von 1 bis 10.

a) $4 \cdot x - 12 = 16$
b) $80 - 5 \cdot x = 35$
c) $x : 4 + 9 = 11$
d) $30 - x : 3 = 27$
e) $5 \cdot x - 3 = 2 \cdot x + 15$
f) $3 \cdot x + 10 = x + 30$
g) $x + 5 = 2 \cdot x + 3$
h) $5 \cdot x - 2 = 8 \cdot x - 23$
i) $4 + 5 \cdot x = 15 \cdot x - 86$
j) $3 \cdot x + 4 \cdot x = 42$

9 a) Denke dir eine Zahl. Verdopple sie und addiere 3. Multipliziere dann das Ergebnis mit 5 und subtrahiere schließlich 6. Nenne mir das Ergebnis und ich verrate dir deine Zahl.
b) Merke dir eine gerade Zahl. Verdreifache sie. Halbiere das Ergebnis und verdreifache wiederum. Dividiere das Ergebnis durch 9. Nenne das Ergebnis und ich sage dir deine Zahl.
Wie bin ich darauf gekommen?

10 a) Max und Moritz sind zusammen 312 cm groß. Max überragt Moritz um 6 cm.
b) Ein Füller und ein Bleistift kosten zusammen 11 €. Der Füller ist um 10 € teurer als der Bleistift.

Tabellenkalkulation II

Wenn du durch Probieren nicht so schnell zur Lösung kommst, kannst du einen Computer zu Hilfe nehmen.

$3 \cdot x + 116 = 5 \cdot x$

D10 ▼ fx =5*B10

	A	B	C	D	E
1					
2				Schrittweite:	2
3					
4			Linke Seite	Rechte Seite	
5			3x+116	5x	
6	x=	50	266	250	
7		52	272	260	
8		54	278	270	
9		56	284	280	
10		58	290	290	
11		60	296	300	
12					

für x = 58 ergibt sich:

Wert des linken Terms	Wert des rechten Terms
$3 \cdot 58 + 116$ $= 174 + 116$ $= 290$	$5 \cdot 58$ $= 290$

■ Löse ebenso.
a) $7 \cdot x - 225 = 2 \cdot x$
b) $110 + 9 \cdot x = 526 + 5 \cdot x$
c) $348 - 4 \cdot x = 3 \cdot x + 82$

11 Die Figur hat einen Umfang von 56 cm.

a)

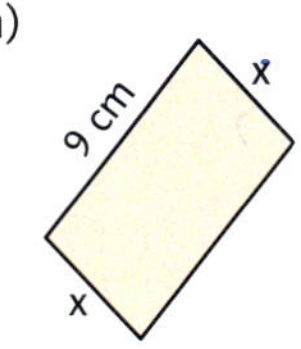

b)

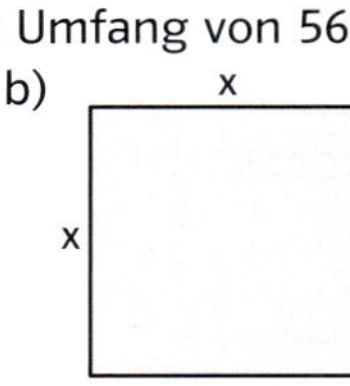

c)

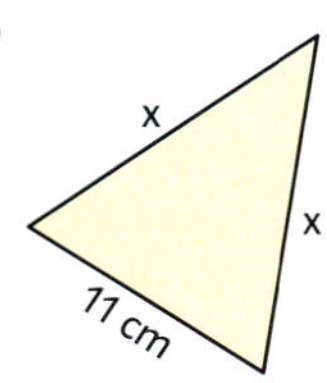

d)

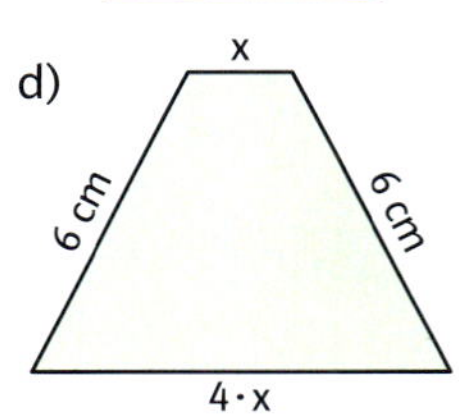

12 a) Ein Ziegelstein wiegt 1 kg und einen halben Ziegelstein.
b) Bei einem Fisch macht der Kopf ein Drittel, der Schwanz ein Viertel des Gewichts aus, das Mittelstück wiegt 1 kg.

2 Gleichungen umformen

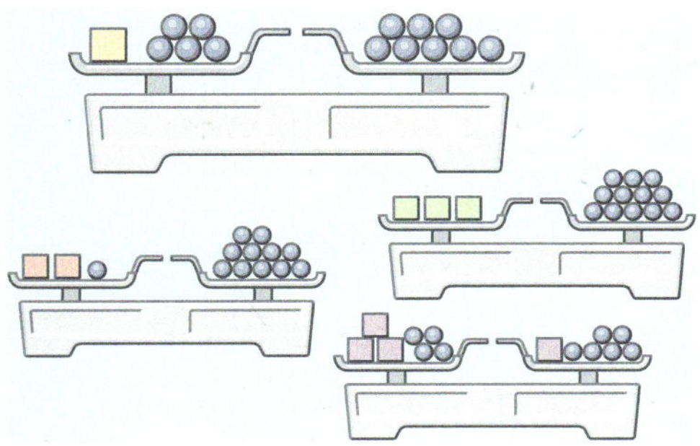

Die Waagen sind im Gleichgewicht.
→ Wie viele Kugeln wiegen genauso viel wie ein Würfel?
→ Formuliere deine Denkschritte.
→ Beschreibe die Gewichtsverteilung an der Waage mit einer Gleichung.
Schreibe w für das Gewicht eines Würfels und k für das Gewicht einer Kugel.

Um eine Gleichung zu lösen, wird sie umgeformt, bis die Variable auf einer Seite alleine steht. Dabei sind die vier Grundrechenarten zur Umformung zugelassen. Die Umformung wird immer auf beiden Seiten der Gleichung durchgeführt.

$x - 3 = 1$	$x + 2 = 5$	$\frac{x}{4} = 3$	$6 \cdot x = -30$
addiere 3	subtrahiere 2	multipliziere mit 4	dividiere durch 6
$x - 3 + 3 = 1 + 3$	$x + 2 - 2 = 5 - 2$	$(x : 4) \cdot 4 = 3 \cdot 4$	$(6 \cdot x) : 6 = -30 : 6$
$x = 4$	$x = 3$	$x = 12$	$x = -5$

Die Umformungen von Gleichung zu Gleichung lassen die Lösung unverändert.
Die Gleichungen $4 \cdot x + 5 = 13$; $4 \cdot x = 8$ und $x = 2$ nennt man daher **äquivalent**.
Umformungen, die die Lösung unverändert lassen, heißen **Äquivalenzumformungen**.

$$
\begin{aligned}
4 \cdot x + 5 &= 13 && \mid -5 \\
4 \cdot x + 5 - 5 &= 13 - 5 \\
4 \cdot x &= 8 && \mid :4 \\
(4 \cdot x) : 4 &= 8 : 4 \\
x &= 2
\end{aligned}
$$

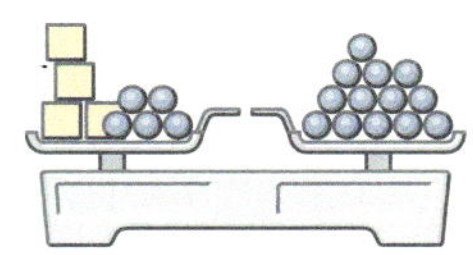

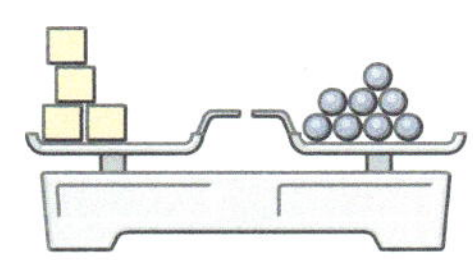

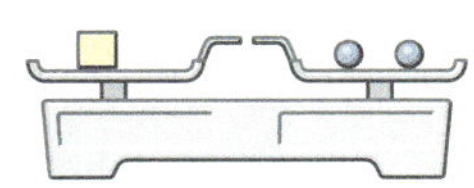

Zum Lösen einer Gleichung wendet man **Äquivalenzumformungen** an:
- Man darf auf beiden Seiten der Gleichung denselben Term addieren oder subtrahieren.
- Man darf beide Seiten der Gleichung mit derselben Zahl (außer Null) multiplizieren oder dividieren.

Beispiele

a)
$$
\begin{aligned}
6 \cdot x - 11 &= 31 && \mid +11 \\
6 \cdot x &= 42 && \mid :6 \\
x &= 7
\end{aligned}
$$

b)
$$
\begin{aligned}
18 - 4 \cdot x &= 22 && \mid -18 \\
-4 \cdot x &= 4 && \mid :(-4) \\
x &= -1
\end{aligned}
$$

c)
$$
\begin{aligned}
x - 1 &= 6 \cdot x - 4 && \mid -x \\
-1 &= 5 \cdot x - 4 && \mid +4 \\
3 &= 5 \cdot x && \mid :5 \\
0{,}6 &= x
\end{aligned}
$$

Bemerkung
Zur Kontrolle wird die **Probe** durchgeführt.

linker Term	rechter Term
$6 \cdot 7 - 11$	31
$42 - 11$	31
31	31

linker Term	rechter Term
$18 - 4 \cdot (-1)$	22
$18 + 4$	22
22	22

linker Term	rechter Term
$0{,}6 - 1$	$6 \cdot 0{,}6 - 4$
$-0{,}4$	$3{,}6 - 4$
$-0{,}4$	$-0{,}4$

Aufgaben

1 Drücke das Gewicht eines Würfels durch das Gewicht von Kugeln aus.

a) b) c) d)

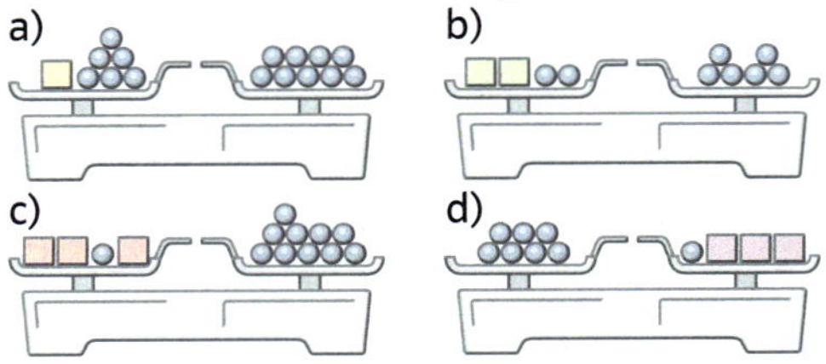

2 Das Mobile ist im Gleichgewicht. Drücke das Gewicht eines quadratischen Plättchens durch das Gewicht eines runden Plättchens aus. Stelle eine Gleichung auf.

a) b) c) d)

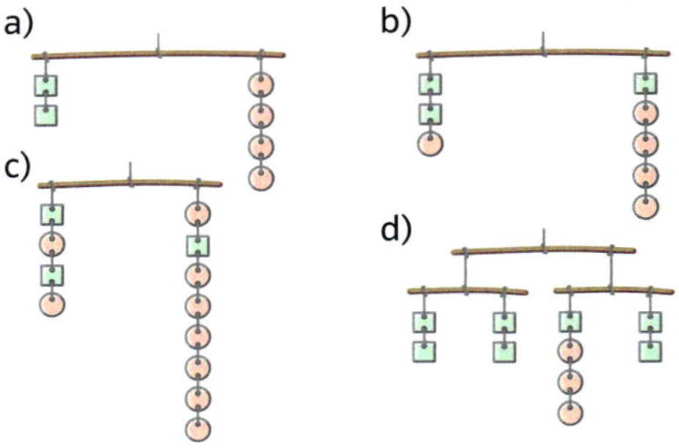

3 Jonas und Laura haben gleich viele Murmeln. In jedem Becher ist die gleiche Anzahl Murmeln. Wie viele Murmeln sind im Becher?

d) Stelle Gleichungen auf.

4 Löse und gib die Äquivalenzumformungen wie im Beispiel an.

Beispiel: $x + 4 = 8 \quad |-4$; $x = 4$

a) $x + 6 = 8$ b) $x + 2 = -5$
c) $x + 5 = 0$ d) $x - 4 = -3$
e) $9 \cdot x = 54$ f) $12 \cdot x = -72$
g) $13 + x = 82$ h) $32 + x = 23$
i) $x \cdot 5 = 110$ j) $15 \cdot x = 0$
k) $15 \cdot x = -1$ l) $15 \cdot x = \frac{1}{15}$

5 Notiere die Äquivalenzumformungen.

Beispiel: $\frac{1}{5}x = 6 \quad |\cdot 5$; $\frac{1}{5}x \cdot 5 = 6 \cdot 5$; $x = 30$

a) $\frac{x}{3} = 10$ b) $x : 10 = 5$
c) $\frac{1}{10}x = 2$ d) $\frac{x}{4} = 32$
e) $1 = x : \frac{1}{2}$ f) $x : 7 = -7$
g) $50 = \frac{x}{5}$ h) $x : \left(-\frac{1}{4}\right) = 4$
i) $x : 2\frac{1}{2} = 30$ j) $-\frac{x}{8} = -0{,}5$

Gleichungen aus- und einpacken

■ Baue selbst Gleichungen in ähnlicher Weise.

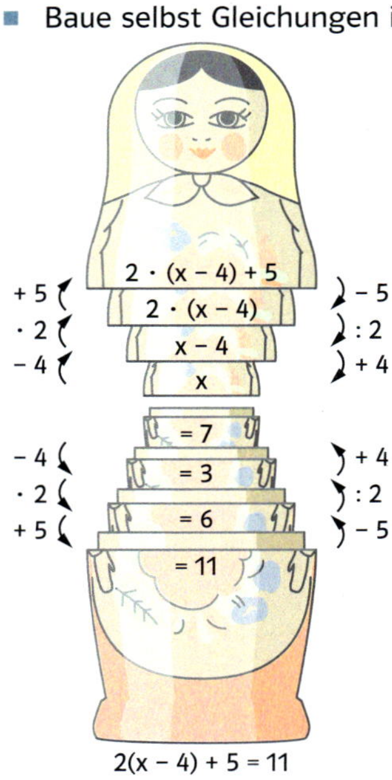

6 Ergänze zu äquivalenten Gleichungen.

a) $2x = 6$ → $2x + 2 = \square$ (Umformung: $\square$)

b) $3 + x = 8$ → $10 + x = \square$ (Umformung: $\square$)

c) $4x = -12$ → $\square + 4x = -1$ (Umformung: $\square$)

d) $4x + 1 = 7$ → $4x - \square = 0$ (Umformung: $\square$)

e) $6x = -4$ → $\square = -12$ (Umformung: $\square$)

f) $7x = -2{,}5$ → $56x = \square$ (Umformung: $\square$)

g) $\frac{1}{2}x = 6$ → $\square = 24$ (Umformung: $\square$)

h) $\frac{1}{4}x = -2$ → $\square = -16$ (Umformung: $\square$)

7 Beachte den Unterschied zwischen Produkt und Summe.

Beispiel:

$2x = 6 \quad | :2$ → $x = 3$ und $6 = 2 + x \quad | -2$ → $4 = x$

a) $8 = 4 \cdot x$	und	$8 = 4 + x$
b) $3 \cdot x = -15$	und	$3 + x = -15$
c) $x \cdot 12 = 6$	und	$x + 12 = 6$
d) $x \cdot 2 = 4$	und	$x + 2 = 4$
e) $\frac{x}{3} \cdot 6 = 12$	und	$\frac{x}{3} + 6 = 12$
f) $20 = 8 \cdot \frac{x}{4}$	und	$20 = 8 + \frac{x}{4}$

8 Hier heißt die Variable nicht immer x.

a) $z + 18 = 38$ b) $y + 25 = 57$
c) $55 + y = 72$ d) $y - 59 = 12$
e) $26 + z = 33$ f) $39 + w = 44$
g) $a - 9 = 0$ h) $a + 86 = 87$
i) $z + 36 = 35$ j) $z - 21 = -22$

Die Summe aller Lösungen beträgt 160.

9 Die Reihenfolge der Umformungen ist beliebig.

a) $4x + 1 = 2x + 17$
b) $5x - 6 = x - 12$
c) $6x - 14 = 4x - 18$
d) $8 + 6x = 32 + 3x$
e) $7x - 5 = 79 - 7x$
f) $7x + 15 - x = x + 8$
g) $12 - 6x = 29 - 1 - 8x$

10 Welche Kärtchen gehören zusammen?

$2x + 3 = x + 2$ | $2x = 2$ | $3x + 2 = -1$ | $3x - 5 = -2$ | $3x = -3$ | $x + 6 = 5$ | $4x + 2 = 6$

Schritt für Schritt

Gleichungen lassen sich übersichtlich lösen, wenn zu jeder Zeile die vorgenommene Umformung notiert wird.
Dies geschieht in kurzer Form mit einem Kommandostrich, hinter dem der Rechenschritt angegeben wird.

$6x + 9 - 2x = 13 - x + 6 \quad |$ zusammenfassen

„Ich fasse die Terme auf beiden Seiten so weit wie möglich zusammen."

$4x + 9 = 19 - x \quad | + x$

„Ich addiere auf beiden Seiten x mit dem Ziel, die Variablen nur auf einer Gleichungsseite vorzufinden."

$5x + 9 = 19 \quad | - 9$

„Ich subtrahiere auf beiden Seiten 9, um die Zahlen auf der anderen Gleichungsseite vorzufinden."

$5x = 10 \quad | : 5$

„Ich dividiere beide Seiten durch den Koeffizienten von x, um so x zu bestimmen." $x = 2$

In Kurzform:

$6x + 9 - 2x = 13 - x + 6 \quad |$ zusammenfassen
$4x + 9 = 19 - x \quad | + x$
$5x + 9 = 19 \quad | - 9$
$5x = 10 \quad | : 5$
$x = 2$

11 Erfinde über Äquivalenzumformungen schwierigere Gleichungen.

a) $x = 5$ b) $x = -2$ c) $x = \frac{3}{2}$

12 Welche Gleichungen haben dieselbe Lösung? Um rasch ans Ziel zu kommen, brauchst du nicht alle Gleichungen umzuformen.

$9x + 1 = 10$ | $3{,}5x + x = 18$ | $6x - 8 = 4$ | $-37 + 12x = 35$ | $5x - 12 = 13$ | $6x - 14 = 4x - 4$ | $4x + 8 = 32$ | $15x + 4 = 5x + 24$ | $3x + 6 = 18$ | $12x - 18 = 8x - 17 + 3x$

13 Ergänze so, dass für die Gleichung die unterschiedlichen Lösungen $x = 6$; $x = 1$; $x = 2{,}5$; $x = -5$; $x = 0$ möglich werden.

a) $8x - \square = 5$
b) $2x + \square = 10$
c) $\square \cdot x + 3 = 33$
d) $\square + 4x = 10$
e) $15x - \square = 5x$
f) $6x - \square = 6 + 3x$

14 Löse die Gleichung.

a) $7x + 19 = 12x - 1$
b) $15 - y = 15 + y$
c) $5 - 6z = 6z - 5$
d) $-2 - 3x = 5 + 2x$
e) $3{,}2x + 0{,}8 = 0{,}8x + 1{,}6$
f) $8z - 6 = 11z - 7$
g) $-z + 4{,}5 = -2z + 5{,}1$
h) $17y - 3 = 11y - 3$

15 Der Faktor vor der Variablen kann auch ein Bruch sein:

Beispiel:

$$\frac{2}{3}x + 7 = 15 \quad | -7$$
$$\frac{2}{3}x = 8 \quad | \cdot \frac{3}{2}$$
$$x = 12$$

a) $\frac{1}{9}x - 1 = 2$
b) $-9 + \frac{1}{12}x = -3$
c) $\frac{2}{3}x + 9 = 21$
d) $17 + \frac{3}{5}x = 68$
e) $\frac{5}{6}x - \frac{2}{3} = \frac{8}{3}$
f) $-42 + \frac{5}{6}x = 13$
g) $\frac{3}{10} + \frac{3}{5}x = \frac{7}{10}$
h) $\frac{3}{8}x - 29 = 28$
i) $-\frac{1}{5} + \frac{1}{12}x = \frac{2}{5}$
j) $-\frac{1}{12} + \frac{3}{8}x = \frac{5}{12}$

16 Finde zur Gleichung eine Textaufgabe.

Beispiel: $8x - 3 = 13$

Wenn ich vom Achtfachen einer Zahl 3 subtrahiere, erhalte ich 13.

a) $3x + 22 = 46$
b) $6 + 4x = 10$
c) $8x = 40 + 3x$
d) $5x - 1 = 7x - 5$
e) $4 + 5x = 6 + 4x$
f) $16{,}5x : 3 = 10 + 1{,}5x$

17 Löse die Gleichung.

a) $5{,}7 - 8x = 83{,}7 + 4x$
b) $5x - 3{,}4 = -0{,}3x - 36{,}77$
c) $6{,}2 - 7{,}6x = -0{,}8x - 73{,}8$
d) $\frac{2}{5} + \frac{4}{3}x = -\frac{1}{3}x - 9\frac{3}{5}$
e) $1 - \frac{3}{2}x = \frac{3}{2}x - 17$

Nicht jede Lösung zählt!

Tanja sagt: Hätte ich dreimal so viele Euro-Münzen und noch einmal zwölf dazu, so hätte ich achtmal so viel wie jetzt.
Cora rechnet und meint: Hast du den Betrag in deiner Geldbörse gemeint?

Gleichungen aus Sachproblemen können rechnerisch zu Lösungen führen, die für das Sachproblem ungeeignet sind. Sind Anzahlen gesucht, eignen sich nur natürliche Zahlen, für Maßzahlen von Größen nur positive rationale Zahlen. Die Zahlenmenge, die in Frage kommt, nennt man **Grundmenge G**.
Die Zahlen aus der Grundmenge, die die Gleichung erfüllen, fasst man in der **Lösungsmenge L** zusammen.

1) Gesucht: die Seitenlänge des Quadrates mit Flächeninhalt $6{,}25\,dm^2$.
$x \cdot x = 6{,}25$
Rechnerisch: $G = \mathbb{Q}$, $L = \{-2{,}5;\ 2{,}5\}$
Zulässig: $G = \mathbb{Q}^+$, $L = \{2{,}5\}$
Die Seitenlänge beträgt 2,5 dm.

2) $2x + 7 = 4$ $G = \mathbb{N}$ oder $\mathbb{Z}$, $L = \{\ \}$
$G = \mathbb{Q}$, $L = \{-1{,}5\}$

- Vera merkt sich eine ungerade Zahl, multipliziert sie mit 6, subtrahiert 15 und bekommt 9.
- Jan denkt sich eine natürliche Zahl und addiert 17. Er verdoppelt diese Summe und erhält 22.
- Ein Dreieck hat einen Umfang von 2,03 m. Eine Seite ist 125 cm, die andere 79 cm lang. Wie lang ist die dritte Seite?

3 Lesen und Lösen

Vor 15 Jahren war Anna $\frac{1}{4}$-mal so alt wie heute. Wie alt ist sie heute?

→ Tina zeichnet eine Zeitleiste und liest ab: Wenn Anna heute x Jahre alt ist, war sie vor 15 Jahren (x − 15) Jahre alt.
Das ist ein Viertel ihres heutigen Alters.
Also $x - 15 = \frac{1}{4}x$.

→ Auch Thea überlegt an einer Zeitleiste: Vom Alter y kommt man zu 4y durch Addition von 3y.
Jetzt kann sie eine Gleichung hinschreiben.

→ Torsten probiert Zahl für Zahl in einer Tabelle aus. Er hat Glück und findet schnell die Lösung.

→ Tobias schaut sich Torstens Tabelle an und sagt: „Das geht schneller. Anna muss heute doch 16; 20; 24; … Jahre alt sein."

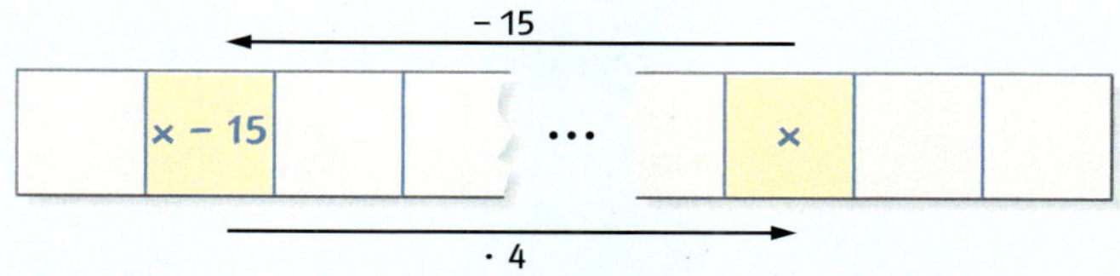

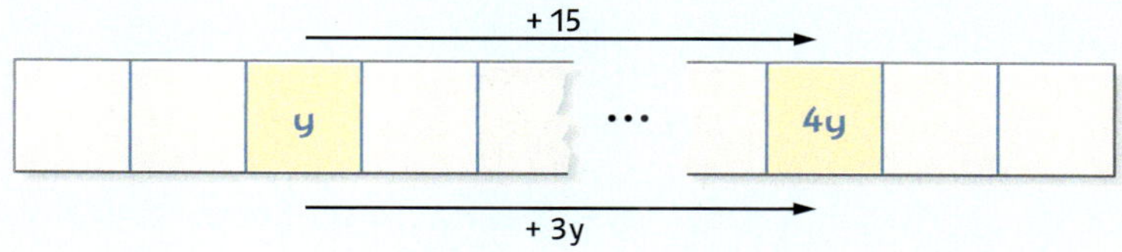

früheres Alter	früheres Alter + 15		4 · früheres Alter
0	15	≠	0
1	16	≠	4
2	17	≠	?
…	…	…	…

Wer Textaufgaben sicher lösen will, muss einige Verfahrensregeln beachten.

Lies die Aufgabe sorgfältig von Anfang bis Ende und gib sie in eigenen Worten wieder. Zur Lösung kommst du in folgenden Schritten:

1. Was ist gesucht? — Benenne die gesuchten Größen.
2. Wie helfe ich mir? — Lege möglichst eine Skizze an.
3. Wie gehe ich vor? — Wähle ein Lösungsverfahren, z. B. Tabelle oder Gleichung.
4. Wie rechne ich? — Stelle Rechenausdrücke oder Gleichungen auf.
5. Was kommt heraus? — Führe die Rechnungen aus.
6. Stimmt das Ergebnis? — Prüfe das Ergebnis am Text nach.
7. Was antworte ich? — Schreibe einen Antwortsatz.

Beispiel

Der Umfang eines Dreiecks ist 22 cm länger als die Seite a, die Seite b ist dreimal so lang wie a, und c ist 10 cm lang. Wie groß ist a?

1. Der Umfang wird mit u bezeichnet.
2. Der Umfang wird als Strecke mit Unterteilungen skizziert. Auf die wahre Größe kommt es dabei nicht an.
3. Es wird eine bekannte Gleichung verwendet, in die alle Informationen eingesetzt werden können: Umfangsgleichung $a + b + c = u$.
4. Einsetzen ergibt
   $a + 3a + 10\,\text{cm} = a + 22\,\text{cm}$

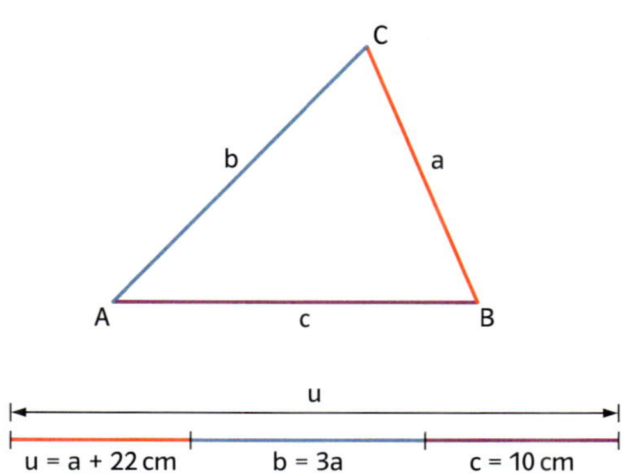

5. $a + 3a + 10\,cm = a + 22\,cm$

$4a + 10\,cm = a + 22\,cm \quad | -a$

$3a + 10\,cm = 22\,cm \quad | -10\,cm$

$3a = 12\,cm \quad | :3$

$a = 4\,cm$

6. Probe: $a = 4\,cm$; $b = 12\,cm$;
$a + b + c = 4\,cm + 12\,cm + 10\,cm = 26\,cm = u$
7. Die Seite a ist 4 cm lang. Der Umfang u ist 26 cm, also 22 cm länger als a.

Aufgaben

1 Löse das Altersrätsel. Setze dabei die Variable geschickt.
Beispiel:
Lars ist heute 6-mal so alt wie er vor 15 Jahren war.
Wähle x = Lars' Alter vor 15 Jahren:

$6x = x + 15 \quad | -x$

$5x = 15 \quad | :5$

$x = 3$

Vor 15 Jahren war Lars 3 Jahre alt, also ist er heute 18.
a) Heute ist Claudia 3-mal so alt wie sie vor 14 Jahren war.
b) Frau Clausen ist heute 8-mal so alt wie sie vor 35 Jahren war.
c) Herr Clausen ist heute 9-mal so alt wie er vor 40 Jahren war.

↷ · 4

2 Alf ist 26 Jahre jünger als seine Mutter, Bernd hat $\frac{1}{3}$ ihres Alters, Claus ist 13 Jahre alt. Die Mutter ist so alt wie ihre drei Söhne zusammen.

3 Der Umfang eines Dreiecks ist 23 cm länger als die Seite a, die Seite b ist 4-mal so lang wie a, und c ist 11 cm lang.
Wie lang sind die Seiten und der Umfang?

4 Wie groß sind die Winkel?

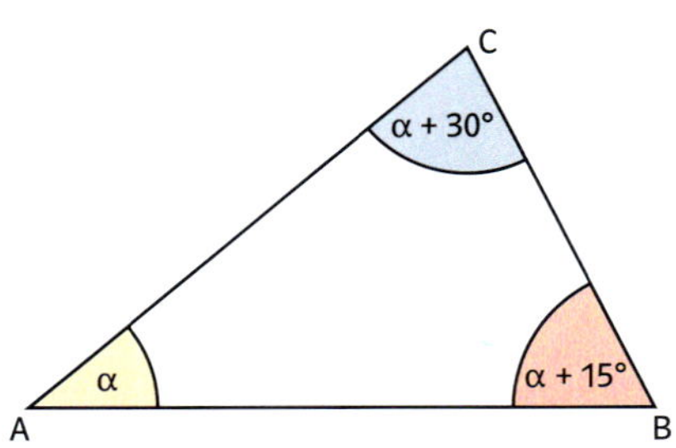

5 Berechne Seiten und Umfang.

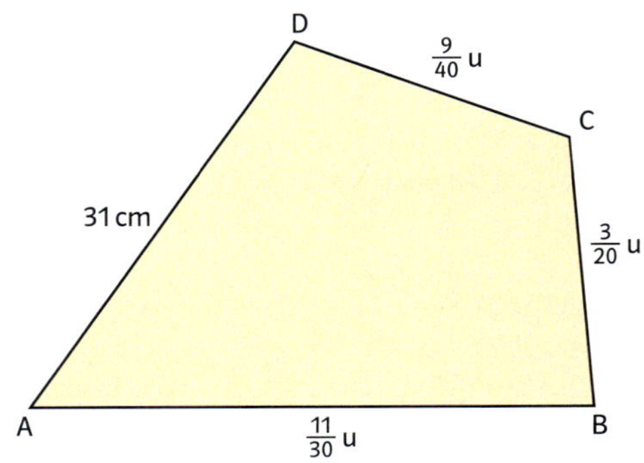

6 a) Die erste Seite eines Dreiecks nimmt $\frac{1}{3}$ des Umfangs ein, die zweite Seite $\frac{5}{12}$, die dritte ist 6 cm lang.
b) Zwei Seiten eines Dreiecks nehmen $\frac{1}{3}$ und $\frac{1}{5}$ des Umfangs ein, die dritte Seite ist 9 cm lang.
c) Die längste Seite eines Dreiecks ist doppelt so lang wie die kürzeste und $1\frac{1}{2}$-mal so lang wie die mittlere.
Der Umfang beträgt 13 cm.

7 a) Das Doppelte einer Zahl ist ebenso groß wie die um 2 vermehrte Zahl.
b) Das 3-Fache einer Zahl ist ebenso groß wie die um 3 vermehrte Zahl.
c) Setze die in a) und b) begonnene Aufgabenreihe fort. Erkennst du eine Regel für die Lösung?

8 Ann is 24 and two times as old as Mary was, when Ann was as old as Mary is now.
Diese Aufgabe beschäftigte vor vielen Jahren halb New York. Kannst du sie wenigstens übersetzen?

Zusammenfassung

Lösen von Gleichungen

Um eine Gleichung zu lösen, formt man sie in einfachere Gleichungen um, ohne dass sich dabei die Lösung verändert.

$$
\begin{aligned}
-9x + 38 &= 15x - 58 && \mid -15x \\
-24x + 38 &= -58 && \mid -38 \\
-24x &= -96 && \mid \cdot(-1) \\
24x &= 96 && \mid :24 \\
x &= 4
\end{aligned}
$$

Äquivalenzumformungen

Die Umformungsschritte zur Lösung einer Gleichung nennt man **Äquivalenzumformungen**.

- Man darf auf beiden Seiten der Gleichung denselben Term addieren oder subtrahieren.
- Man darf beide Seiten der Gleichung mit derselben Zahl (außer Null) multiplizieren oder dividieren.

Probe:

linker Term	rechter Term
$-9 \cdot 4 + 38$	$15 \cdot 4 - 58$
$= -36 + 38$	$= 60 - 58$
$= 2$	$= 2$

Textaufgaben lesen und lösen

Lies die Aufgabe sorgfältig von Anfang bis Ende und gib sie in eigenen Worten wieder. Zur Lösung kommst du in folgenden Schritten:

1. Was ist gesucht? – Benenne die gesuchte Größe.
2. Wie helfe ich mir? – Lege möglichst eine Skizze an.
3. Wie gehe ich vor? – Wähle ein Lösungsverfahren, z. B. Tabelle, Gleichung.
4. Wie rechne ich? – Stelle Rechenausdrücke oder Gleichungen auf.
5. Was kommt heraus? – Führe die Rechnungen aus.
6. Wie gut habe ich gerechnet? – Prüfe das Ergebnis am Text nach.
7. Was antworte ich? – Schreibe einen Antwortsatz.

Üben • Anwenden • Nachdenken

1 Löse die Gleichung.

a) $9x + 1 = 10$ b) $9x + 100 = 1000$
c) $5x - 10 = 490$ d) $5x - 1 = 49$
e) $x : 3 = 100$ f) $x \cdot 3 = 111$

2 Sind die Gleichungen äquivalent?

a) $6x + 15 = 33$ und $6x - 6 = 12$
b) $5x = 20$ und $2x + 12 = 20$
c) $y - 13 = 12$ und $2y = 48$
d) $41 - 9y = -31$ und $-5 - 7x = -61$

3 Gib die Lösung an.

a) $\frac{1}{2}x + 4 = 13$ b) $\frac{1}{3}x + 7 = 11$
c) $\frac{3}{5}x + 4 = 25$ d) $\frac{1}{2}x - 3 = -5\frac{1}{2}$
e) $\frac{3}{4}x + 9 = 10\frac{1}{2}$ f) $7 + \frac{5}{4}x = 12$
g) $-9 + \frac{1}{12}x = -3$ h) $\frac{1}{24}x - 25 = -22$
i) $-\frac{1}{12} + \frac{3}{8}x = \frac{5}{12}$ j) $\frac{3}{10} + \frac{3}{5}x = \frac{7}{10}$

4 Fülle die Lücken so aus, dass äquivalente Gleichungen entstehen.

a) $4x = \square$
$x = 2$
$x + 3 = \square$

b) $2x = \square$
$x = 15$
$x - 8 = \square$

c) $7x = \square$
$x = -4$
$x + 5 = \square$

d) $x + 3 = \square$
$x = 9$
$2x + 3 = \square$

e) $x - 8 = \square$
$x = 5$
$3x + 1 = \square$

f) $x \,\square = 12$
$x = -7$
$3x \,\square = -30$

5 Erfinde interessante Gleichungen.

Beispiel:
$x = 2$
$\cdot 2$ ↓ ↓ $\cdot 2$
$2x = 4$
$+1$ ↓ ↓ $+1$
$2x + 1 = 5$

a) $x = 3$ b) $x = 1$ c) $x = -4$
d) $x = -10$ e) $x = 2{,}5$ f) $x = \frac{3}{4}$

6 Verpacke die Zahl in einer Gleichung. Verpacke mindestens dreimal.

a) 3 b) 1 c) −2 d) −22
e) 0 f) 2,5 g) $\frac{1}{2}$ h) $-\frac{1}{3}$

7 Stelle zu jedem Stab auf dem Rand eine Gleichung auf und bestimme die Länge x.

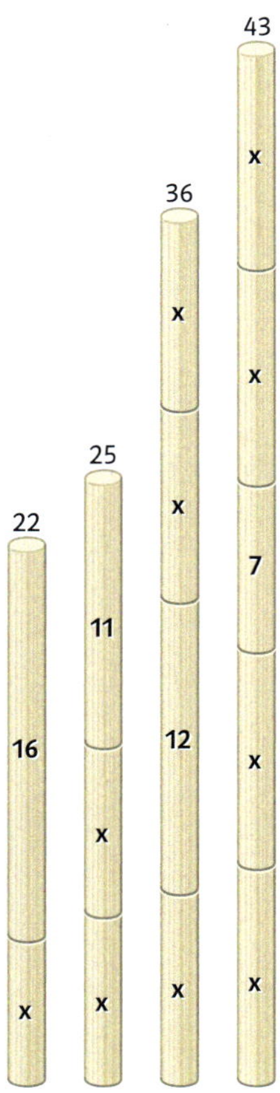

8 Bestimme die Lösung, ohne umzuformen.

a) $1 \cdot x = 1$ b) $1 \cdot x = 0$
c) $0 \cdot x = 1$ d) $0 \cdot x = 0$
e) $2 \cdot x = 0$ f) $2 \cdot x = 2$

9 Löse die Gleichung.

a) $\frac{3}{5} + \frac{1}{2}y = \frac{9}{10}$ b) $\frac{5}{6} - \frac{4}{3}y = \frac{2}{3}$
c) $\frac{3}{4} = \frac{3}{2} - \frac{3}{8}y$ d) $\frac{4}{5} - \frac{3}{20}y = \frac{3}{4}$
e) $-\frac{2}{15}y + \frac{4}{9} = 1\frac{1}{3}$ f) $-1\frac{1}{6} = -\frac{9}{10} - \frac{1}{15}y$

10 Wie heißt die Lösung?

a) $12y = 4y + 4$
b) $10y - 31 = 9y$
c) $13y - 80 = -7y$
d) $6y + 45 = -3y$
e) $4x + 1 = 2x + 17$
f) $15x + 4 = 5x - 66$
g) $4{,}7x - 3{,}2 = 1{,}1x + 7{,}6$
h) $5{,}5x - 9x + 9 = 13{,}5 - 1{,}5x + 23{,}5$
i) $28{,}8x - 16 - 21{,}42 = 21{,}7x - 16{,}12$

11 Ergänze so, dass die Gleichung die angegebene Lösung hat.

a) $4x + \square = x + 10$ $x = 3$
b) $3x + \square = 7 + x$ $x = 2$
c) $2x + 9 = \square + 4x$ $x = 6$
d) $4x + 7 = 2x - \square$ $x = -5$
e) $5 - x = 3x - \square$ $x = 2$
f) $\square - 2x = 3x - 9$ $x = 3$
g) $\square + 8x = 6x - 9$ $x = -3$
h) $-2x - 7 = \square - 5x$ $x = -2$

12 Findest du Zahlen, die die Gleichung erfüllen?

a) $3x + 1 = 4x + 2 - x$
b) $8x = 3x + 5x$
c) $9x - 6 = 12x - 3x$
d) $7x - 2 = 5x - 3 + 2x + 1$

13 Was muss in die Gleichung
$\square \cdot x + 5 = 2x + 11$
für $\square$ eingesetzt werden,
damit die Lösung die folgende Zahl ist?

a) 6 b) 3
c) −2 d) $\frac{1}{2}$
e) −1,5 f) −0,5

14 Beim Umformen sind Fehler passiert.

a) $3x = 24$
$x = 21$

b) $\frac{x}{2} = 8$
$x = 4$

c) $x : 9 = 9$
$x = 1$

d) $11 = -x$
$x - 11 = 0$

e) $-y - 4 = 2y + 4$
$-y = 2y - 4$

f) $\frac{x}{2} - \frac{x}{5} = 3$
$5x - 2x = 13$

g) $10x + 11 = 7x + 22$
$10x = 7x + 33$

h) $\frac{x}{2} = x + 3$
$x = 2x + 3$

15 Stelle die Gleichung auf und löse sie.

a)

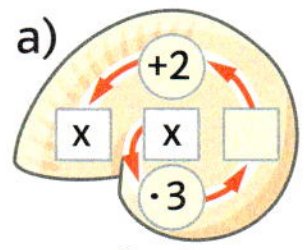

$x \cdot 3 + 2 = x$

b)

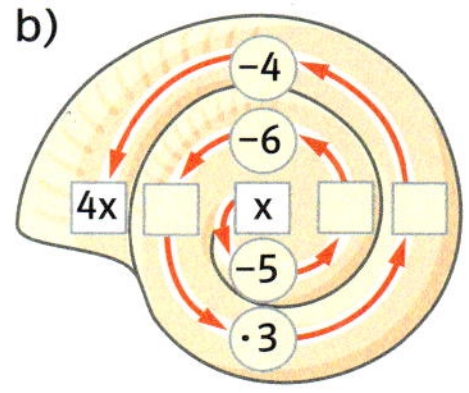

c)

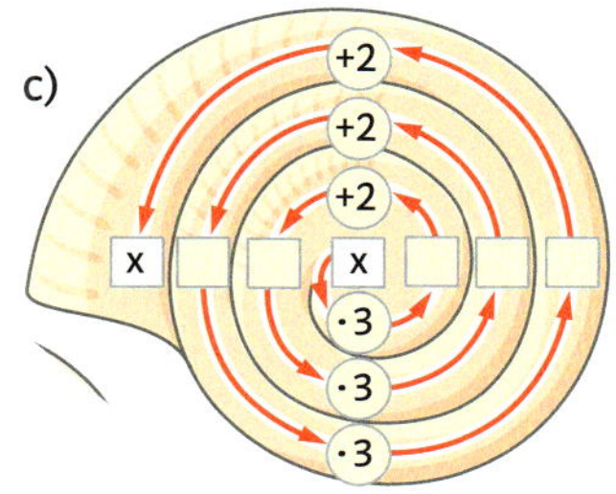

Geschickte Zeichnungen

Eine geschickte Zeichnung hilft euch bei der Lösung von Aufgaben. Sie kann euch sogar dabei helfen, eine Gleichung zu finden. Eine solche Zeichnung nennt man **informative Figur**, weil sie die wichtigsten Informationen einer Aufgabe enthält.

Beispiele

a) In einem Bus ist ein Drittel der Plätze mit Kindern besetzt. Sechs Plätze mehr werden durch Erwachsene belegt. Neun Plätze bleiben frei. Wie viele Plätze hat der Bus?

gesucht: Anzahl der Plätze im Bus

informative Figur:

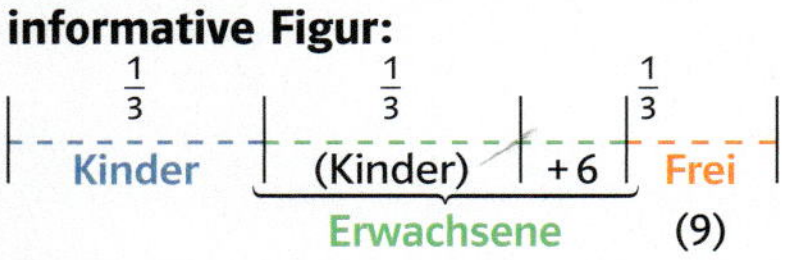

$6 + 9 = 15$ entsprechen
einem Drittel der Plätze.
Kinder besetzen demnach 15 Plätze.
Anzahl der Plätze im Bus: $15 \cdot 3 = 45$

b) In eine Schulklasse gehen 31 Kinder. Es sind sieben Mädchen mehr als Jungen.

gesucht: Anzahl der Mädchen und Jungen

informative Figur:

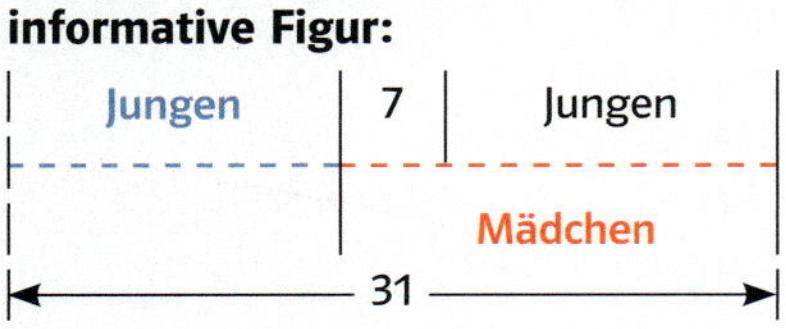

$31 - 7 = 2 \cdot$ Anzahl der Jungen
$24 : 2 =$ Anzahl der Jungen
$12 + 7 =$ Anzahl der Mädchen
In der Klasse sind 19 Mädchen
und 12 Jungen.

Löse die folgenden Aufgaben mithilfe einer informativen Figur.

- In einer Schulklasse mit 28 Kindern sind sechs Jungen mehr als Mädchen.
- Heute ist Lana dreimal so alt, wie sie vor 14 Jahren war.
- Anne, Olaf und Iris erhalten wöchentlich von ihren Eltern zusammen 30 € Taschengeld. Da die Kinder unterschiedlich alt sind, erhält Anne doppelt so viel wie Iris und Olaf 2 € mehr als Iris.
- Eine Erbschaft soll auf vier Erben verteilt werden. Ein Erbe erhält ein Drittel des Geldes und jeder der drei anderen Erben erhält 6500 €.
- Das Ergebnis der Wahl zur besten Band der Schule wurde verkündet: „Ask Alice“ bekam $\frac{2}{5}$ der Stimmen. „Schocktherapie“ halb so viele wie „Ask Alice“ und „Pupils in Black“ 87 Stimmen mehr als „Schocktherapie“. Welche Band hat gewonnen?

16 Die Lösungen ergeben ein Lösungwort. Dazu musst du die Zahlen auf das Alphabet übertragen und neu sortieren.
1 bedeutet A, 2 bedeutet B usw.
a) $2x - 7x + 9x = 21 - 8 + 19$
b) $4y - 6y - y = 2 - 19 - 4$
c) $3y - y - 5y = -6 + 8 - 38$
d) $6x + 7 - x = 11 - x + 26$
e) $8z + 21 + 2z = 10z - 15 + 2z$
f) $5{,}7 - 2x - 43{,}1 = 2{,}1 - 5x + 5{,}5$
g) $7y + 15 - 6y + 3 = 5y - 4 - 2y - 6$
h) $3z - 9 + 19z + 5 = 24 + 21z - 7$

17 a) In der Klasse 7a wurde Chris mit 14 Stimmen zur Klassensprecherin gewählt. Die Gegenkandidatin Nina bekam die 11 restlichen Stimmen. Gib Stimmenanteile und ihre Differenz in Prozent an.
b) In Klasse 7b hat Caro 34 % der Stimmen bekommen. Doreen bekam 8 Stimmen mehr als Caro. Wie viele Schülerinnen und Schüler hat die Klasse?

18 In der Klasse 7c gibt Sandra das Ergebnis der Klassensprecherwahl bekannt: Zwetka bekam $\frac{2}{5}$ der Stimmen, Claudio halb so viele wie Zwetka und Mona 6 Stimmen mehr als Claudio.
Auf einem Stimmzettel stand „Pumuckl“. Wer wurde gewählt?

19 a) Ermittle die Anzahl der abgegebenen Stimmen.

Mona Mayer wurde mit 52,7 % der gültigen Stimmen zur Bürgermeisterin gewählt. Der Ausgang war ziemlich knapp, denn sie bekam nur 81 Stimmen mehr als ihr Gegenkandidat Max Müller.

b) In der Praxis müssen Prozentzahlen oft gerundet werden. Die Prozentzahl 52,7% wird auch gemeldet, wenn es 52,74 % oder 52,65 % waren. In welchen Grenzen liegt die Anzahl der abgegebenen Stimmen?

„Nach Adam Riese …“

… sagt man, wenn man von einem Rechenergebnis felsenfest überzeugt ist. Der berühmte Rechenmeister Adam Ries (so hieß er in Wirklichkeit) schrieb das erste deutsche Rechenbuch im Zehnersystem statt mit den unhandlichen römischen Ziffern. Es wurde mehr als hundertmal aufgelegt.
Als „Churfürstlich sächsischer Hofarithmeticus“ in Annaberg (Erzgebirge) verfasste er eine „Brotordnung“ über reelle Preise und Gewichte von Brot.
In seinem Buch Coß lehrte Ries das Lösen von Gleichungen. Das Wort „Coß“ kommt vom lateinischen „cosa“ und bedeutet Ding oder Sache. Wir sagen heute Variable und schreiben dafür Buchstaben wie x, y, a, b.

Adam Ries (1492–1559)

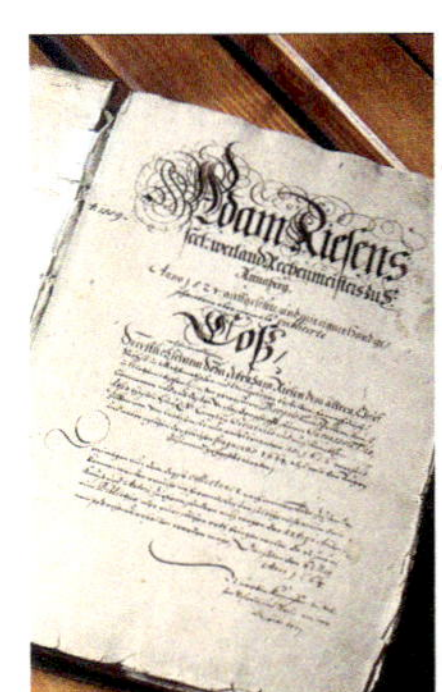

Hier zwei Aufgaben aus einem Rechenbuch von Adam Ries:

■ Einer hat Äpfel gekauft. Er begegnet drei Mädchen. Dem ersten gibt er die Hälfte und zwei Äpfel dazu. Bleiben ihm noch einige. Von denen gibt er dem zweiten Mädchen die Hälfte und noch zwei dazu. Er hat immer noch Äpfel. Von diesen gibt er dem dritten Mädchen wieder die Hälfte und zwei dazu. Bleibt ihm einer, den isst er. Wie viele Äpfel hat er gekauft?

Rückspiegel

1 Löse die Gleichung.

a) $4x + 5 = 21$
b) $6x + 7 = 43$
c) $3x - 12 = 15$
d) $9x - 41 = -5$
e) $-23 + 4x = 7$
f) $-1 = -19 - 6x$

2 Löse.

a) $\frac{2}{5}x - \frac{1}{10} = \frac{7}{10}$
b) $\frac{2}{3}x + \frac{4}{9} = \frac{7}{9}$
c) $-\frac{1}{5} + \frac{1}{10}x = \frac{2}{5}$
d) $\frac{3}{8}x - \frac{1}{4} = \frac{1}{2}$
e) $\frac{3}{4}y - \frac{4}{5} = \frac{7}{10}$
f) $\frac{2}{5}y - \frac{3}{4} = \frac{17}{20}$

3 Wo steckt der Fehler? Erkläre.

a) $x + 28 = 4$
$x = 24$
b) $x + 5 = 20$
$x = 25$
c) $3x = 18$
$x = 54$
d) $22x = 22$
$x = 0$

4 Die Summe aus einer Zahl und dem um 4 vermehrten Doppelten der Zahl ist ebenso groß wie die um 50 vermehrte Zahl. Wie heißt die Zahl?

5 Heute ist Karen 6-mal so alt wie sie vor 10 Jahren war.

6 Berechne den Umfang und die nicht angegebenen Seiten des Dreiecks.

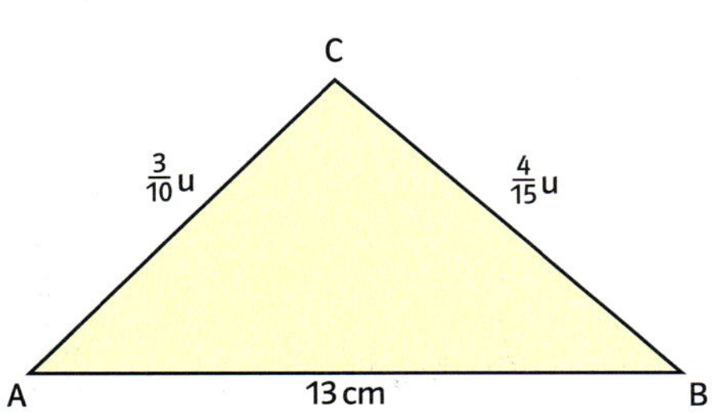

1 Löse die Gleichung.

a) $12x - 49 = -1$
b) $55 - 5x = 40$
c) $81 - 3x = -57$
d) $-83 = -12y - 35$
e) $61 = -26y + 22$
f) $2{,}5 + 14y = -3{,}1$

2 Löse.

a) $\frac{3}{5}x - \frac{1}{4} = \frac{7}{20}$
b) $\frac{1}{4}x + \frac{1}{6} = \frac{2}{5}$
c) $\frac{1}{3}x - \frac{2}{3} = \frac{1}{2} + \frac{1}{8}x$
d) $1\frac{1}{2} - \frac{1}{2}x = \frac{3}{4}x - 1$
e) $\frac{1}{2} + \frac{2}{3}x = \frac{5}{3} - \frac{1}{2}x$
f) $\frac{4}{5}x - 1 = -\frac{4}{3}x + \frac{17}{15}$

3 Wo steckt der Fehler? Erkläre.

a) $10x = 20$
$x = 10$
b) $14x = 7$
$x = 2$
c) $5 + 4x = 27$
$9x = 27$
d) $1\frac{1}{2}x - x = x + 2$
$1\frac{1}{2} = x + 2$

4 Dividiert man eine Zahl durch 6 und addiert zum Ergebnis 5, so erhält man ein Drittel der ursprünglichen Zahl. Wie heißt die Zahl?

5 In 20 Jahren wird Karen 9-mal so alt sein, wie sie vor 4 Jahren war.

6 Berechne die Winkel des Dreiecks.

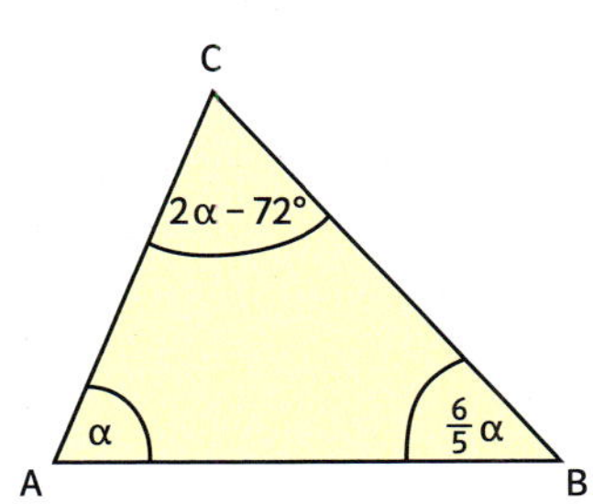

Wenn wir 100 wären ...

Beim Rechnen mit Prozenten dreht sich alles um die Zahl 100.

In die Klasse 7a der Schloss-Realschule gehen 11 Jungen und 14 Mädchen. Sechs Schülerinnen und Schüler sind 12 Jahre, zwölf sind 13 Jahre und sieben sind 14 Jahre alt.
Elf kommen mit dem Fahrrad, sechs zu Fuß und acht mit öffentlichen Verkehrsmitteln zu Schule.

- Wie sähen die entsprechenden Zahlen in einer Klasse mit 100 Schülerinnen und Schülern aus?
- Berechne oder schätze die entsprechenden Anteile in deiner Klasse.
- Du findest bestimmt noch ein paar weitere Unterscheidungsmerkmale in deiner Klasse.

In ein 10 × 10-Quadrat könnt ihr die verschiedenen Anteile einzeichnen.

- Stellt die unterschiedlichen Aufteilungen jeweils in einem 10 × 10-Quadrat dar. Dabei könnt ihr für die Anteile unterschiedliche Farben verwenden.
- Verwendet auch andere bekannte Diagramm-Arten zur Darstellung und vergleicht mit dem 10 × 10-Quadrat.

Fahrrad 44 %
Zu Fuß 24 %
Bus/Bahn 32 %

Umfrage

60 Schülerinnen und Schüler werden gefragt, welche Sportart sie betreiben.

Ergebnis:
Leichtathletik 20, Fußball 30, Volleyball 22, Schwimmen 14, Tischtennis 6

Warum kannst du Ergebnisse von Umfragen, bei denen Mehrfachnennungen möglich sind, auf diese Art nicht grafisch darstellen?
Suche andere Darstellungsmöglichkeiten.

10 × 10-Quadrate

Zeichne in dein Heft einige Quadrate.

- Färbe jedes vierte Kästchen ein.
  Stelle den Anteil zusammenhängend dar. Welcher Anteil des gesamten Quadrats ist jetzt gefärbt?
- Wie sieht dein Ergebnis aus, wenn du jedes zweite Kästchen einfärbst?
  Du kannst die Frage bestimmt auch beantworten, ohne die Flächen zu färben.
- Wie ist es bei jedem fünften Kästchen, wie bei jedem zehnten?
- Welche Probleme treten auf, wenn du jedes dritte oder jedes achte Kästchen ausmalst?

Kennst du schon Prozentangaben, die du für die Beschreibung der bemalten Anteile verwenden könntest?

Welchen Anteil kann man geschickt mithilfe eines Kreises darstellen?

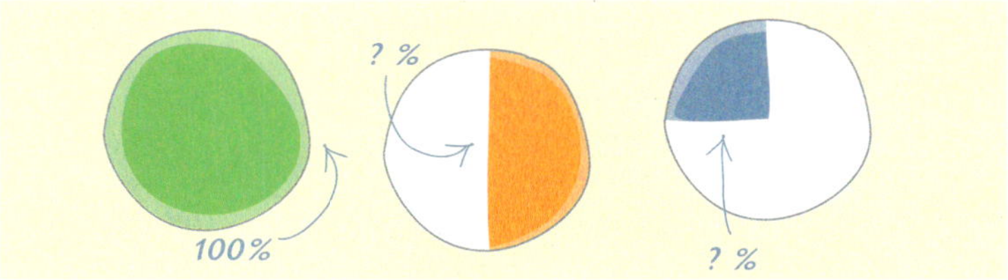

In diesem Kapitel lernst du,

- wie man Anteile als Prozente darstellt,
- wie man prozentuale Anteile ausrechnet,
- wie man Prozente in Diagrammen darstellen kann,
- wie man mit Prozenten rechnen kann.

1 Absoluter und relativer Vergleich

In der Handball-Bundesliga wird eine Statistik über die abgewehrten Siebenmeter geführt.

Torhüter Ramota hat von 30 geworfenen Siebenmetern 8 gehalten, Fritz von 24 Versuchen 6, Holpert von 28 Versuchen 7.
→ Wer ist der beste Torhüter?
→ Wie begründest du deine Antwort?

In zwei aufeinander folgenden Jahren wurden in einer Schule Sicherheitsüberprüfungen an Fahrrädern durchgeführt.

Absolut gesehen wurden im zweiten Jahr mehr Mängel festgestellt, es waren aber auch mehr Fahrräder.
Um die Anteile besser vergleichen zu können, werden beide Ergebnisse durch Erweitern als Brüche mit demselben Nenner geschrieben.
Dann sieht man, dass im ersten Jahr **relativ** gesehen mehr Mängel vorhanden waren.

	1. Jahr		2. Jahr
Anzahl der Mängel	40		50
Anzahl der Fahrräder	120		180
Anteile	$\frac{40}{120} = \frac{120}{360}$		$\frac{50}{180} = \frac{100}{360}$
Absoluter Vergleich	40	<	50
Relativer Vergleich	$\frac{120}{360}$	>	$\frac{100}{360}$

Beim **absoluten Vergleich** werden die Zahlen- oder Größenangaben direkt miteinander verglichen.
Beim **relativen Vergleich** werden die Anteile miteinander verglichen.

Beispiele

a) Von 150 Boskop-Äpfeln sind 18 faul, von 50 Äpfeln der Sorte Jonathan sind 8 faul.
Absolut verglichen sind damit mehr Boskop-Äpfel faul.
Für den relativen Vergleich müssen die Anteile $\frac{8}{50}$ und $\frac{18}{150}$ miteinander verglichen werden.
Es gilt $\frac{8}{50} = \frac{24}{150}$. Da $\frac{24}{150} > \frac{18}{150}$ ist, sind relativ gesehen mehr Äpfel der Sorte Jonathan faul.

b) Biowaschmittel wird in zwei Packungsgrößen angeboten:
Die 5-kg-Packung ist absolut gesehen billiger, weil sie 9,75 € kostet.
Relativ gesehen ist aber die 10-kg-Packung für 19,25 € günstiger, weil zwei 5-kg-Packungen 19,50 € kosten.

Aufgaben

1 Welcher Anteil ist größer?
a) $\frac{4}{5}$ oder $\frac{7}{10}$; $\frac{9}{15}$ oder $\frac{24}{45}$; $\frac{7}{8}$ oder $\frac{15}{16}$
b) $\frac{7}{12}$ oder $\frac{11}{15}$; $\frac{18}{25}$ oder $\frac{23}{40}$; $\frac{19}{18}$ oder $\frac{21}{20}$

2 Vergleiche die Anteile nach ihrer Größe.
a) $\frac{3}{4}$ oder $\frac{7}{10}$; $\frac{2}{3}$ oder $\frac{4}{5}$; $\frac{3}{5}$ oder $\frac{5}{8}$
b) $\frac{1}{3}$ oder $\frac{4}{9}$; $\frac{9}{10}$ oder $\frac{13}{15}$; $\frac{7}{12}$ oder $\frac{11}{18}$

3 Ordne die Anteile nach der Größe.

a) $\frac{1}{2}$; $\frac{2}{3}$; $\frac{1}{6}$; $\frac{1}{3}$; $\frac{5}{6}$ b) $\frac{15}{20}$; $\frac{7}{10}$; $\frac{11}{15}$; $\frac{17}{30}$

c) $\frac{19}{80}$; $\frac{61}{240}$; $\frac{39}{160}$; $\frac{27}{120}$ d) $\frac{17}{12}$; $\frac{23}{18}$; $\frac{50}{36}$; $\frac{31}{24}$

4 Manchmal ist es beim Vergleichen von Anteilen sinnvoll, Brüche in Dezimalbrüche umzuwandeln.
Entscheide selbst , wie viele Nachkommaziffern du berechnen musst.

a) $\frac{4}{7}$; $\frac{5}{8}$; $\frac{7}{10}$; $\frac{11}{15}$ b) $\frac{11}{50}$; $\frac{17}{70}$; $\frac{19}{80}$; $\frac{21}{90}$

5 Ordne nach der Größe.

$\frac{3}{7}$; 0,55; $\frac{2}{5}$; 0,33; $\frac{1}{3}$; 0,5; $\frac{3}{10}$

Erkläre, wie du beim Ordnen der Zahlen vorgegangen bist.

6 Beim Basketball traf Jens bei 15 Freiwürfen 7-mal in den Korb, Manuel traf 9-mal bei 20 Freiwürfen.
Bewerte die Leistungen der beiden Spieler.

7 Die beiden siebten Klassen der Hermann-Hesse-Realschule haben Batterien gesammelt.
Die 7a brachte es auf 23 kg, die 7b auf insgesamt 27 kg. In der 7a sind 25 Schülerinnen und Schüler, in der Parallelklasse dagegen 30. Die 7a behauptet, sie hätte die fleißigeren Sammler.

8 In der Tabelle sind die Schülerzahlen der Elly-Heuss-Knapp-Realschule für die einzelnen Klassenstufen nach Jungen und Mädchen getrennt aufgelistet.

	Jungen	Mädchen
5	32	38
6	42	38
7	35	40
8	39	31
9	42	41
10	37	43

a) Was kannst du aus diesen Daten entnehmen?
b) Veranschauliche deine unterschiedlichen Aussagen in verschiedenen Schaubildern.

9 Frau Schwan hat bei einer Lotterie Lose für 200 € gekauft. Sie hat einen Preis in Höhe von 12 000 € gewonnen. Herr Gans hat mit einem einzigen Los für 10 € dagegen 1000 € gewonnen.
a) Welche Person möchtest du sein?
b) Wer hat – relativ gesehen – mehr gewonnen? Ist dies interessant?
c) Wie viel Euro hätte Frau Schwan gewinnen müssen, um relativ gesehen denselben Gewinn wie Herr Gans zu haben?

10 Eine Arzneimittelfirma testet zwei Hustenmittel an zwei Patientengruppen.
Mittel A bewirkt bei 38 von 74 erkrankten Personen eine Besserung.
Bei Mittel B war eine Besserung bei 118 von 236 Patienten festzustellen.
Für welches Mittel würdest du dich entscheiden und warum?
Kannst du schnell entscheiden, ohne ganz genau zu rechnen?

Aus der Zeitung

Wie unvernünftig sind doch die Leute!
7 von 10 Personen waren bereit, 20 Minuten mit dem Auto zu fahren, um für einen Taschenrechner 15 € statt 25 € zu bezahlen. Nur 3 von 10 wollten diesen Weg auf sich nehmen, wenn sie für einen DVD-Player 115 € statt 125 € zahlen sollten.

■ Was meinst du dazu?

Bei einer Umfrage unter den weiblichen Einwohnern von Herrenstadt zur Einkaufssituation im Zentrum war jede zehnte Frau unzufrieden und forderte Verbesserungen. Von den männlichen Einwohnern war es nur jeder achte der Befragten.
Der Vorsitzende der Kommission „Kundenfreundliche Innenstadt" will nun ein Diskussionsforum für Frauen anbieten.

■ Kannst du die Aussagen in diesem Zeitungsartikel erklären?

? *Jenny hat einen Freiwurf erhalten und verwandelt. Mandy hat 6 von 10 Freiwürfen verwandelt. Wer trifft sicherer?*

2 Prozente

Eine Umfrage unter 80 Personen nach dem beliebtesten Radiosender ergab folgendes Ergebnis:

Hitradio	24 Stimmen
Antenne 1	16 Stimmen
StereoFM	30 Stimmen
Andere Sender	10 Stimmen

→ Ordne die Prozentangaben 12,5 %; 20 %; 30 %; 37,5 % richtig zu.

→ Was wäre bei einer Umfrage unter 1000 Personen als Ergebnis zu erwarten?

Anteile oder Verhältnisse können mit Brüchen dargestellt werden. Zum Vergleichen wird in vielen Fällen der gemeinsame Nenner 100 verwendet.

6 von 25 oder $\frac{6}{25}$ entsprechen 24 von 100 oder $\frac{24}{100}$.

„Per cento" kommt aus dem Italienischen und heißt übersetzt „von hundert".

Für **Hundertstelbrüche** kann man auch die **Prozentschreibweise** verwenden.

$\frac{24}{100}$ ist dasselbe wie 24 Prozent, man schreibt auch 24 %.

Alle Prozentangaben kann man auch in der Dezimalbruchschreibweise darstellen.

24 % = 0,24 oder 3,5 % = 0,035

Prozente sind Anteile mit dem Nenner 100.

1 Prozent bedeutet: $\frac{1}{100}$ $\qquad$ $1\,\% = \frac{1}{100}$

p Prozent bedeutet: $\frac{p}{100}$ $\qquad$ $p\,\% = \frac{p}{100}$

Beispiele

a) Wenn 16 Schüler von 50 einen Handyvertrag haben, so kann man auch sagen, das sind 32 %.

$\frac{16}{50} = \frac{32}{100} = 0{,}32 = 32\,\%$

b) Vier Fünftel der Fläche sind gefärbt.

$\frac{4}{5} = \frac{80}{100} = 80\,\%$

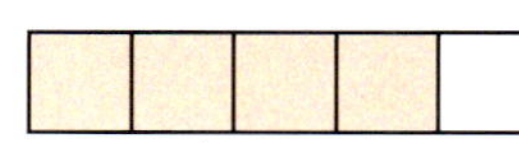

Präge dir diese Prozentsätze als Brüche und Dezimalbrüche ein:

$\frac{1}{100} = 0{,}01 = 1\,\%$

$\frac{5}{100} = 0{,}05 = 5\,\%$

$\frac{1}{10} = 0{,}1 = 10\,\%$

$\frac{1}{5} = 0{,}2 = 20\,\%$

$\frac{1}{4} = 0{,}25 = 25\,\%$

$\frac{1}{2} = 0{,}5 = 50\,\%$

$\frac{3}{4} = 0{,}75 = 75\,\%$

$\frac{1}{3} = 0{,}\overline{3} = 33\frac{1}{3}\,\%$

Aufgaben

1 Erkläre die Aussage. Finde weitere.

a) Jeder zehnte Autofahrer fuhr an der Radarfalle zu schnell vorbei.

b) Sieben von zehn Haushalten haben einen Mikrowellenherd.

c) Fabian sagt: Ich bin mir zu 100 % sicher.

d) Mehr als ein Drittel aller Schülerinnen und Schüler kommt von auswärts.

e) Ungefähr 20 % aller Teilnehmer errangen eine Ehrenurkunde.

2 Verwandle in einen Bruch mit dem Nenner 100 oder in einen Dezimalbruch und gib an, wie viel Prozent das sind.

a) $\frac{3}{10}$; $\frac{7}{10}$; $\frac{9}{10}$; $\frac{7}{20}$; $\frac{17}{20}$; $\frac{13}{25}$; $\frac{24}{25}$; $\frac{19}{50}$

b) $\frac{1}{2}$; $\frac{1}{4}$; $\frac{3}{4}$; $\frac{1}{5}$; $\frac{3}{5}$; $\frac{4}{5}$

c) $\frac{34}{200}$; $\frac{198}{200}$; $\frac{33}{300}$; $\frac{213}{300}$; $\frac{24}{400}$; $\frac{288}{400}$; $\frac{75}{500}$

d) $\frac{14}{40}$; $\frac{15}{50}$; $\frac{12}{30}$; $\frac{12}{15}$; $\frac{9}{60}$; $\frac{36}{80}$; $\frac{144}{240}$; $\frac{91}{130}$

3 Verwandle die Prozentangabe in einen Bruch und kürze.

a) 30 %; 60 %; 55 %; 45 %; 5 %
b) 14 %; 28 %; 48 %; 64 %; 96 %
c) 25 %; 12,5 %; 62,5 %; 2 %; 4 %

4 Schreibe als Dezimalbruch.

a) 12 %; 27 %; 39 %; 88 %; 99 %
b) 3 %; 5 %; 9 %; 20 %; 90 %; 10 %; 150 %
c) 4,5 %; 6,8 %; 34,5 %; 0,7 %; 0,12 %

5 Gleiche Kästchenzahl – unterschiedliche Anteile!

a)
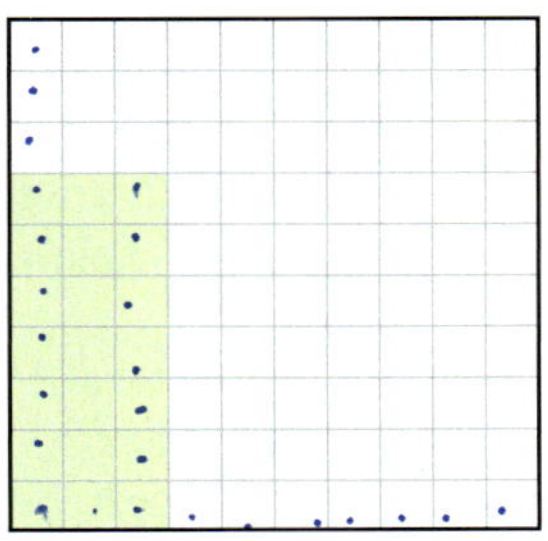
b)
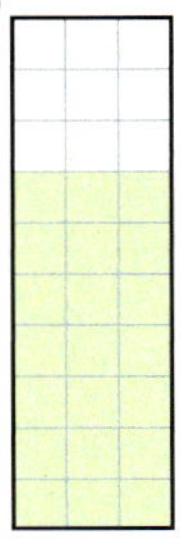
c)
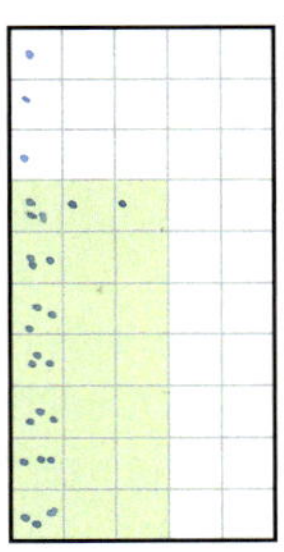
d)

6 Setze <, > oder = ein.

a) 0,2 ☐ 2 %
$\frac{3}{5}$ ☐ 60 %
0,7 ☐ 75 %
0,91 ☐ 90 %

b) 5,5 % ☐ 0,55
70 % ☐ $\frac{3}{4}$
0,8 ☐ 0,08
11 % ☐ $\frac{1}{11}$

7 a) Was sagst du dazu?
Jeder dritte Schüler kommt mit dem Fahrrad in die Schule. Petra sagt: „Das sind genau 30 %."
b) Was ist großzügiger?
„Jeder siebte Besucher erhält eine Freikarte" oder „15 % der Besucherinnen und Besucher bekommen Freikarten"
c) Ein Möbelhaus wirbt mit „Preissenkung bis zu 200 %!" Ist das möglich?

8 Das Quadrat ist in 7 Teile zerlegt.

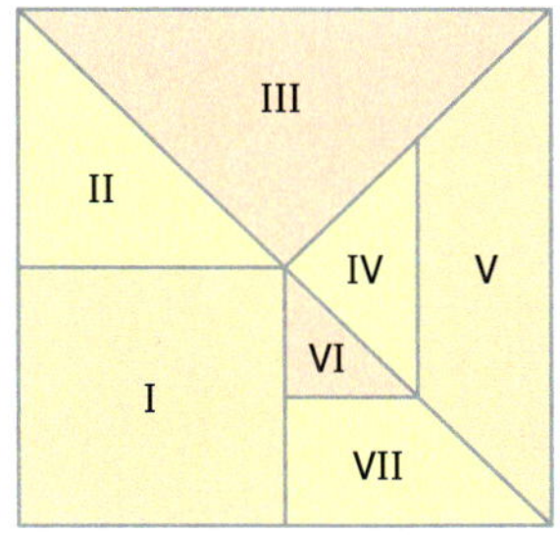

a) Gib die Anteile in Prozent an.
b) Stelle auf unterschiedliche Art Anteile zusammen, die 50 % ergeben.
c) Zeichne das Quadrat mit der Seitenlänge 10 cm und färbe in diesem Quadrat gleich große Teilflächen mit der gleichen Farbe.

Thomas A. Edison sagte:

„Wir wissen nicht einmal ein Millionstel Prozent aller Dinge."

$\frac{1}{1000000}\,\% = 0{,}00000001$

9 Ergänze.

39 %	10 %			8,5 %			9,9 %		
$\frac{39}{100}$		$\frac{17}{100}$			$\frac{18}{25}$			$\frac{1}{20}$	
0,39			0,41			0,04			0,33

Runden

Beim Berechnen von Prozenten verwendet man häufig den Taschenrechner. Wenn in einer Klasse mit 29 Schülerinnen und Schülern der Anteil der 12 Schüler an der Gesamtzahl in Prozent ausgedrückt werden soll, ist es nicht sinnvoll, die gesamte Anzeige des Taschenrechners abzuschreiben.

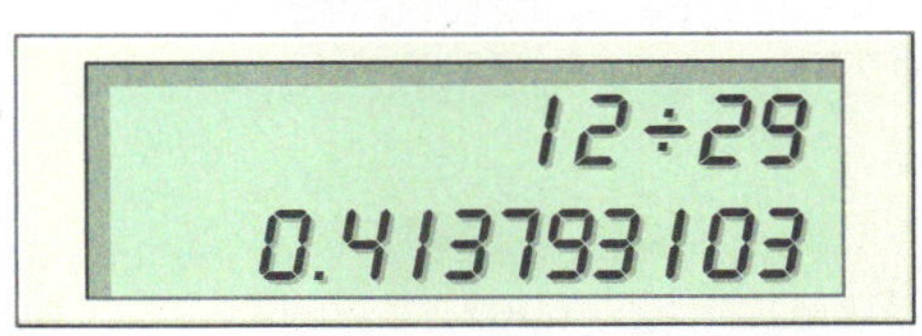

Man kann für die Angabe eines sinnvollen Ergebnisses auf einige Stellen verzichten. In der gegebenen Situation bietet es sich an, entweder 41 % oder 41,4 % als gerundete Angabe zu verwenden.

■ Verwandle die Anteile so, dass du sinnvolle Prozentangaben machen kannst.

- 13 von 27 in der Klasse.
- 15 von 43 Medaillen
- Jeder neunte Schüler
- Ein Siebtel von 345 Teilnehmern

Ergebnisse einer Umfrage: „Wie kommst du zur Schule?" (in Prozent):
Bus 55 %
Rad 30 %
zu Fuß 15 %

Prozentanteile grafisch darstellen

Zu den häufig verwendeten Streifendiagrammen und Kreisdiagrammen gehören beim Darstellen von Prozentanteilen der **Prozentstreifen** und der **Prozentkreis**.
Beim **Prozentstreifen** entspricht 100 % der Gesamtlänge des Streifens. Für die Streifenlänge wählt man vorteilhaft 10 cm für 100 %.

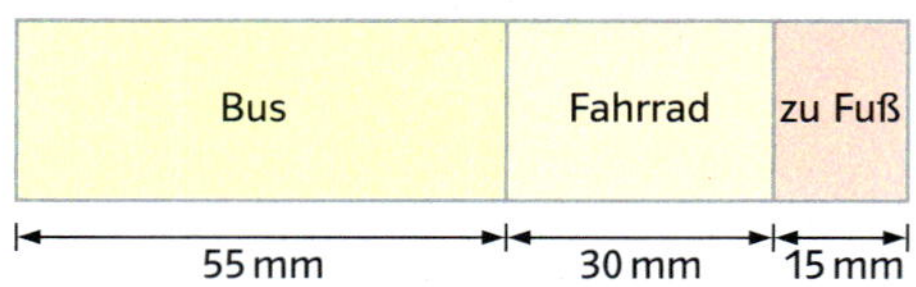

Beim **Prozentkreis** entspricht 100 % dem Vollwinkel 360 °.
1 % von 360° sind 360° : 100 = 3,6°
55 % von 360° sind 3,6° · 55 = 198°
30 % von 360° sind 3,6° · 30 = 108°
15 % von 360° sind 3,6° · 15 = 54°

Auf diese Weise lassen sich für alle Prozentanteile schnell die zugehörigen Winkel berechnen.

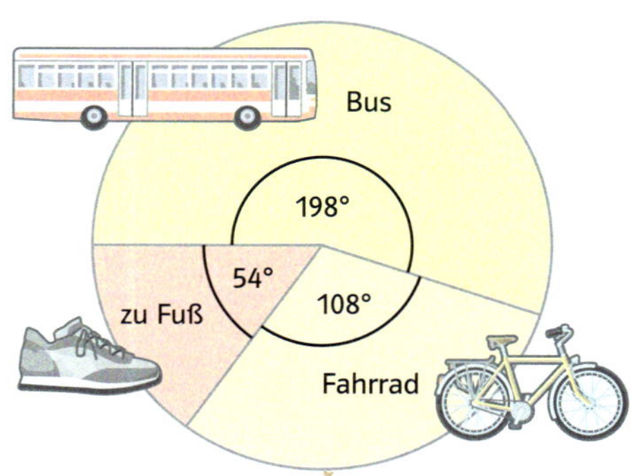

Es ist gut, wenn du diese Entsprechungen für Prozentkreise im Kopf hast:

1 %	3,6°
5 %	18°
10 %	36°
12,5 %	45°
20 %	72°
25 %	90°
$33\frac{1}{3}$ %	120°
50 %	180°
$66\frac{2}{3}$ %	240°
75 %	270°

- Fertige zu dieser Umfrage andere Diagramme an und vergleiche. Wo haben die einzelnen Diagramme ihre Vorteile?
- Erfasse die Daten von deiner Klasse und fertige ebenfalls einen Prozentstreifen und einen Prozentkreis an.
- Überlege dir noch andere Fragestellungen, die du dann ebenfalls auswerten kannst.

10 Aus der 6. Klasse kennst du noch die Winkelscheibe, mit der du gelernt hast, Winkel zu schätzen.
Du kannst sie jetzt dazu verwenden, Prozentanteile zu schätzen.
Auf die Rückseite musst du jetzt die entsprechenden Prozentzahlen schreiben.
Schätzt zu zweit.

11 Von 25 Schülerinnen und Schülern der Klasse 7c spielen 8 Handball, 40 % spielen Tennis und $\frac{14}{50}$ spielen Fußball.
a) Welche Sportart ist am beliebtesten?
b) Ermittle die Anzahl für jede Sportart.
c) Wie groß sind die Prozentanteile? Stelle sie in einem Prozentstreifen und in einem Prozentkreis dar.
d) Welche Ergebnisse erhältst du in deiner eigenen Klasse?
e) Befrage 25 Jungen und 25 Mädchen aus anderen Klassen.
Stelle die Ergebnisse zunächst getrennt nach Jungen und Mädchen dar. Vergleiche mit dem Diagramm, das sich ergibt, wenn man beide zusammen darstellt.
f) Vergleiche auch mit den Ergebnissen deiner Mitschülerinnen und Mitschüler.

3 Prozentsatz

Eine Umfrage an der Schiller-Realschule unter 50 Schülerinnen und Schülern der siebten Klassen ergab, dass 38 ein eigenes Handy besitzen.
In einer Untersuchung einer Zeitung stand zu lesen, dass 81 % der 14-Jährigen ein eigenes Handy besitzen.
→ Überprüfe die Zeitungsmeldung in deiner Klasse.

Wenn man sagt, 12 € sind 24 % von 50 €, so wird 50 € als Vergleichsgröße verwendet. Dieser Wert bezeichnet das Ganze. Man nennt ihn **Grundwert**, abgekürzt **G**. Er entspricht 100 %. Die 12 € bezeichnet man als **Prozentwert**, abgekürzt **W**.
Wenn man den Prozentwert durch den Grundwert teilt, erhält man einen Bruch.
Hat er als Nenner die Zahl 100, so ist der Zähler die **Prozentzahl p** und der Bruch $\frac{p}{100}$ der **Prozentsatz p %**.

Prozentsatz

$p\,\% = \frac{p}{100}$

Anteile können mit dem **Prozentsatz** $p\,\% = \frac{p}{100}$ angegeben werden.
Man berechnet den Prozentsatz aus Prozentwert und Grundwert.
Prozentsatz = $\frac{\textbf{Prozentwert}}{\textbf{Grundwert}}$ kurz: $\mathbf{p\,\% = \frac{W}{G}}$

Bemerkung
Prozentsätze können auch größer als 100 % sein.

Beispiele
a) Von 400 Mitgliedern eines Musikvereins spielen 184 ein Instrument.
Grundwert G = 400
Prozentwert W = 184
$p\,\% = \frac{184}{400} = \frac{46}{100} = 0{,}46 = 46\,\%$
46 % aller Mitglieder des Vereins spielen ein Instrument.

b) In den letzten fünf Jahren hat sich die Anzahl der Ehrenurkunden bei den Mädchen von 18 auf 36 erhöht, also verdoppelt.
Grundwert G = 18
Prozentwert W = 36
$p\,\% = \frac{36}{18} = \frac{200}{100} = 2{,}00 = 200\,\%$
Es ergibt sich ein Prozentsatz von 200 %.

c) Der Benzinpreis pro Liter hat sich um 3 Cent erhöht.
Davor lag er bei 126 Cent.
Grundwert G = 126 Cent
Prozentwert W = 3 Cent
$p\,\% = \frac{3}{126} = 0{,}0238\ldots = 2{,}38\ldots\,\%$

Wenn man das Ergebnis sinnvoll rundet, ergibt sich eine Preiserhöhung um etwa 2,4 %.

d) Bei der Darstellung der Anteile eines Ganzen ergeben die Prozentsätze in der Summe immer 100 %.

28 %	17 %	34 %	? %

Man berechnet den fehlenden Prozentsatz:
100 % – (28 % + 17 % + 34 %)
= 100 % – 79 % = 21 %

Aufgaben

W	G	p%
176 m	320 m	
294 kg	980 kg	
11,7 l	78 l	
75,9 g	230 g	
30,6 km	85 km	
95,20 €	140 €	
4,93 l	5,8 l	
2,85 m	7,5 m	
6,3 h	105 h	

1 Berechne den Prozentsatz im Kopf.

a) 17 von 100
38 von 200
99 von 300

b) 13 von 50
8 von 25
17 von 20

c) 3,5 von 5
6,3 von 20
9 von 75

d) 23 von 200
44 von 250
17 von 51

2 Wie viel Prozent sind es?

a) 36 m von 72 m
15 kg von 60 kg
12 l von 60 l

b) 0,35 m von 1 m
71 l von 1 hl
450 g von 1 kg

c) 11 m von 25 m
2 km von 40 km
28 kg von 80 kg

d) 45 min von 1 h
30 min von 2 h
3 h von 1 d

3 Gib den Prozentsatz zunächst durch Überschlag an.
Berechne dann auf zwei Nachkommaziffern genau.

a) 27 € von 105 €
3,50 € von 12 €
4,95 € von 210 €

b) 72 t von 680 t
17 kg von 36 kg
88 cm von 99 cm

4 Bei den Bundesjugendspielen erhielten von 450 Teilnehmern 63 eine Ehrenurkunde und weitere 216 eine Siegerurkunde.

a) Drücke die Anteile in Prozent aus.
b) Wie viel Prozent der Teilnehmer bekamen keine Urkunde?
c) Veranschauliche die Ergebnisse in einem geeigneten Diagramm.

5 Eine Umfrage unter 350 Mitarbeitern der Firma Meyer ergab:

Mit dem Computer arbeiten	
Das traue ich mir zu	235
Ich denke, das liegt mir nicht	39
Er ist für mich ein vertrautes Werkzeug	172
Das entspricht meinem Interesse	156
Ich habe eine andere Meinung	54

a) Gib die einzelnen Umfrageergebnisse in Prozent an. Runde sinnvoll.
b) Warum ergibt die Summe der Prozentsätze mehr als 100 %?
c) Welche Diagrammformen sind hier nicht sinnvoll? Begründe deine Entscheidung.

Diagramme am PC

Mit einem Tabellenkalkulationsprogramm kannst du schnell Prozentsätze ausrechnen und die zugehörigen Diagramme darstellen. Du musst die Daten und die Formeln zur Berechnung der Prozentsätze in das Tabellenblatt eingeben.
Wenn du die gewünschten Daten mit der Maus markierst, kannst du mit dem Diagrammassistenten ein gewünschtes Diagramm erstellen.

	A	B	C	D
1	**Klasse 7a**			
2	Jungen	Mädchen	Gesamt	
3	12	18	=A3+B3	
4	=A3/C3	=B3/C3	=A4+B4	
5				
6				
7				
8				
9				
10				
11				
12				

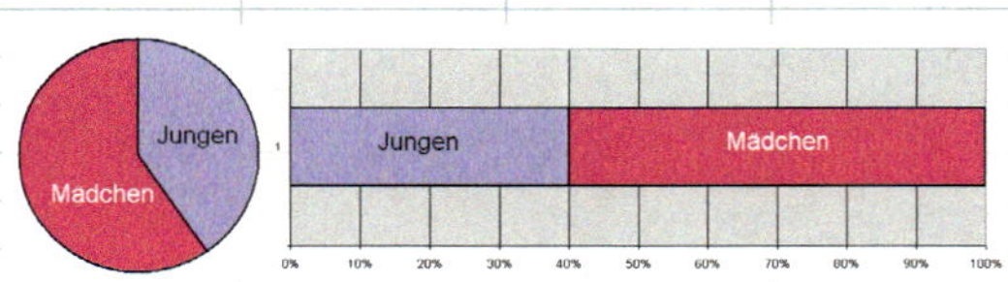

Bei einer Änderung der Ausgangsdaten berechnet das Programm automatisch die neuen Prozentsätze und verändert die zugehörigen Diagramme.

Versuche es bei folgendem Beispiel:

Klasse 7a hat 12 Jungen und 18 Mädchen.

- Berechne die Prozentsätze und erstelle das dazugehörige Diagramm.
- Wie ändern sich die Verhältnisse von Jungen und Mädchen, wenn je ein Junge und Mädchen zusätzlich in die Klasse kommen?
- Wie sieht die Änderung aus, wenn je ein Junge und ein Mädchen die Klasse verlassen?
Kannst du das Ergebnis voraussagen?
- Ein Mädchen verlässt die Klasse und ein Junge kommt neu dazu. Setze diese Veränderungen fort, bis genauso viele Jungen wie Mädchen in der Klasse sind.
Betrachte die zugehörigen Diagamme.

4 Prozentwert

Für den Schüleraustausch mit der Partnerschule aus England stehen in der Burg-Realschule jedes Jahr 24 Plätze zur Verfügung.
Die 7a hat 30, die 7b hat 27 und die 7c hat 24 Schülerinnen und Schüler.
24 von 81 sind etwa 30 Prozent.
→ Verteile die Plätze gerecht.

Will man 40 % einer Größe oder einer Zahl berechnen, so sucht man den **Prozentwert W**.
Der Wert für 40 % von 200 € ist derselbe wie $\frac{40}{100}$ von 200 €, also $\frac{40}{100} \cdot 200\,€ = 80\,€$.
Man berechnet den Prozentwert, indem man den Grundwert, hier 200 €, mit dem Prozentsatz 40 % oder $\frac{40}{100}$ multipliziert.

Der Grundwert entspricht immer 100 %.
Dividiert man also den Grundwert durch 100, so erhält man den Prozentwert für 1 %.
Den **Prozentwert W** für p % erhält man durch Multiplikation des **Grundwerts G** mit dem **Prozentsatz p %**.

Prozentwert = Grundwert · Prozentsatz
kurz: $W = G \cdot p\,\% = G \cdot \frac{p}{100}$

Beispiel
Bei einem Basar sollen 85 % der Einnahmen für die Patenschule in Peru gespendet werden. Der Rest muss für die entstandenen Kosten eingesetzt werden.
Insgesamt wurden 6000 € eingenommen.

1. Lösungsmöglichkeit:
Anwendung der Formel $W = G \cdot \frac{p}{100}$
Grundwert $G = 6000\,€$
Prozentsatz $p\,\% = 85\,\%$
$W = 6000\,€ \cdot \frac{85}{100}$
$W = 5100\,€$

2. Lösungsmöglichkeit:
Dreisatzverfahren
100 % sind 6000 €
1 % sind $\frac{6000}{100}$ €
85 % sind $\frac{6000\,€ \cdot 85}{100}$
$= 5100\,€$

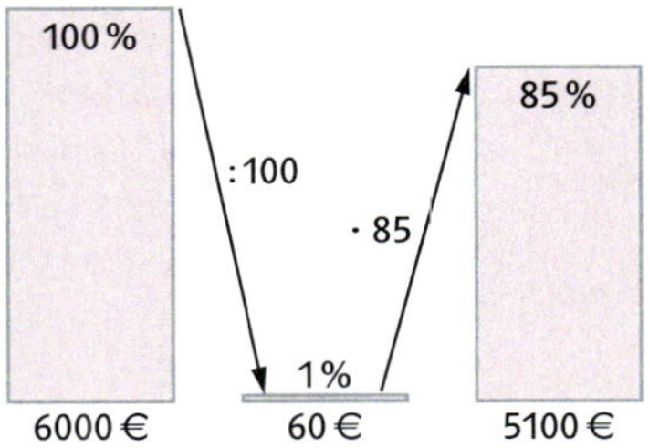

Es können 5100 € gespendet werden.

Bemerkungen
a) Besonders beim Rechnen mit dem Taschenrechner ist die Dezimalschreibweise vorteilhaft.
85 % = 0,85 also rechnet man: 6000 € · 0,85 = 5100 €
b) Da Prozentsatz und Prozentwert proportional zueinander sind, kann man die Prozentwerte auch aus einem geeigneten Schaubild ablesen.
Die Gerade verläuft durch den Ursprung und durch den Punkt (100 | G).

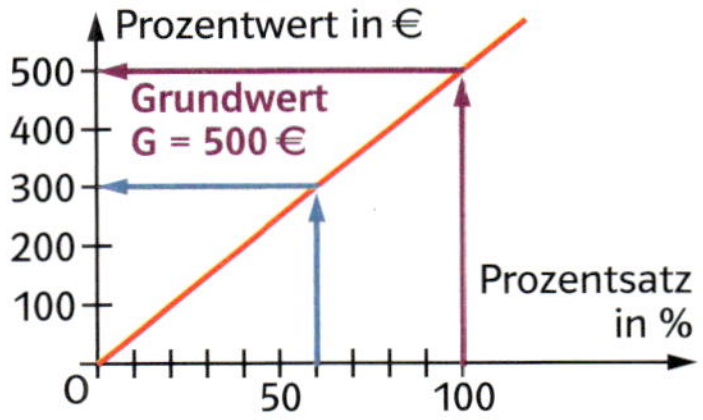

p%	G	W
12%	50 kg	
17%	83 m	
39%	72 €	
8,5%	174 l	
87,5%	38 km	
10,5%	978 g	
$3\frac{1}{2}$%	538 €	
$34\frac{1}{4}$%	230 m	
$7\frac{3}{4}$%	85 kg	

Aufgaben

1 Rechne im Kopf.

a) 10% von 240
50% von 17
70% von 110
80% von 125

b) 27% von 200
34% von 300
25% von 160
15% von 80

c) 15% von 1 €
27% von 1 ha
30% von 1 min
40% von 1 d

d) 25% von 2 h
72% von 2 m
35% von 4 m^2
5% von 45 kg

2 Berechne.

a) 15% von 360 €
72% von 240 €
38% von 170 €
120% von 450 €

b) 3% von 3,8 kg
7% von 4,5 t
8% von 2,5 m
6% von 1,5 l

c) 2,5% von 12 €
12,5% von 180 m
8,25% von 400 l

d) $7\frac{1}{2}$% von 250 l
$3\frac{1}{4}$% von 390 €
$6\frac{3}{4}$% von 540 m

3 Schätze zunächst und berechne dann den Wert mit einer sinnvollen Genauigkeit.
a) 21% von 1245,50 € mussten an die Gemeindekasse bezahlt werden.
b) 3,9% der 3391 km Gesamtstrecke wurden bei der Tour de France als Zeitfahren zurückgelegt.
c) Das Skelett eines 85 kg schweren Erwachsenen macht 18% seines Körpergewichts aus.

Zusammensetzung des Menschen

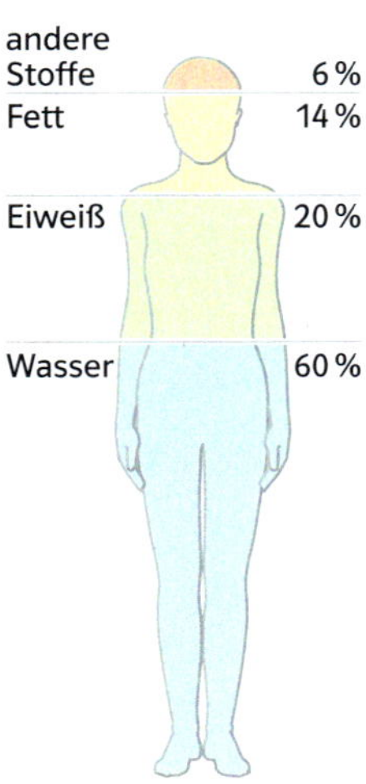

4 Hartmut sagt: „10% von 50 ist dasselbe wie 50% von 10."
Darauf sagt Claus: „Dann muss 2% von 20 auch dasselbe sein wie 20% von 2", und Achim ergänzt: „Oder 40% von 100 ist dasselbe wie 100% von 40."
Prüfe. Kannst du diese Aussage erklären?

5 Auf dem Rand ist die chemische Zusammensetzung des Menschen abgebildet.
a) Gib die Werte für einen Erwachsenen mit einem Körpergewicht von 80 kg und für ein Kind mit 45 kg an.
Bei Jugendlichen ist der Anteil an Wasser sogar 65%.
b) Wie viel Wasser „steckt" in eurer gesamten Familie?

Gesund essen

In der Mittagspause kauft sich André einen Hamburger und eine Portion Pommes frites. Beides zusammen wiegt etwa 300 Gramm. Davon sind 32% Fett. Marina geht mit ihrer Freundin nach Hause und macht sich Eierpfannkuchen mit Äpfeln. Ihre Portion wiegt 250 Gramm bei einem Fettgehalt von 8%. Sowohl Andreas als auch Marina essen danach noch eine 80-Gramm-Portion Eis. Das Sahneeis von Andreas enthält 26% Fett, das Fruchteis von Marina 1,8%. Der durchschnittliche Fettbedarf pro Tag beträgt etwa 1 Gramm pro Kilogramm Körpergewicht.

- Berechne, wie viel Gramm Fett Andreas und Marina gegessen haben.
- Welches Körpergewicht müssten die beiden haben, wenn sie den Fettbedarf an diesem Mittag gedeckt hätten?

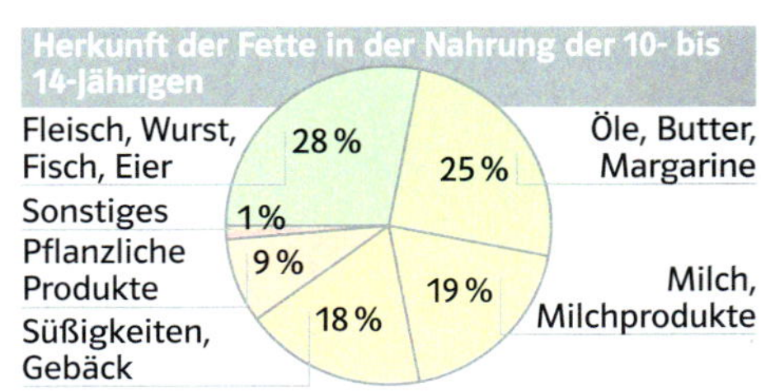

Übrigens: In den USA ist das Gewicht der Pommes-frites-Portionen seit 1980 um 80% gestiegen. Im selben Zeitraum sind die Sitze im Kino um 12 cm breiter geworden. Besteht da wohl ein rechnerischer Zusammenhang?

5 Grundwert

Einen Tag nach dem Triathlonwettbewerb standen die beiden folgenden Schlagzeilen in der örtlichen Presse:

Nur 80 Teilnehmer erreichten das Ziel beim mörderischen Triathlonwettbewerb!

60 Prozent der Gestarteten konnten das Ziel nicht erreichen!

→ Wie viele Teilnehmer waren eigentlich an den Start gegangen?

Der Preisnachlass von 60 € beim Kauf einer Jacke entspricht 25 %. Man kann auf das Ganze, also 100 %, schließen. Somit kann man den **Grundwert G** berechnen.

Man schließt auf 1 %, indem man die 60 € durch 25 teilt: 60 € : 25 = 2,40 €

Von 1 % schließt man dann wieder durch Multiplikation mit 100 auf 100 %: 2,40 € · 100 = 240 €

In einer Rechnung zusammengefasst: $G = 60\,€ \cdot \frac{100}{25} = 240\,€$

Man erhält den Grundwert aus dem Prozentwert, indem man mit dem Kehrbruch des Prozentsatzes multipliziert.

Grundwert = $\frac{\textbf{Prozentwert}}{\textbf{Prozentsatz}}$ kurz: $G = \frac{W}{p\,\%} = W \cdot \frac{100}{p}$

Beispiel

Nach 114 km waren 76 % der gesamten Strecke zurückgelegt.
Man kann die Länge der gesamten Strecke berechnen.

1. Lösungsmöglichkeit: Anwendung der Formel

Prozentwert W = 114 km
Prozentsatz p % = 76 %
$G = 114\,\text{km} \cdot \frac{100}{76}$
G = 150 km

2. Lösungsmöglichkeit: Dreisatzverfahren

76 % sind 114 km
1 % sind $\frac{114}{76}$ km
100 % sind $\frac{114\,\text{km}}{76} \cdot 100$
= 150 km

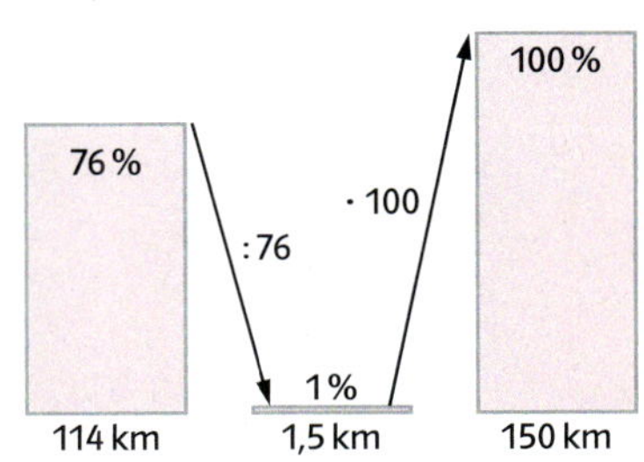

Die gesamte Strecke war 150 km lang.

Bemerkung

Beim Rechnen mit dem Taschenrechner ist es geschickter, den Prozentwert durch den Prozentsatz in Dezimalbruchschreibweise zu dividieren.
G = 114 km : 0,76 = 150 km.

p%	W	G
12 %	72 €	
15 %	13,5 m	
18 %	115,2 g	
44 %	352 ha	
56 %	252 a	
7,5 %	6,75 m	
15,5 %	93 t	
0,3 %	1,65 hl	
41,8 %	334,4 g	

zu Aufgabe 7:

Aufgaben

1 Rechne im Kopf. Wie viel sind 100 %?

a) 10 % sind 15 €
20 % sind 46 m
25 % sind 35 km
50 % sind 3,8 g

b) 1 % sind 7,5 m
2 % sind 9 kg
4 % sind 11 t
5 % sind 20 min

c) 40 % sind 16 hl
60 % sind 48 €
80 % sind 88 m^2
30 % sind 18 kg

d) 75 % sind 300 g
15 % sind 66 h
70 % sind 56 €
35 % sind 49 l

2 Berechne den Grundwert. Runde wenn nötig auf die nächst kleinere Einheit.

a) 26 % sind 39 m
32 % sind 112 €
46 % sind 120 cm
74 % sind 120 cm

b) 144 cm sind 48 %
840 g sind 36 %
108 l sind 72 %
125 t sind 95 %

c) 12,5 % sind 55 €
3,5 % sind 71,25 kg
28,5 % sind 1,25 kg
0,25 % sind 1,5 m^2

d) 77,7 km sind 37 %
292,4 l sind 68 %
23,56 € sind 31 %
0,184 kg sind 23 %

3 Stelle im Heft 100 % dar.

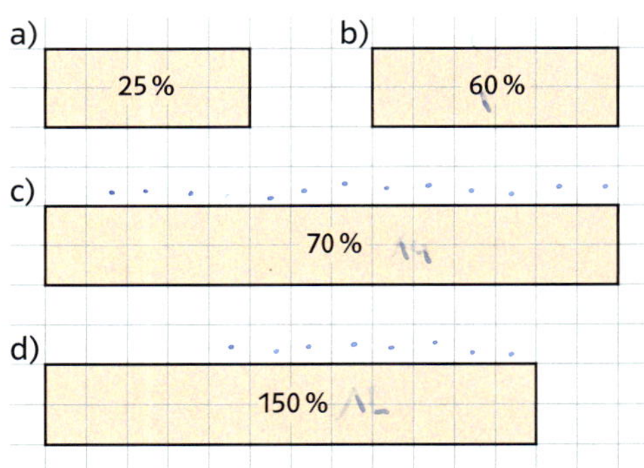

4 Bestimme den Grundwert.

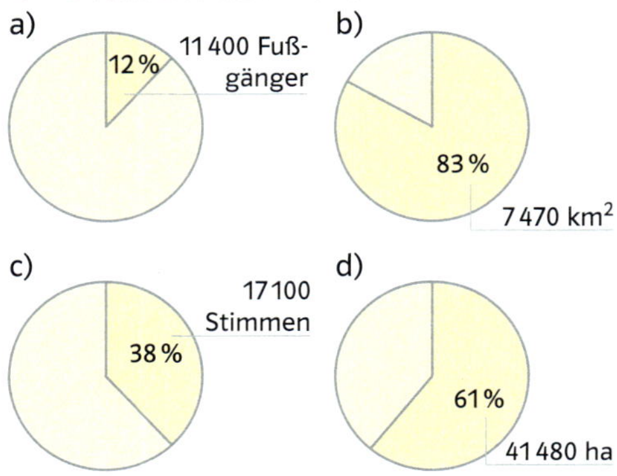

5 Berechne jeweils den Grundwert und vergleiche die Ergebnisse.

a) W = 300 €
p % = 15 %; p % = 30 %; p % = 60 %

b) W = 500 €
p % = 10 %; p % = 20 %; p % = 30 %

c) W = 150 €; W = 300 €
p % = 20 %

d) W = 200 €; W = 300 €
p % = 40 %

Erkläre, was dir aufgefallen ist.

6 Berechne den Grundwert.

a) Wenn man zum Grundwert noch 20 % addiert, erhält man 120 €.

b) Wenn man vom Grundwert 20 % subtrahiert, erhält man 120 €.

c) Vermehrt man den Grundwert um ein Viertel, so erhält man 500 kg.

d) Vermindert man den Grundwert um ein Viertel, so erhält man 500 kg.

e) Vergleiche die Ergebnisse der einzelnen Aufgaben miteinander. Vergleiche auch die Differenzen zwischen Grundwert und Prozentwert.

7 In deutschen Wörtern kommen die Vokale a, e, i, o und u unterschiedlich oft vor. Das Wort Natur hat mit a und u 40 % Vokale. Das Wort Aal besteht zu $66\frac{2}{3}$ % aus dem Vokal a.

a) Suche Wörter, die zu 40 % aus Vokalen bestehen.

b) Finde Wörter, die zu $33\frac{1}{3}$ % aus demselben Vokal bestehen.

c) Bestimme den Prozentanteil der Vokale in den Wörtern Mama, Bauer, Uhu und suche entsprechende Wörter mit demselben Prozentanteil an Vokalen.

d) Wer findet das Wort mit dem höchsten Prozentanteil an Vokalen? Es sind auch Wörter aus anderen Sprachen erlaubt.

e) Nehmt einen deutschen, englischen und französischen Text und bestimmt den prozentualen Anteil an a, e, i, o und u. Ausländische Mitschüler können dasselbe in ihrer Muttersprache machen. Vergleicht die Ergebnisse.

Zusammenfassung

Absoluter und relativer Vergleich

Beim **absoluten Vergleich** werden die **Zahlen**- oder Größenangaben **direkt** miteinander verglichen.
Beim **relativen Vergleich** werden die **Anteile** miteinander verglichen.

In der 7a haben 6 von 25 eine Ehrenurkunde erhalten, in der Klasse 7b 5 von 20. Absolut gesehen ist die 7a besser.
6 Urkunden sind mehr als 5 Urkunden.
Relativ gesehen erhält die 7b mehr Urkunden.

$\frac{5}{20} = \frac{25}{100}$ $\qquad$ $\frac{6}{25} = \frac{24}{100}$

$\frac{25}{100} > \frac{24}{100}$

Prozent

Anteile mit dem Nenner 100 werden als **Prozente** bezeichnet. Sie können auch als Dezimalbruch dargestellt werden.

$\frac{24}{100} = 0{,}24 = 24\,\%$

$\frac{p}{100} = p\,\%$

Diagramme mit Prozentangaben

Für die Darstellung von Prozentanteilen verwendet man häufig **Prozentstreifen** oder **Prozentkreise**.

Beim Prozentstreifen entspricht 100 % der Gesamtlänge des Streifens.
Günstigerweise wählt man 10 cm für 100 %.

Beim Prozentkreis entspricht 100 % dem Vollwinkel 360°.

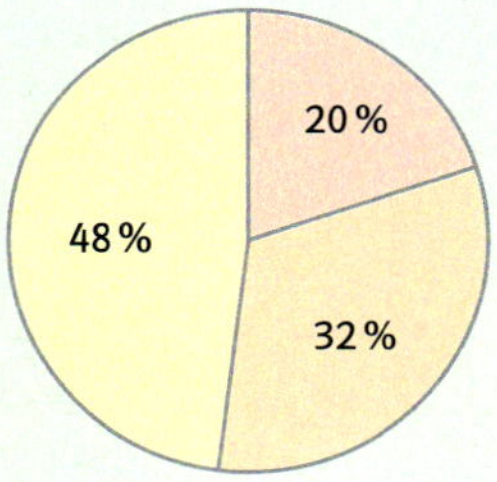

Prozentsatz

Anteile können als **Prozentsatz p %** angegeben werden.
Man erhält den Prozentsatz, indem man den Prozentwert durch den Grundwert dividiert.

16 von 25 Teilnehmern kamen ins Ziel.
W = 16 und G = 25; p % = ?

$p\,\% = \frac{W}{G}$

$p\,\% = \frac{16}{25} = \frac{64}{100} = 0{,}64 = 64\,\%$

Prozentwert

Ein prozentualer Anteil des Grundwerts wird als **Prozentwert W** bezeichnet. Man erhält den Prozentwert, indem man den Grundwert mit dem Prozentsatz multipliziert.

64 % der Teilnehmer kamen ins Ziel.
p % = 64 % und G = 25; W = ?

$W = G \cdot p\,\%$

$W = 25 \cdot \frac{64}{100} = 16$

16 Teilnehmer kamen ins Ziel.

Grundwert

Das Ganze wird als **Grundwert G** bezeichnet. Der Grundwert entspricht immer 100 %. Er ist die Vergleichsgröße.
Man erhält den Grundwert, indem man den Prozentwert durch den Prozentsatz dividiert.

16 kamen an, das waren 64 %.
p % = 64 % und W = 16; G = ?

$G = W : p\,\%$

$G = 16 : \frac{64}{100} = 16 \cdot \frac{100}{64} = 25$

Es waren insgesamt 25 Teilnehmer.

Üben • Anwenden • Nachdenken

Der Mathematiklehrer sagt:
„Heute haben wieder 50 % die Prozentrechnung nicht verstanden."
Darauf ein Schüler:
„So viele sind wir ja gar nicht."

1 Gib den Bruch als Prozentsatz und als Dezimalbruch an.

$\frac{1}{2}$; $\frac{4}{5}$; $\frac{7}{10}$; $\frac{13}{20}$; $\frac{19}{100}$; $\frac{38}{400}$; $\frac{6}{15}$; $\frac{9}{25}$; $\frac{17}{30}$

2 Stelle die Prozentangabe in der Dezimalbruchschreibweise dar, dann als Bruch und kürze wenn möglich.

a) 40 %; 55 %; 33 %; 12 %; 8 %; 9 %; 20 %
b) 12,5 %; 4,2 %; 2,5 %; 0,5 %; 120 %; 200 %

3 Falte ein Blatt Papier so, dass du die folgenden Prozentsätze erkennen kannst:
25 %; 6,25 %; 37,5 %; 75 %; 12,5 %; $33\frac{1}{3}$ %

4 Ein Pullover besteht zu 50 % aus Baumwolle, zu 30 % aus Acrylfaser.
Der Rest ist Wolle.
a) Stelle die Zusammensetzung in einem Prozentstreifen der Länge 10 cm dar.
b) Wie sieht die Zusammensetzung in einem Prozentkreis mit Radius 4 cm aus?
c) Beate hat 800 g Material verarbeitet. Berechne die jeweiligen Anteile in Gramm.
d) Wie schwer ist ein Pullover, der 180 g Wolle enthält?

5 In der Klassenstufe 6 der Theodor-Heuss-Realschule haben von 80 Schülern 55, von den 60 Schülerinnen 24 ein Handy. In Klassenstufe 7 haben von 40 Schülern 36, von den 100 Schülerinnen dagegen 86 ein Handy.
a) Wie viel Prozent der Jungen bzw. der Mädchen haben in den beiden Klassenstufen ein Handy?
b) Wie ist die prozentuale Verteilung, wenn man beide Klassenstufen zusammen auswertet?
c) Vergleiche die Ergebnisse der Teilaufgaben a) und b).
d) Stelle alle Verteilungen in verschiedenen Diagrammen dar.

6 In einer Untersuchung von Schülerinnen und Schülern einer 7. Klasse über die Mediennutzung ergaben sich folgende Durchschnittswerte in Minuten pro Tag. Werte die Daten aus, indem du die prozentualen Anteile berechnest und Diagramme für die unterschiedlichen Merkmale erstellst.

Medien	an Schultagen		am Wochenende	
	m	w	m	w
Fernsehen	40	45	150	130
Radio/CD	150	180	190	210
Computerspiele	30	10	50	15
Internet	25	18	50	30
Zeitung/Zeitschrift	10	15	10	12
Buch	5	10	10	15

Umgang mit einfachen Formeln

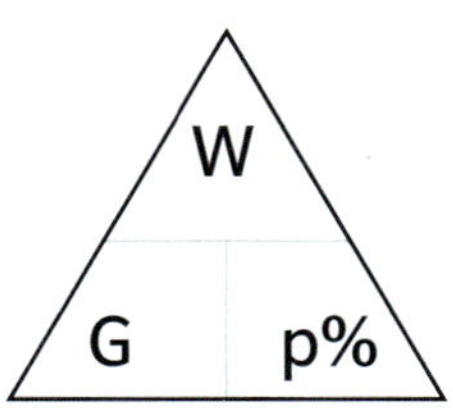

Bei einfachen Formeln wie z. B. $p\,\% = \frac{W}{G}$ kannst du mithilfe dieses Dreiecks die Umformungen schnell erkennen, wenn du die jeweils gesuchte Größe einfach mit deinem Finger abdeckst.

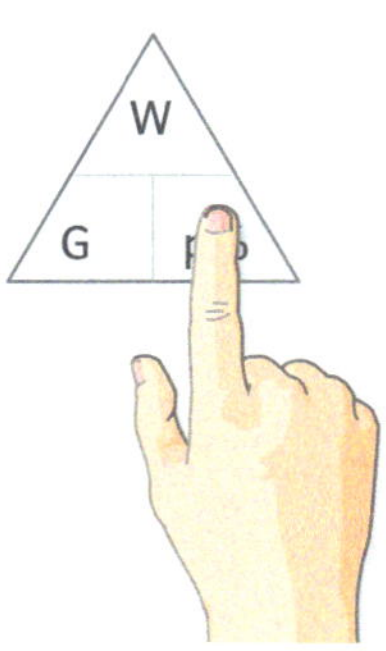

■ Probiere es einfach aus und prüfe dein Ergebnis:
In der Tabelle fehlt jeweils eine Größe. Berechne sie mithilfe der Formel bzw. der Umformungen.

Grundwert	Prozentsatz	Prozentwert
12,50 €	7 %	
456 m		114 m
	65 %	52 kg

Ist Inline-Skaten ein gefährlicher Sport?

Nach einer Aussage der Deutschen Gesellschaft für Chirurgie ist Inline-Skaten besonders für Anfänger eine Sportart mit hohem Verletzungsrisiko.
Dabei sind 50 % der Verletzungen Brüche. Experten behaupten, dass nur einer von vier Skatern ohne Verletzung bleibt.

In den beiden Prozentkreisdarstellungen sind die Arten der Verletzungen und die Unfallorte dargestellt.

- Wähle eine andere Diagrammart, um die Reihenfolge der Häufigkeiten besser zu erkennen.
- Kannst du erklären, warum diese Reihenfolge bei den Häufigkeiten auftritt?

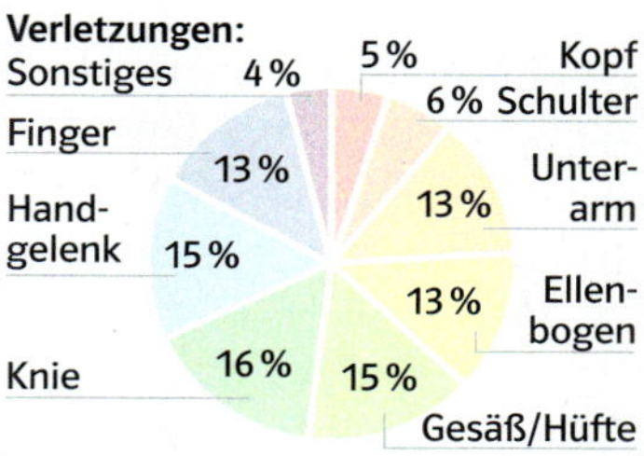

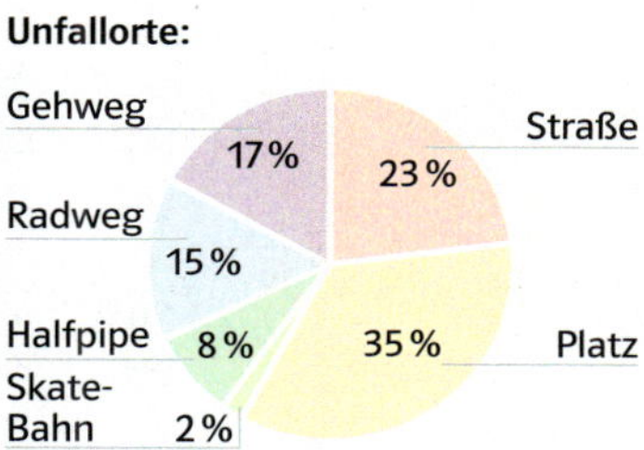

Am Werner-Siemens-Schulzentrum ergab eine Umfrage unter 250 Skatern für die Unfallorte folgendes Ergebnis:

Unfallort	Nennungen
Straße	93
Platz	75
Skate-Bahn	34
Halfpipe	35
Radweg	13

- Vergleiche und versuche auch für deine Schule mit einer Umfrage Daten zu bekommen.
- Vergleiche auch unterschiedliche Darstellungen in Diagrammen.

In der Abbildung sind die unfallträchtigsten Sportarten erfasst. Das Diagramm zeigt absolute Zahlen.

- Nimm ein paar Sportarten heraus und stelle dafür die Verteilung der Anteile dar.

Die Entfernung zwischen zwei Orten wird auf der Karte horizontal gemessen.
Das Verhältnis von Höhenunterschied und horizontaler Entfernung wird als **Steigung** bezeichnet.

13 % Steigung bedeutet: Die Straße steigt auf 100 m horizontaler Entfernung um 13 m an.

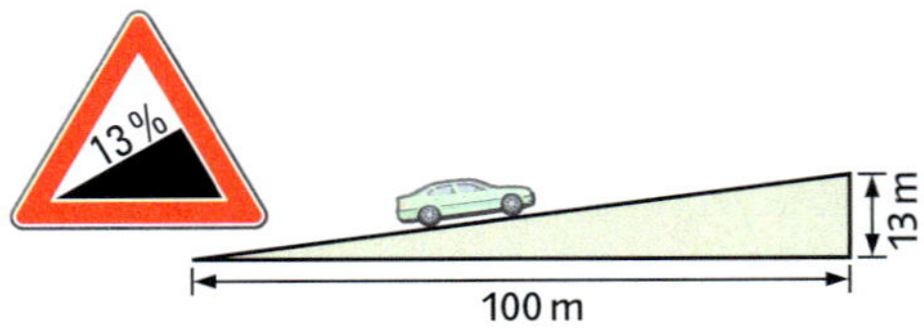

- Berechne den Höhenunterschied für 800 m bei 16 % Steigung und für 1600 m bei 8 % Steigung.
- Zeichne die Steigungen 5 %; 10 %; 15 %; 20 %; 25 % und 50 % in ein Dreieck und miss den Steigungswinkel. So kannst du dir die Steigungen besser vorstellen.

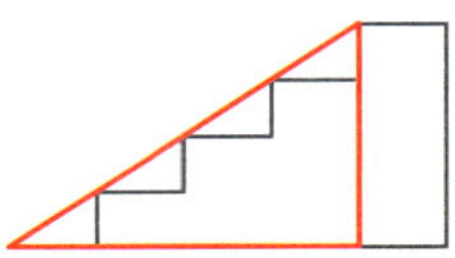

Steigung an Treppen
Für den Bau von Treppen gibt es empfohlene Maße:

	Stufenhöhe	Trittbreite
in Schulen	16 cm	30 cm
in Häusern	18,5 cm	28 cm
in Kellern	21 cm	25 cm

- Berechne die Steigungen der verschiedenen Treppen in Prozent.
- Erkläre die Unterschiede.

Rampen für Rollstuhlfahrer
Nach der Bauverordnung dürfen diese Rampen nicht steiler als 6 % sein.
Wie müssten dann Treppen mit derselben Steigung in Schulen gebaut werden?

Für Rollstuhlfahrer sind Rampen wichtig, um in Gebäude zu kommen, zu denen sie sonst keinen Zugang hätten.

Die steilste Straße der Welt in Dunedin (Neuseeland)

Aus der Zeitung

Steiler gehts nimmer
St. Moritz. – Von null auf 137 km/h in sieben Sekunden, ein Gefälle von 100 % – der steilste Starthang der Welt auf der Corviglia (2840 m hoch) verlangt den Fahrern beim Abfahrtslauf der Ski-WM gleich alles ab.

In einer anderen Zeitung wirbt eine Automobilfirma:

Die steilste Zahnradbahn der Welt
führt auf den Pilatus in der Schweiz. Der Berg erhebt sich nahe der Stadt Luzern. Die durchschnittliche Steigung der Strecke beträgt 42 %.

- Wie lang ist die horizontale Strecke, wenn die Talstation 440 m und die Bergstation 2063 m hoch liegt?
- Ermittle durch Zeichnung den durchschnittlichen Steigungswinkel und die Schienenlänge.
- Informiere dich im Internet über andere Zahnradbahnen und deren technische Daten.

Rückspiegel

1 Schreibe in Prozent mit einer Dezimalen.

a) $\frac{15}{300}$; $\frac{18}{40}$; $\frac{4}{5}$; $\frac{55}{250}$; $\frac{1}{3}$

b) $\frac{8}{15}$; $\frac{9}{11}$; $\frac{10}{12}$

c) jeder Vierte; 7 von 10

2 Schreibe als Dezimalbruch.
85 %; 17 %; 9 %; 120 %; 3,5 %

3 Berechne das Ergebnis der Klassensprecherwahl in Prozent und stelle es in einem Prozentstreifen dar.

Jan	12 Stimmen
Kira	8 Stimmen
Leon	4 Stimmen
Sina	1 Stimme

4 Berechne die fehlenden Werte.

Grundwert	Prozentwert	Prozentsatz
520 €	56 €	
48,5 m		76 %
	17,5 kg	38 %

5 Beim Räumungsverkauf wurde ein Mantel um 35 % ermäßigt.
Ursprünglich kostete der Mantel 298 €.
Berechne den neuen Preis.

6 In dem Prozentstreifen ist die Verteilung einer Umfrage über Schülerlotsen dargestellt. Insgesamt wurden 500 Jugendliche befragt, wie wichtig sie Schülerlotsen finden.
Wie viele Stimmen waren es jeweils?

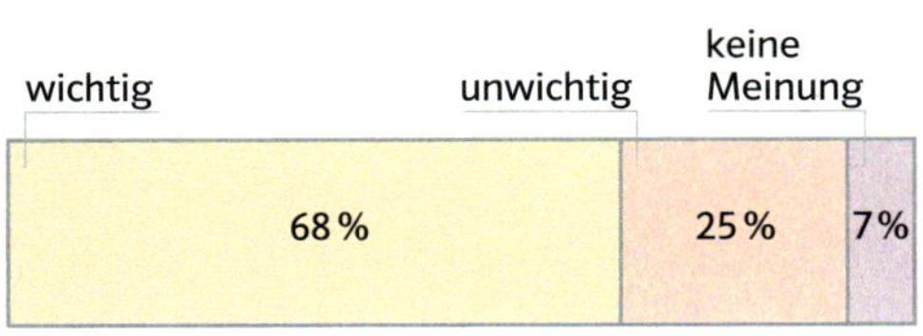

7 Nach Abzug eines Rabatts von 20 % musste Herr Kleinschmidt noch 720 € für sein Trekkingrad bezahlen.
Wie hoch war der Preis ohne Rabatt?

1 Schreibe in Prozent mit einer Dezimalen.

a) $\frac{2}{3}$; $\frac{12}{25}$; $\frac{42}{70}$; $\frac{9}{250}$; $\frac{11}{20}$

b) $\frac{12}{65}$; $\frac{25}{45}$; $\frac{15}{8}$

c) drei von 50; jeder Zweite der Hälfte

2 Schreibe als Dezimalbruch.
7 %; 12,5 %; 2,25 %; $3\frac{1}{4}$ %; 250 %

3 Berechne die Flächenanteile der Erdteile in Prozent und stelle sie in einem Prozentkreis dar.

Europa	10,4 Mio. km^2
Asien	43,8 Mio. km^2
Afrika	30,3 Mio. km^2
Amerika	42,2 Mio. km^2
Australien	5,9 Mio. km^2
Antarktis	14,1 Mio. km^2

4 Berechne die fehlenden Werte.

Grundwert	Prozentwert	Prozentsatz
107,25 €	3,75 €	
3,8 km		125 %
	11,25 kg	$4\frac{1}{2}$ %

5 Beim Räumungsverkauf wird ein Mantel, der ursprünglich 198 € gekostet hat, für 149 € angeboten. Um wie viel Prozent wurde der Preis ermäßigt?

6 2001 wurden in einer Region 80 Mio. Tonnen Kohlendioxid freigesetzt.
Berechne die drei Anteile in Mio. Tonnen.

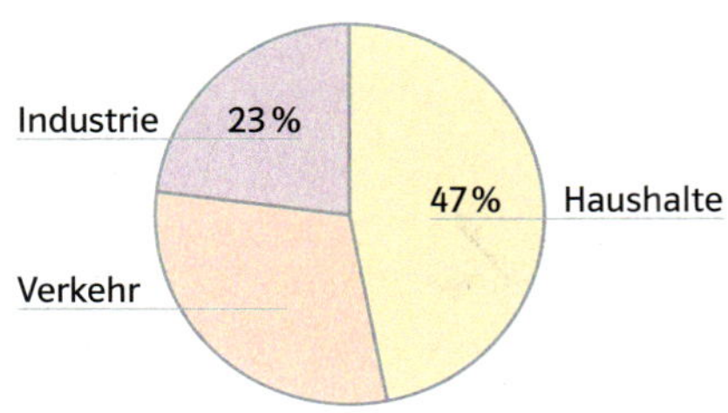

7 Beim Kauf eines kleinen Zelts sparte Marina durch einen Nachlass von 5 % 12,50 €. Wie viel Euro musste sie bezahlen?

Tag für Tag

Tagesablauf

Der Schulalltag läuft für jeden einzelnen von euch mehr oder weniger gleich ab.

Veronikas Schulalltag beginnt um 6:30 Uhr. Sie steht auf, wäscht sich, zieht sich an und frühstückt.

Auf den Bildern siehst du den Ablauf eines normalen Schultages. Beschreibe.

Wie sieht ein Schultag bei dir aus? Welche Zeit benötigst du für die einzelnen Tätigkeiten? Vergleiche mit deinen Mitschülerinnen und Mitschülern.

Wochenplan

Veronika schreibt für eine Woche auf, wie viel Zeit sie für die einzelnen Tätigkeiten benötigt.

Tätigkeit	Mo	Di	Mi	Do	Fr	Sa	So	Summe
Essen, Körperpflege	1:15	1:00	1:00	1:15	1:00	1:45	1:15	
Schulweg	1:15	1:15	1:15	1:15	1:15	–	–	
Unterricht	6:00	6:00	4:30	5:15	5:15	–	–	
Pausen	1:30	1:30	0:45	1:00	1:30	–	–	
Hausaufgaben	0:45	1:15	0:30	0:30	–	1:30	–	
Freizeit	4:00	4:00	7:00	6:00	6:30	10:30	13:00	
Schlafen	9:15	9:00	9:00	8:45	8:30	10:15	9:45	

Was sagt dir die Tabelle?
Stelle dir dazu Fragen wie etwa:

- Für welche Tätigkeit benötigt Veronika am meisten, für welche am wenigsten Zeit?
- Welchen zeitlichen Umfang nimmt die Schule im Vergleich zur Freizeit bzw. sonstigen Tätigkeiten ein?

Erstelle für dich eine solche Tabelle. Für welche Tätigkeit benötigst du am meisten, für welche am wenigsten Zeit?

Vergleiche deine Tabelle mit den Tabellen deiner Mitschülerinnen und Mitschüler. Welche Gründe gibt es für zeitliche Abweichungen?

Schulweg

In der Klasse 7b der Erich-Kästner-Realschule wird eine Erhebung darüber durchgeführt, wie viel Zeit der Schulweg für jeden Einzelnen in Anspruch nimmt. Das Ergebnis wird in einer Liste festgehalten.

Schulweg in Minuten (einfacher Weg) für die Schülerinnen und Schüler der Klasse 7b:

	Strichliste	Anzahl
0–5 Minuten	||	2
5–10 Minuten	卌	5
10–15 Minuten	卌 |	
15–20 Minuten	||||	
20–25 Minuten	|||	
25–30 Minuten	卌 |||	
30–35 Minuten	|	0
35–40 Minuten	|	
über 40 Minuten	|	
Summe		30

Warum wurde eine Strichliste angefertigt?
Welche Werte fallen dir besonders auf?
Stelle das Ergebnis in einem Diagramm dar.

Führt in eurer Klasse eine solche Befragung durch und stellt das Ergebnis in einem Diagramm dar. Vergleicht euer Diagramm mit dem der Klasse 7b der Erich-Kästner-Realschule.

In diesem Kapitel lernst du,

- wie statistische Erhebungen durchgeführt werden,
- wie man statistische Erhebungen in Listen erfasst,
- wie man statistische Erhebungen grafisch darstellt,
- wie man statistische Erhebungen auswertet,
- was der Mittelwert ist und wie man ihn berechnet.

1 Daten erfassen

In einer Klasse wurde eine Umfrage über die Lieblingssportart durchgeführt. Aus dem Durcheinander der vielen Zettel erhältst du so schnell keine Antwort, welche Sportart am häufigsten oder welche selten gewählt wurde.
→ Wie kannst du dir einen Überblick verschaffen?

Um bestimmte Fragen beantworten zu können, sammelt man Daten. Zur besseren Übersicht über die Datenmenge legt man unter anderem Listen an.

Das Sammeln von Daten wird **statistische Erhebung** genannt.
In einer **Strichliste** kann das Ergebnis einer statistischen Erhebung festgehalten werden.
Werden in der Liste statt der Striche Zahlenwerte angegeben, so spricht man von einer **Häufigkeitsliste**.

Beispiel

In der Jahrgangsstufe 7 wird eine statistische Erhebung darüber durchgeführt, mit welchem Verkehrsmittel jeder normalerweise zur Schule kommt.
Vorab überlegt man sich, wie die Schülerinnen und Schüler zur Schule kommen könnten, und stellt eine entsprechende Tabelle auf.

Die Zählung erfolgt mithilfe einer Strichliste.

Zu Fuß	Fahrrad	Bus	Straßenbahn	Eisenbahn	Auto	Motorrad
卌 卌 卌 卌 卌 卌 卌 |||	卌 卌 卌 卌 卌	卌 卌 卌 卌 卌 卌 卌 卌 ||	卌 卌 卌 卌 |||	卌 卌 ||	卌 ||	

Zur besseren Übersicht wird eine Häufigkeitsliste erstellt.

Zu Fuß	Fahrrad	Bus	Straßenbahn	Eisenbahn	Auto	Motorrad
38	25	42	23	12	7	0

Aufgaben

1 In der Klasse 7a wird gefragt, ob die Schülerinnen und Schüler lieber eine Klassenlehrerin oder einen Klassenlehrer haben. Rechts siehst du das Ergebnis.
Was kannst du aus der Strichliste ablesen?

	Klassenlehrer	Klassenlehrerin	weiß nicht
Jungen	卌 ||	||||	卌
Mädchen	|||	卌 |||	||||

2 Während eines Schulfestes leihen sich Schülerinnen und Schüler Spielgeräte aus.

Volleyball	𝍸 𝍸 𝍸 𝍸 𝍸 ||
Stelzen	𝍸 𝍸 |||
Springseil	𝍸 𝍸 𝍸 𝍸 ||
Inliner	𝍸 𝍸 𝍸 𝍸 |||
Indiaca	𝍸 𝍸 𝍸 𝍸 ||
Softball	𝍸 𝍸 𝍸 𝍸 ||||

a) Wie oft wurden insgesamt Spielgeräte ausgeliehen?
b) Wie beliebt sind einzelne Spielgeräte?

3 In einer Klasse wird nach der Anzahl der Geschwister gefragt.

Anzahl der Geschwister	Strichliste
0	𝍸 |
1	𝍸 𝍸 |||
2	𝍸 ||
3	|||
mehr	|

a) Was fällt dir an der Liste auf?
b) Fertige eine Häufigkeitsliste an.
c) Vergleicht mit eurer Klasse.

4 In den Jahrgangsstufen 7 und 8 wurden Schülerinnen und Schüler zu ihrem Frühstück befragt.

nichts	39
Brot mit Butter	16
Brot mit Marmelade	22
Brot mit Nusscreme	43
Brot mit Wurst/Käse	33
Müsli/Cornflakes	42
Quark/Jogurt	13
Süßigkeiten	25

a) Nicht zu frühstücken oder nur Süßigkeiten zum Frühstück sind ungesund. Lohnt sich ein Tag des gesunden Frühstücks?
b) Wie sieht es mit dem Frühstück in eurer Klasse aus?

5 Andrea hat in den siebten Klassen die Schülerinnen und Schüler nach ihrem Lieblingstier befragt.

	7a	7b	7c	7d
Hund	𝍸 |	𝍸 𝍸	𝍸 ||	𝍸 ||
Katze	𝍸 |||	𝍸	||||	𝍸
Pferd	𝍸 ||	𝍸 ||	𝍸 𝍸	𝍸 ||
Vogel	|||	|||	|	||
Hase		|		|||
Hamster	|		|||	||
Maus	|		|||	
Meerschwein	||	|||		|
Fisch	||	|		

a) Erstelle eine Häufigkeitsliste.
b) Welche Aussagen kannst du mithilfe der Liste machen?
c) Führt die Umfrage in eurer Klasse durch und vergleicht euer Ergebnis mit dem der Jahrgangsstufe 7.

6 Mareike und Torsten erfassen in einer Strichliste für 10 Minuten den Straßenverkehr vor der Schule.

Pkw	𝍸 𝍸 𝍸 𝍸 |
Lkw	𝍸 |||
Motorräder	𝍸 ||
Motorroller	𝍸 𝍸 |
Fahrräder	𝍸 𝍸 𝍸 |
Sonstiges	|

a) Was könnte „Sonstiges" gewesen sein?
b) Wie viele Zweiräder haben die beiden gezählt?
c) Wie viele Fahrzeuge würden bei diesem Verkehr in einer Stunde vorbeifahren?

Nicht immer ist es sinnvoll, alle Ergebnisse, die vorkommen können, in einer Häufigkeitsliste aufzuführen. Selten vorkommende Ergebnisse fasst man dann unter „Sonstiges" zusammen.

2 Daten darstellen

Das Ergebnis einer Klassensprecherwahl wird in einem Diagramm festgehalten.
→ Erkläre das Diagramm.
→ Welche Vor- und Nachteile hat dieses Diagramm?
→ Stelle das Ergebnis der Klassensprecherwahl in anderen Diagrammen dar. Beschreibe Vor- und Nachteile dieser Diagramme.
→ Suche in der Zeitung weitere unterschiedliche Diagramme.

Statistische Erhebungen werden bildlich oft mithilfe von **Diagrammen** veranschaulicht.

Das **Säulendiagramm** oder das **Bilddiagramm** wird meistens gebraucht, wenn man Werte der Häufigkeitsliste ablesen möchte.
Das **Kreisdiagramm** oder das **Streifendiagramm** wird meistens gebraucht, wenn man darstellen möchte, welchen Anteil ein Wert der Häufigkeitsliste am Ganzen hat.

Beispiel

Eine Tüte Gummibärchen enthält fünf verschiedene Farben. Dirk zählt nach und erstellt eine Häufigkeitsliste.

Farbe	rot	orange	grün	gelb	weiß
Anzahl	50	45	25	40	20

insgesamt also 180 Gummibärchen

Im Säulen- oder Bilddiagramm kannst du ablesen, wie viele rote Gummibärchen in der Tüte waren.

Säulendiagramm

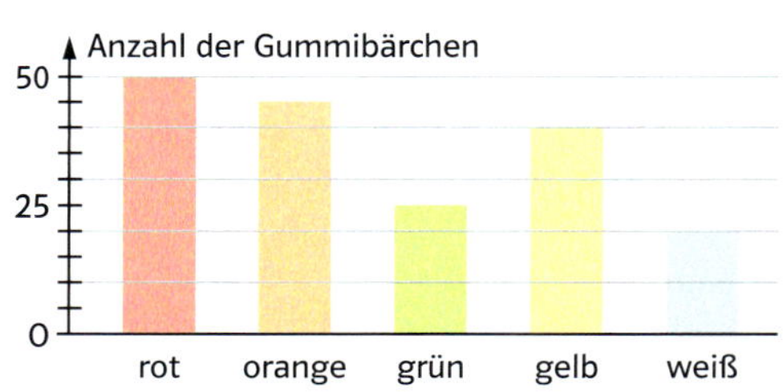

Bilddiagramm

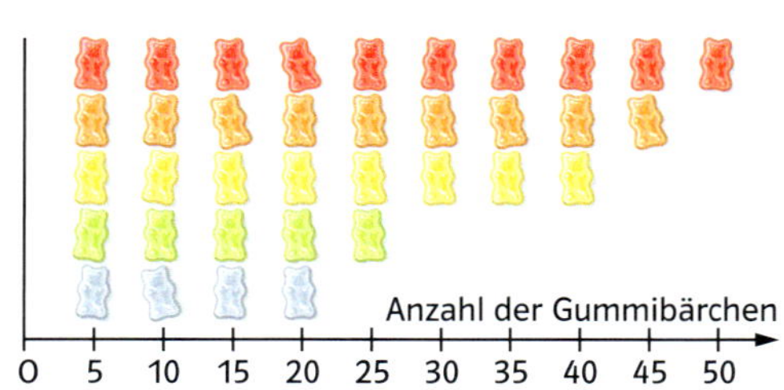

Im Kreis- oder Streifendiagramm kannst du ablesen, dass der Anteil der roten Gummibärchen in der Tüte am größten ist.

Streifendiagramm

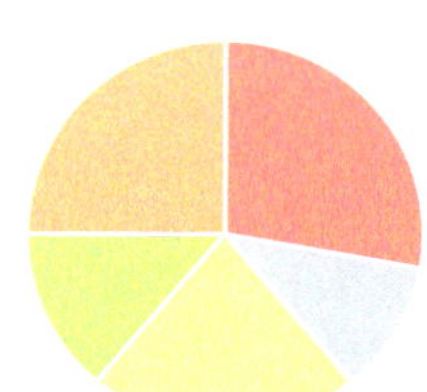

Kreisdiagramm

Aufgaben

1 a) Wie viele Schülerinnen und Schüler der Klasse 7c sind keine Einzelkinder?

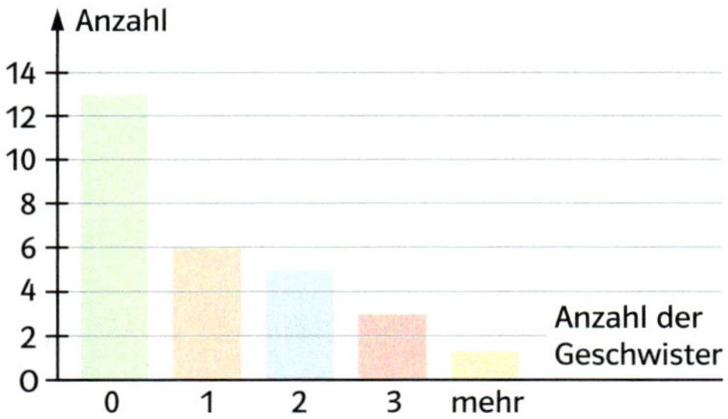

b) Wie viele Kinder haben mehr als ein und weniger als drei Geschwister?
c) Wie oft leben in der Familie mindestens drei Kinder?

2 Die meisten Kinder der Jahrgangsstufe 7 sind in Sportvereinen aktiv: 23 spielen Fußball, 12 gehen turnen, 9 spielen Volleyball, 5 spielen Badminton und 10 gehen schwimmen.
Ergänze das Säulendiagramm im Heft.

3 In dem Bilddiagramm ist die Erhebung über das Gewicht von Schultaschen dargestellt. Das Bild einer Schultausche entspricht dabei 10 Schultaschen in Wirklichkeit.

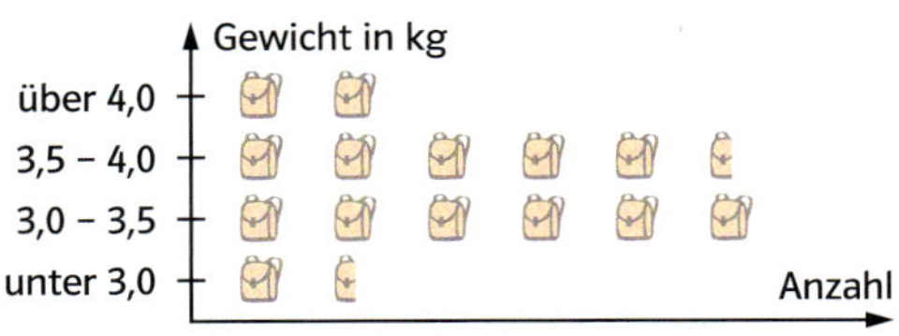

a) Wie viele Schultaschen wurden ungefähr gewogen?
b) Bestimme für jede Gewichtsklasse die ungefähre Anzahl. Fertige eine Häufigkeitsliste an.

Säulen- und Bilddiagramme zeichnen

Diagramme müssen die Häufigkeit möglichst korrekt wiedergeben. Kommt z. B. in der Häufigkeitsliste ein Ergebnis doppelt so oft vor wie ein anderes, so muss im **Säulendiagramm** die Säule dafür auch doppelt so hoch sein.

Beispiel: Häufigkeitsliste der verkauften Getränke

Getränke	Kakao	Milch	Saft	Kaffee	Tee	Sonst.
Anzahl	244	320	124	147	92	73

Zuerst legen wir fest, wie hoch die höchste Säule werden soll. Wählen wir z. B. für die höchste Säule 16 cm, so heißt das, dass die Säule für die am meisten verkaufte Milch 16 cm hoch wird.
Die Häufigkeit 320 entspricht der Säulenhöhe 16 cm.
Die Häufigkeit 1 entspricht der Säulenhöhe $\frac{16}{320}$ cm = $\frac{1}{20}$ cm,
die Häufigkeit 244 der Säulenhöhe $244 \cdot \frac{1}{20}$ cm = 12,2 cm.
Entsprechend verfährt man mit allen anderen Werten der Häufigkeitsliste.
Die Säulenbreite ist beliebig, jedoch für alle Säulen gleich.
Hier siehst du das verkleinerte Säulendiagramm.

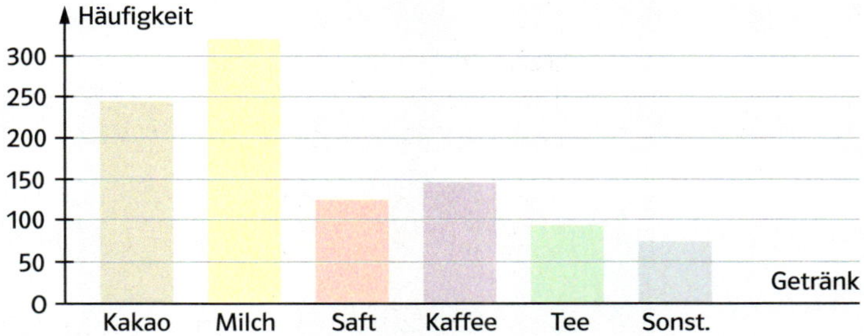

Beim **Bilddiagramm** legt man fest, welche Häufigkeit ein Bild darstellen soll.
Beispiel: Soll ein Bild die Häufigkeit 40 darstellen, so müssen alle Werte der Tabelle durch 40 geteilt werden. Die gerundeten Werte ergeben die Anzahl der Bilder.
So ergibt sich für Kakao: 244 : 40 = 6,1 ≈ 6.

Bei Bilddiagrammen wird häufig auch auf halbe oder viertel Bilder gerundet.

Kreis- und Streifendiagramme zeichnen

Um für eine Häufigkeitsliste ein **Kreis-** oder **Streifendiagramm** zeichnen zu können, muss für jedes Ergebnis die entsprechende Winkelgröße bzw. Abschnittslänge bestimmt werden.

Beispiel:
Häufigkeitsliste der verkauften Getränke:

Getränke	Kakao	Milch	Saft	Kaffee	Tee	Sonst.
Anzahl	178	230	89	105	66	52

Insgesamt wurden
178 + 230 + 89 + 105 + 66 + 52 = 720 Getränke verkauft.

Kreisdiagramm
Die 720 Getränke werden durch den Vollkreis mit 360° dargestellt.
Ein Getränk wird dann durch den Winkel $\frac{360°}{720} = 0{,}5°$ dargestellt.
178 Getränke werden durch den Winkel $178 \cdot 0{,}5° = 89°$ dargestellt. Entsprechend verfährt man mit allen anderen Werten der Häufigkeitsliste.

Getränke	Anzahl	Kreisausschnitt
Kakao	178	89°
Milch	230	115°
Saft	89	44,5°
Kaffee	105	52,5°
Tee	66	33°
Sonstiges	52	26°

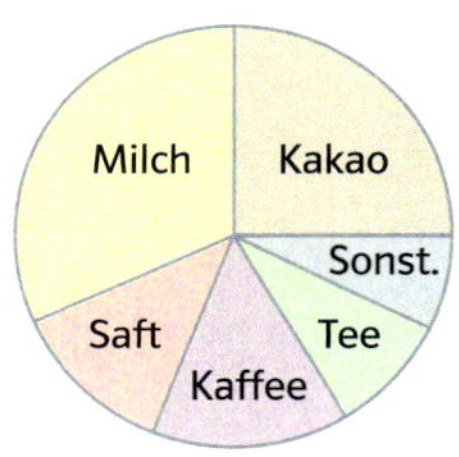

Streifendiagramm
Die 720 Getränke werden durch einen Block dargestellt.
Dabei ist die Länge des Blocks frei wählbar. Bei 720 verkauften Getränken bietet sich als Blocklänge 7,2 cm oder ein Vielfaches davon an. In der Tabelle ist die Blockeinteilung mit gerundeten Werten aufgeführt.

Getränke	Kakao	Milch	Saft	Kaffee	Tee	Sonst.
Anzahl	178	230	89	105	66	52
Abschnitt	1,8 cm	2,3 cm	0,9 cm	1,0 cm	0,7 cm	0,5 cm

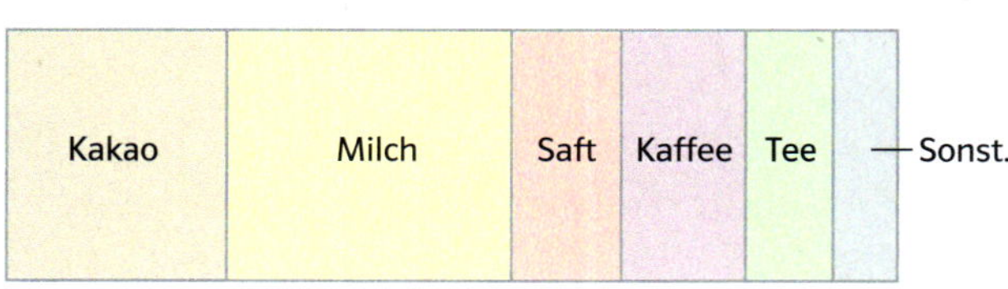

4 Schülerinnen und Schüler fehlen aus unterschiedlichen Gründen in der Schule. In dem Streifendiagramm ist die Verteilung der Fehlgründe auf die gesamte Fehlzeit dargestellt.

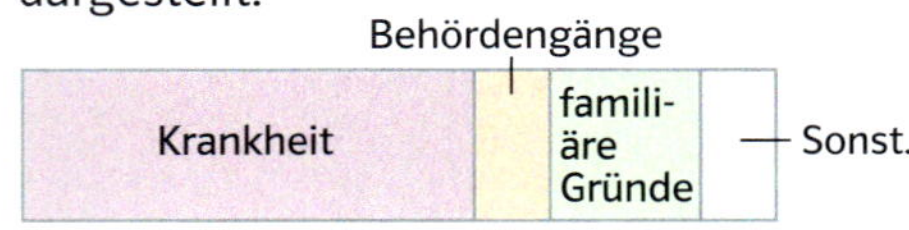

a) Was kannst du aus dem Streifendiagramm ablesen?
b) Zeichne ein Säulendiagramm.

5 Eine Umfrage über die Lieblingsfarbe bei Jugendlichen ergibt Folgendes:

schwarz	128	grün	45
rot	195	weiß	18
blau	95	braun	4
oliv	34	sonst.	17

a) Wie viele Jugendliche wurden befragt?
b) Stelle das Ergebnis in einem geeigneten Säulendiagramm dar.
c) Stelle das Ergebnis in einem Bilddiagramm dar. Wähle für jede Farbe einen Farbtopf in dieser Farbe. Dabei soll ein Farbtopf für 15 Nennungen gezeichnet werden.

6 Erstelle zum Bilddiagramm die Häufigkeitsliste. Ein Bild entspricht vier CDs.

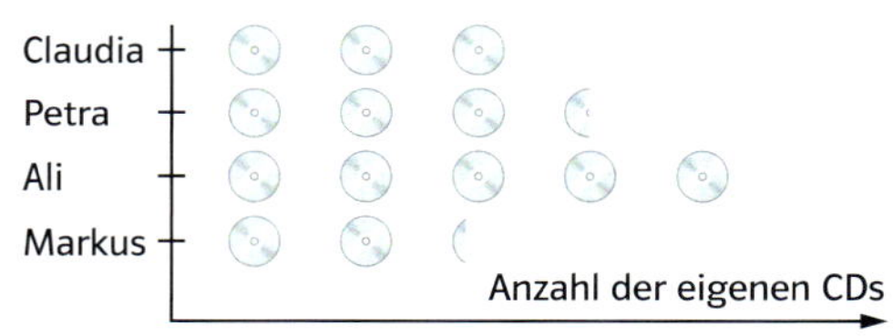

7 Bei einer Fahrradkontrolle wurden folgende Beanstandungen gemacht:

Glocke	12	Bremsen	5
Reifen	2	Licht	8
Reflektor	4		

a) Welche Diagramme eignen sich gut, welche eignen sich nicht zur Darstellung des Ergebnisses?
b) Was musst du voraussetzen, wenn du das Ergebnis in einem Kreis- oder Streifendiagramm darstellen möchtest?
c) Stelle das Ergebnis in einem geeigneten Diagramm dar.

Arbeiten mit dem Computer

Ein gutes Hilfsmittel zur grafischen Darstellung statistischer Erhebungen ist der Computer. Mit einem **Tabellenkalkulationsprogramm** können verschiedene Diagramme schnell, sauber und präzise dargestellt werden.
Ein weiterer Vorteil liegt auch darin, dass man sich die verschiedenen Diagrammtypen zeigen lassen kann, um den ansprechendsten auszuwählen. Außerdem können Diagramme leicht vergrößert oder verkleinert werden.
Der Einsatz eines Tabellenkalkulationsprogramms empfiehlt sich immer dann, wenn der Umfang der Umfrage besonders groß ist.

Bei der Vertrauenslehrerwahl standen in der Gustav-Heinemann-Realschule neun Lehrerinnen und Lehrer zur Wahl. 1277 Schülerinnen und Schüler haben abgestimmt.

Kandidaten	Stimmenzahl
Herr Werner	155
Frau Tolle	77
Herr Friedrich	211
Frau Müller-Nau	464
Frau Peters	81
Herr Blum-Siebert	114
Frau Simon	17
Frau Treu	103
Herr Fander	42
ungültige Stimmen	13

- Erstelle mit dem Computer verschiedene Diagramme.
- Schau dir auch andere Diagramme an, die dein Computer zeichnen kann. Welches scheint dir zur Darstellung des Wahlergebnisses besonders geeignet zu sein? Begründe deine Meinung.
- Kennst du Diagramme, die du mit dem Computer nicht zeichnen kannst?

8 Beim alltäglichen Lernen gibt es Dinge, die einem leichter oder weniger leicht fallen. Führt in eurer Klasse die Schülerbefragung mit dem vorgegebenen Fragebogen durch.

Aufgabe	sehr schwer	schwer	geht so	leicht	sehr leicht
Lernstoff behalten					
Klassenarbeiten vorbereiten					
regelmäßig üben und wiederholen					
Texte lernen und verstehen					
Nachschlagewerke benutzen					
Hefte ordentlich führen					

Wertet das Ergebnis eurer Befragung grafisch aus. Zeichnet dazu für jede Zeile der Tabelle ein Diagramm.

9 a) Wertet die statistische Erhebung grafisch aus. Geht dabei arbeitsteilig vor. Jeder zeichnet für eine Zeile der Häufigkeitsliste ein Diagramm, z. B. ein Bilddiagramm oder ein Säulendiagramm usw. Auf diese Weise erhaltet ihr für jede Zeile verschiedene Diagramme. Erläutert eure Vorgehensweise und beschreibt, wie ihr eventuell auftretende Schwierigkeiten gelöst habt.

Aussage	trifft voll zu	trifft teilweise zu	trifft kaum zu	trifft nicht zu
zu viel fernsehen	15	11	3	1
zu viel am Computer	10	9	5	8
zu viele Hobbys	3	12	8	7
halte zu wenig Ordnung, suche oft	4	17	4	5
höre viel Musik, auch bei Hausaufg.	12	14	0	4
verschiebe die Arbeit, das lähmt	6	6	12	6
arbeite nur unter Zeitdruck	3	14	11	2

b) Führt eine solche Befragung in eurer Klasse durch und wertet sie grafisch aus. Überlegt, welche Konsequenzen ihr aus eurer Erhebung ziehen könnt.

3 Daten auswerten

Schülerinnen und Schüler der Klasse 7b sammeln für einen wohltätigen Zweck Geld.

→ Wer hat am meisten, wer am wenigsten Geld gesammelt?

→ Wenn alle acht Schülerinnen und Schüler den gleichen Betrag gesammelt hätten, wie viel hätte dann jeder sammeln müssen, um das gleiche Sammelergebnis zu erzielen?

→ Stelle und beantworte weitere Fragen.

Claudia	18,00 €
Florian	21,30 €
Andreas	14,50 €
Nicole	14,00 €
Ali	21,00 €
Olga	9,40 €
Björn	16,80 €
Vitali	13,00 €

Wenn eine umfangreiche Liste mit Daten vorliegt, kann man sich unter verschiedenen Gesichtspunkten schnell einen Überblick verschaffen. Man fragt z. B. nach dem kleinsten oder dem größten Wert, nach dem Unterschied zwischen diesen beiden Werten oder nach einem Durchschnittswert. Wir verwenden verschiedene **Kennwerte**.

Der kleinste Wert einer Datenliste heißt **Minimum**.
Der größte Wert heißt **Maximum**.
Die Differenz aus dem Maximum und dem Minimum heißt **Spannweite**.
Die Summe aller Werte geteilt durch die Anzahl der Werte heißt **Mittelwert**.

Beispiele

a) Zu den jährlich stattfindenden Vergleichswettkämpfen stellt die Klasse 7a ihre Basketball-Mannschaft zusammen.

Name	Armin	Daniel	Florian	Ismael	Sven
Größe in cm	156	161	182	154	167

Kennwerte

Minimum: 154 cm — Spannweite: 182 cm − 154 cm = 28 cm

Maximum: 182 cm — Mittelwert: $\frac{154 + 156 + 161 + 167 + 182}{5}$ cm = 164 cm

Dies bedeutet

Keiner der aufgestellten Basketball-Spieler ist kleiner als 154 cm oder größer als 182 cm.
Der größte Spieler ist 28 cm größer als der kleinste Spieler.
Die durchschnittliche Größe der Spieler beträgt 164 cm.

In der Abbildung kann man die Bedeutung des Mittelwerts gut erkennen.
Berechnet man den Unterschied zwischen den einzelnen Werten und dem Mittelwert, so ist die Summe aller Werte, die über dem Mittelwert liegen, gleich der Summe aller Werte, die unter dem Mittelwert liegen.
18 + 3 = 8 + 3 + 10

b) Die Häufigkeitsliste zeigt die Fehlerauswertung eines Diktats.

Anzahl der Fehler	0	1	2	3	4	5	6	8	9	10	12	15	18
Anzahl der Schülerinnen und Schüler	0	4	7	4	2	2	5	1	1	1	1	1	1

Kennwerte:
Minimum: 1 Fehler Spannweite: 18 Fehler − 1 Fehler = 17 Fehler
Maximum: 18 Fehler
Mittelwert: $\frac{0 \cdot 0 + 4 \cdot 1 + 7 \cdot 2 + 4 \cdot 3 + 2 \cdot 4 + 2 \cdot 5 + 5 \cdot 6 + 1 \cdot 8 + 1 \cdot 9 + 1 \cdot 10 + 1 \cdot 12 + 1 \cdot 15 + 1 \cdot 18}{30}$ Fehler
$= \frac{150}{30}$ Fehler = 5 Fehler

Dies bedeutet:
In dem Diktat hat niemand weniger als einen Fehler oder mehr als 18 Fehler gemacht.
Der Schlechteste hat 17 Fehler mehr gemacht als der Beste.
Im Durchschnitt hat jede Schülerin und jeder Schüler 5 Fehler gemacht.

Aufgaben

1 Bestimme Spannweite und Mittelwert.
a) 1; 2; 3; 4; 5; 6; 7; 8; 9; 10
b) 11; 12; 13; 14; 15; 16; 17; 18; 19; 20
c) 2; 4; 6; 8; 10; 12; 14; 16; 18; 20
d) 5; 10; 15; 20; 25; 30; 35; 40; 45; 50
e) $\frac{1}{2}$; 1; $1\frac{1}{2}$; 2; $2\frac{1}{2}$; 3; $3\frac{1}{2}$; 4; $4\frac{1}{2}$; 5

2 Bestimme Minimum, Maximum und Spannweite.
a) 156 m; 84 m; 248 m; 37 m; 312 m; 189 m; 189 m; 55 m; 270 m
b) 44,3 kg; 19,8 kg; 26,1 kg; 12,0 kg; 8,7 kg; 14,3 kg; 12,0 kg; 21,9 kg
c) 4,36 m; 185 cm; 0,59 m; 5,3 dm; 1,08 m; 558 mm; 12 dm; 16,5 dm
d) 2 h 12 min; 2 h 15 min; 1 h 20 min; 50 min; 1 h 30 min; 2 h; 1 h 45 min

3 Bestimme für die drei Listen den Mittelwert und die Spannweite.
Was stellst du fest?
1. Liste: 3; 5; 7; 10; 17; 24
2. Liste: 0; 6; 13; 13; 15; 19
3. Liste: 7; 7; 9; 12; 15; 16

4 Bestimme für die drei Listen den Mittelwert und die Spannweite.
Was stellst du fest?
1. Liste: 5; 8; 10; 10; 12; 15; 16; 20
2. Liste: 24; 25; 28; 31; 35; 36; 38; 39
3. Liste: 0; 3; 6; 8; 10; 12; 13; 14; 15

5 Die Spannweite für die folgenden Zahlen soll 25 sein. Wie muss die fehlende Zahl heißen?
a) 0; 5; 12; 14; 17; 22; ☐
b) 13; 18; 21; 21; 21; 25; ☐
c) ☐; 26; 27; 28; 29; 30; 31; 32

6 Der Mittelwert für die folgenden Zahlen soll 12 sein. Wie muss die fehlende Zahl heißen?
a) 6; ☐; 15; 17
b) 7,5; 8,5; ☐; 15; 20
c) 0; 5; 5; ☐; 15; 20; 25

7 a) Berechnet die Durchschnittsgröße aller Schülerinnen und Schüler in eurer Klasse.
b) Welche Durchschnittswerte erhaltet ihr für Mädchen und Jungen getrennt?

8 Im Laufe eines Tages wird alle drei Stunden die Außentemperatur gemessen.

Uhrzeit	0	3	6	9	12	15	18	21	24
Temperatur in °C	7	6	7	10	15	14	12	10	9

a) Bestimme Minimum, Maximum, Spannweite und Mittelwert. Welche Bedeutung haben diese Werte?
b) Bestimme die mittlere Tagestemperatur für die Zeit von 6:00 Uhr bis 18:00 Uhr.

9 Was bedeuten folgende Angaben?

a) Durchschnittlich kamen 26 000 Zuschauer.

b) Im Winter liegt bis zu 95 Tage Schnee.

c) Eine deutsche Durchschnittsfamilie hat 1,2 Kinder.

d) Der Pegelstand kann bis zu 6 m schwanken.

e) Der Benzinverbrauch beträgt im Durchschnitt 8,6 l pro 100 km.

f) Die kleinste Schule im Regierungsbezirk hat 20 Schülerinnen und Schüler.

g) Der Tagesumsatz schwankt zwischen 4000 € und 6000 €.

h) Der Notendurchschnitt lag bei 3,1.

10 Auf die Frage, wie viele Stunden sie täglich fernsieht, antwortet Michaela: „Manchmal gar nicht, manchmal sechs Stunden."

a) Welchen Kennwert hat sie angegeben?

b) Welcher Kennwert wäre zur Beantwortung der Frage interessanter gewesen?

11 Der Mittelwert ist hier schnell berechnet, aber was sagt er aus?

a)

Wochentag	Mo	Di	Mi	Do	Fr	Sa	So
Anzahl der Fernsehstunden	2	1	0	3	4	5	6

b) Anzahl der Besuchstage im Freibad pro Monat: Oktober bis April geschlossen

Mai: 2 Tage Juni: 5 Tage
Juli: 13 Tage August: 6 Tage
September: 4 Tage

c) Unterrichtstage pro Monat

Monat	1.	2.	3.	4.	5.	6.
Tage	18	20	23	15	14	17

Monat	7.	8.	9.	10.	11.	12.
Tage	14	0	20	21	17	16

12 In einer anonymen Umfrage wird nach dem Taschengeld pro Monat gefragt. Werte die statistische Erhebung mithilfe von Kennwerten aus.

Taschengeld pro Monat (in €)

20	18	40
15	22	12
12	28	5
25	30	45
20	30	20
24	20	24
50	25	20
40	17	30

13 In den Listen sind die Weiten der Mädchen und Jungen beim Schlagballwurf getrennt aufgeschrieben.

Mädchen

23 m	17 m	14 m
14 m	15 m	32 m
12 m	21 m	29 m
26 m	22 m	

Jungen

19 m	20 m	28 m
32 m	23 m	11 m
27 m	12 m	16 m
15 m	21 m	9 m
38 m	39 m	18 m
34 m	40 m	

a) Bestimme die Kennwerte für Jungen und Mädchen getrennt.
Welche Gruppe war deiner Meinung nach die bessere?

b) Bestimme die Kennwerte für die ganze Klasse. Kannst du dazu die Kennwerte aus Aufgabe a) benutzen?

c) Erfasst für eure Klasse die Weiten beim Schlagballwurf für Jungen und Mädchen getrennt.
Seid ihr besser?

14 In der Klasse fragt der Lehrer nach der Anzahl der Bücher, die jeder im letzten Jahr gelesen hat.
Der Unterschied zwischen der „Leseratte" und dem „Lesemuffel" beträgt 12 Bücher.

a) Wie viele Bücher könnte der „Lesemuffel", wie viele die „Leseratte" gelesen haben?

b) Wie groß ist in eurer Klasse der Unterschied zwischen dem „Lesemuffel" und der „Leseratte"?

Häufigster Wert

Wird eine statistische Erhebung durchgeführt und das Ergebnis in einer Liste festgehalten, so kann es ein Ergebnis geben, das häufiger auftritt als irgendein anderes. Ein solches Ergebnis heißt **häufigster Wert** oder **Modalwert**.
Der häufigste Wert spielt eine große Rolle bei statistischen Erhebungen, für die der Mittelwert nicht angegeben werden kann. Er stellt dann einen Ersatz für den Mittelwert dar.

Jugendliche werden nach ihrem Interesse an Sport gefragt.

Interesse	klein	wenig	etwas	viel	sehr viel
Jungen	20	31	118	154	189
Mädchen	22	76	146	157	140

Ein Mittelwert kann für diese Tabelle nicht sinnvoll angegeben werden.
Aber man kann einen häufigsten Wert angeben. Für die Jungen liegt er bei „sehr viel Interesse", für die Mädchen bei „viel Interesse". Dies zeigt, dass die Jungen dieser Befragung etwas mehr an Sport interessiert sind als die Mädchen.

Manchmal gibt es auch keinen häufigsten Wert.

Schulweg in km	1	2	3	4	5	6
Anzahl	12	10	12	8	9	4

Hier gibt es keinen häufigsten Wert, da die Werte für 1 km und 3 km je 12-mal vorkommen, alle anderen aber seltener.

■ Bestimme für die Aufgaben 1 bis 4 und 8 falls möglich den häufigsten Wert.

15 Welche der statistischen Kennwerte sind für die folgende Erhebung sinnvoll? Bestimme diese Kennwerte.

a) Alter in Jahren: 12; 14; 12; 11; 12; 14; 14; 11; 10; 13; 12; 11; 10; 11; 12
b) Telefonnummern: 8374; 5652; 2895; 2587; 5597; 8725; 6985; 9941
c) Wertung einer Turnübung: 8,7; 8,3; 9,2; 7,5; 9,5; 9,2
d) Ergebnis einer Umfrage: „Wie oft schaust du die Tagesschau?"

immer	häufig	manchmal	selten	nie
5	14	26	15	8

e) Nummern von Kfz-Kennzeichen: 298; 29; 417; 311; 527; 1593
f) Gewicht der Schultaschen in kg: 3,4; 4,8; 2,6; 3,8; 4,1; 2,7; 3,6; 4,0; 4,2
g) Umfrage nach dem Lieblingstier:

Hund	Katze	Pferd	Vogel	Hase	Maus	Fisch
517	428	219	271	88	43	26

16 Marie und Felix treten als Paarläufer im Eiskunstlaufen auf.
a) Bei der Bewertung durch die sieben Punktrichter wird immer die beste und die schlechteste Wertung gestrichen und dann der mittlere Punktwert berechnet. Kannst du dir denken, warum dies so ist?
b) Bei einem Wettkampf erhalten die beiden folgende Wertung:
3,4; 5,2; 5,5; 5,5; 6,0; 5,1; 5,1.
Welchen mittleren Punktwert erhalten die beiden?
Welchen mittleren Punktwert hätten sie erreicht, wenn die Streichungsregel nicht gelten würde?

Zusammenfassung

Statistische Erhebung

Eine **statistische Erhebung** ist eine Sammlung von Daten.

In einer 7. Klasse mit 30 Schülerinnen und Schülern wird ermittelt, wie viele Bücher (außer für den Unterricht) jeder im letzten Jahr gelesen hat.

Listen

Zum Zählen der einzelnen Ergebnisse einer statistischen Erhebung werden **Strichlisten** verwendet.

Anzahl der Bücher	0	1	2	3	4	5	6
Anzahl der Schüler	𝍸	||||	𝍸 ||	𝍸 𝍸		|||	|

Werden in der Liste statt der Striche Zahlenwerte angegeben, so spricht man von einer **Häufigkeitsliste**.

Anzahl der Bücher	0	1	2	3	4	5	6
Anzahl der Schüler	5	4	7	10	0	3	1

Diagramme

In **Säulen-** oder **Bilddiagrammen** können in der Regel die Werte der zugrunde liegenden Häufigkeitsliste abgelesen werden.

Säulendiagramm

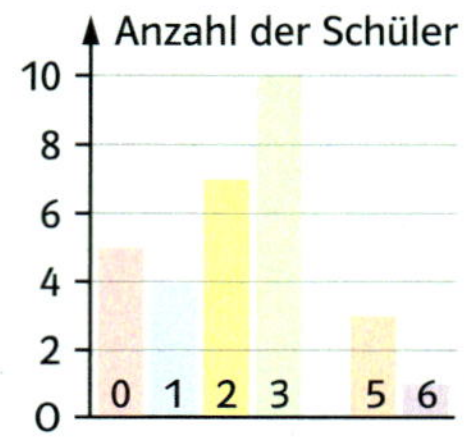

Bilddiagramm

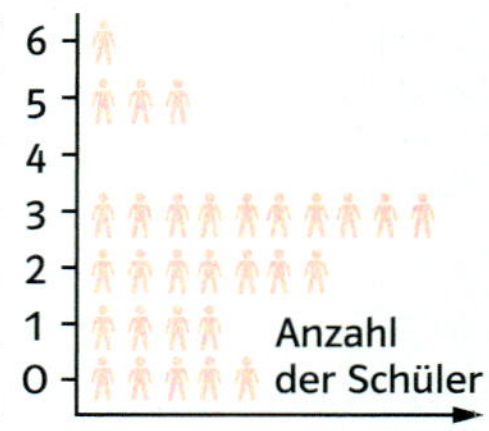

Kreis- oder **Streifendiagramme** machen deutlich, welchen Anteil ein Wert der zugrunde liegenden Häufigkeitsliste am Ganzen hat.

Kreisdiagramm

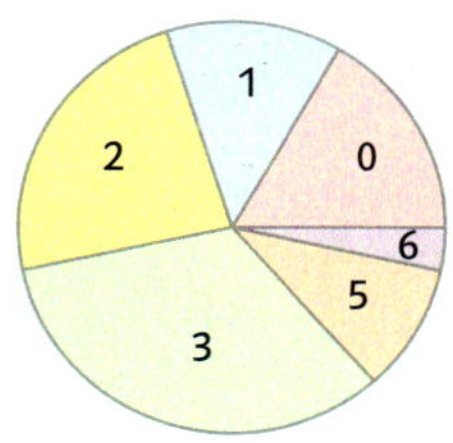

Streifendiagramm

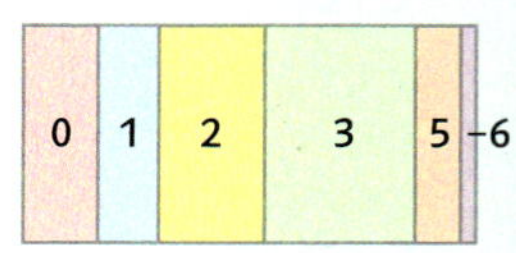

Kennwerte

Der kleinste Wert der Liste heißt **Minimum**.

0 Bücher sind das Minimum.

Der größte Wert der Liste heißt **Maximum**.

6 Bücher sind das Maximum.

Die Differenz aus dem Maximum und dem Minimum heißt **Spannweite**.

6 Bücher − 0 Bücher = 6 Bücher
Die Spannweite beträgt 6 Bücher.

Die Summe aller Werte dividiert durch die Anzahl der Werte heißt **Mittelwert**.

$$\frac{5 \cdot 0 + 4 \cdot 1 + 7 \cdot 2 + 10 \cdot 3 + 0 \cdot 4 + 3 \cdot 5 + 1 \cdot 6}{30}$$

$$= \frac{69}{30} = 2{,}3$$

Im Durchschnitt wurden 2,3 Bücher gelesen.

Üben • Anwenden • Nachdenken

1 In den europäischen Ländern sind die Schulferien nicht gleich lang.

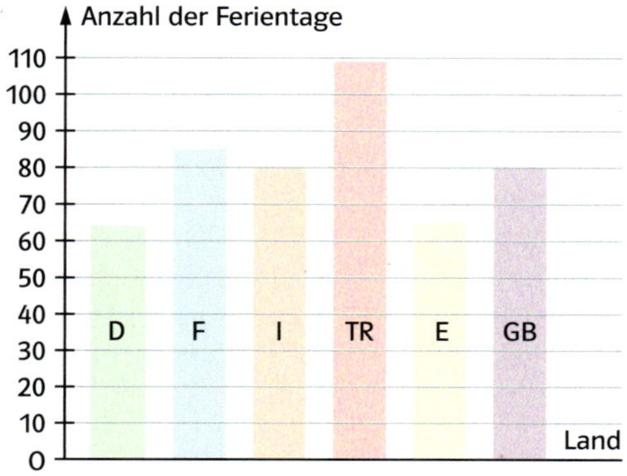

a) Ordne die Länder nach der Anzahl der Ferientage.
b) Wer hat die meisten, wer die wenigsten Ferientage? Wie groß ist der Unterschied?
c) Welche Länder haben mehr, welche weniger Ferientage als Deutschland?
d) Vergleiche die Ferientage von Deutschland mit dem Mittelwert.

2 Für einige Schulformen sind die jährlichen Ausgaben pro Schülerin bzw. Schüler an öffentlichen Schulen in Deutschland aufgeführt.

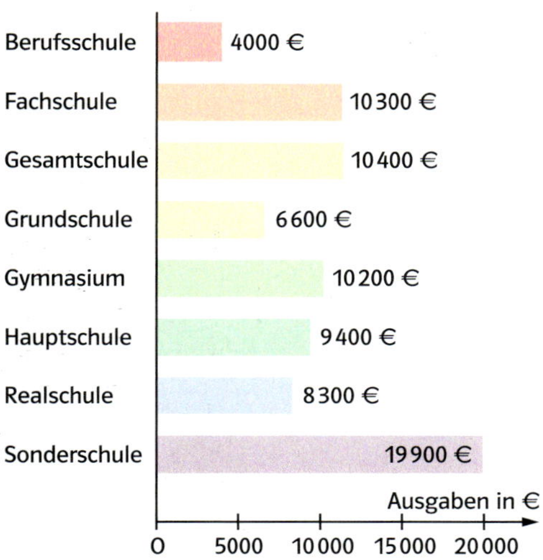

Beschreibe mithilfe von Kennwerten die Kosten der Schulbildung. Welche Schwierigkeit tritt beim Mittelwert auf?

3 Die sieben flächengrößten Bundesländer und ihre Einwohnerzahlen:

Bundesland	Fläche in km²	Einwohner in Mio.
BW	35751	10,0
BY	70553	11,6
BB	29053	2,7
HE	21114	5,9
MV	23170	1,9
NI	47343	7,5
NW	34070	17,7

a) Stelle die Flächen und die Einwohnerzahlen in einem Säulendiagramm dar.
b) Sortiere die Länder einmal nach der Fläche und ein weiteres Mal nach der Einwohnerzahl. Was stellst du fest?

4 Im Jahre 2000 gab es etwa 6,2 Milliarden Menschen auf der Erde.

Afrika	840 Mio.	Amerika	850 Mio.
Asien	3766 Mio.	Europa	728 Mio.
Australien u. Ozeanien	52 Mio.		

Stelle die Angaben in einem Bilddiagramm dar. (entspricht 100 Mio. Einwohnern)

5 Stelle die Anteile der einzelnen Erdteile an der gesamten Landfläche in einem Streifendiagramm dar. Warum ist es günstig, 1 mm für 1 Mio. km² zu wählen?

Kontinente und ihre Flächen

Europa	*10 Mio. km²*
Asien	*44 Mio. km²*
Afrika	*30 Mio. km²*
Nordamerika	*24 Mio. km²*
Südamerika	*18 Mio. km²*
Australien und Ozeanien	*9 Mio. km²*
Antarktis	*14 Mio. km²*

6 a) Stelle die Anteile der Ozeane an der gesamten Wasserfläche der Erde in einem geeigneten Streifendiagramm dar.
b) Die Zahlen der Wasserflächen erleichtern das Zeichnen eines Kreisdiagramms. Warum?

Weltmeere und ihre Flächen

Pazifischer Ozean (Pazifik)	*180 Mio. km²*
Atlantischer Ozean (Atlantik)	*105 Mio. km²*
Indischer Ozean (Indik)	*75 Mio. km²*

7 In der Tabelle ist der Nahrungsmittelverbrauch von 1955 und 1990 aufgeführt.

1955	Verbrauch in kg je Person	2000
160	Kartoffeln	70
130	Trinkmilch	90
94	Brot, Mehl	76
71	Obst	134
46	Fleisch	91
42	Gemüse	90
26	Zucker	33

a) Hier siehst du den Anfang eines zweiseitigen Balkendiagramms.

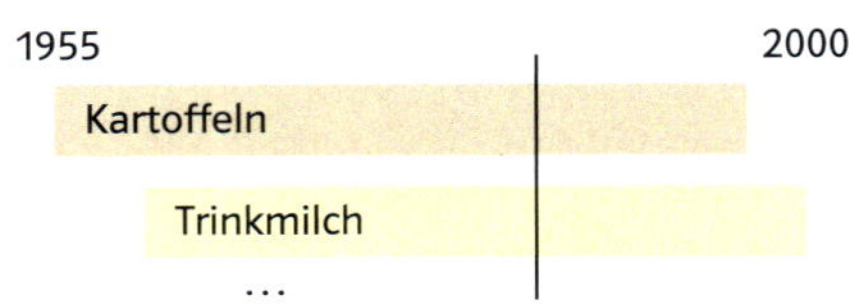

Stelle die Angaben der Tabelle in einem zweiseitigen Balkendiagramm dar.
b) Stelle auch die Unterschiede in einem zweiseitigen Balkendiagramm dar.

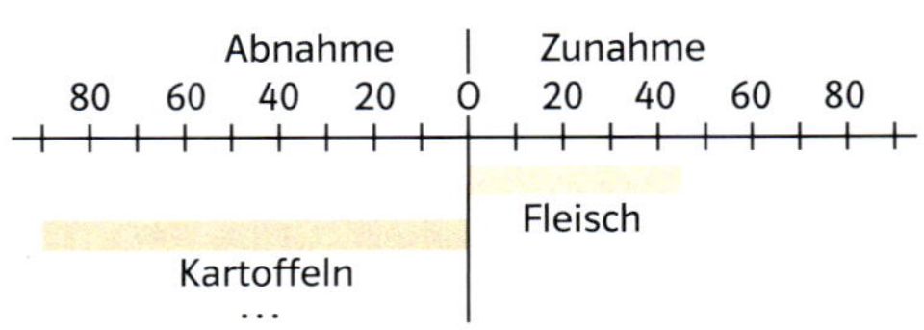

8 In den Streifendiagrammen ist der Nährstoffgehalt von Nahrungsmitteln angegeben.

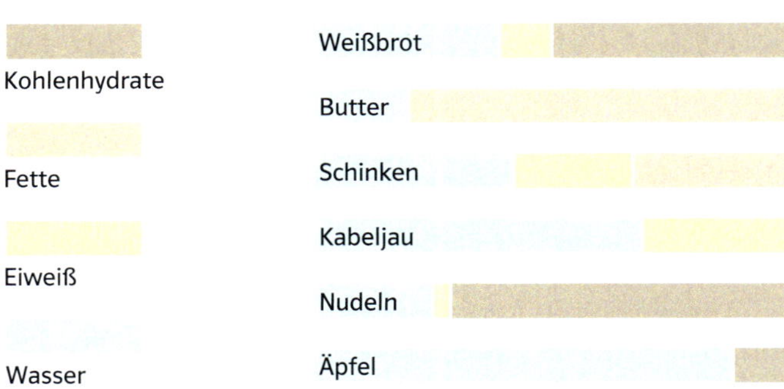

Welche Lebensmittel haben einen hohen Anteil an Kohlenhydraten, welche eignen sich für eine fettarme Kost?

9 In der Liste sind die Niederschlagsmengen in mm von Mumbai angegeben.

Januar:	3	Juli:	617
Februar:	3	August:	340
März:	3	September:	264
April:	2	Oktober:	64
Mai:	18	November:	13
Juni:	485	Dezember:	3

a) Berechne die mittlere jährliche Niederschlagsmenge.
b) Bestimme die Mittelwerte für Januar bis März, April bis Juni, Juli bis September und Oktober bis Dezember. Berechne aus den vier Mittelwerten den Jahresdurchschnitt. Was fällt dir auf?

10 „Auf der Wiese vor unserer Schule blühen jetzt über 10 000 Gänseblümchen", behauptet Eva.
Tim möchte es genauer wissen.
Dazu steckt er auf dem 1500 m² großen Wiesenstück zufällig verstreut zehn quadratische Felder mit je 50 cm Seitenlänge ab und zählt die darin befindlichen Gänseblümchen.

Feld	1	2	3	4	5	6	7	8	9	10
Anzahl	35	31	31	28	53	22	57	43	49	51

a) Wie viele Gänseblümchen wachsen durchschnittlich in einem Feld?
b) Wie gut hat Eva geschätzt?

11 Die Anzahl der fehlenden Schülerinnen und Schüler wird stichprobenartig über das Jahr verteilt ermittelt. Es soll damit die durchschnittliche Anzahl der Fehlenden berechnet werden.

Fehltag	1	2	3	4	5	6	7	8	9	10	11	12
Anzahl	9	8	8	7	9	11	8	33	6	11	14	8

a) Berechne den Mittelwert.
b) Berechne den Mittelwert ohne Berücksichtigung des 8. Messwertes.
Warum trifft dieser Mittelwert den Sachverhalt besser? Was könnte am achten Tag passiert sein?
c) Was ist der häufigste Wert? Vergleiche ihn mit den beiden Mittelwerten.

Rückspiegel

Rückspiegel

1 Bei einer Verkehrszählung wurde folgende Strichliste angelegt:

Lkw	Pkw	Motorrad	Fahrrad	sonst.
卌 |||	卌 卌 卌 卌 卌 卌 卌 ||	|||	卌 卌 卌 ||	||

a) Fertige eine Häufigkeitsliste an.
b) Zeichne ein Säulendiagramm.

2 Bei einer Umfrage wird ermittelt, wie viele Stunden ihrer Freizeit die Jugendlichen pro Woche mit ihren Freundinnen bzw. ihren Freunden verbringen.
Fertige eine Häufigkeitsliste an und zeichne ein geeignetes Bilddiagramm.
2; 3; 4; 3; 2; 2; 4; 3; 6; 5; 7; 5; 4; 3; 2; 2; 5; 5; 4; 2; 7; 1; 8; 3; 3; 5; 4; 5; 5; 6; 7; 5; 2; 3; 1; 1; 4; 5; 2; 4; 1; 3; 7; 2; 2; 6; 3; 1; 5; 2

3 Silke und Andreas legten auf einer einwöchigen Radtour durch den Schwarzwald folgende Etappen zurück:
(alle Angaben in km)

Tag	Mo	Di	Mi	Do	Fr	Sa	So
Länge	40	52	49	58	34	40	35

a) Welcher Tagesdurchschnitt ergibt sich?
b) Petra und Sabine wollen die gleiche Radtour in fünf Tagen schaffen.

4 Die besten Kugelstoßer der Klassen treten gegeneinander an.
Es wurden folgende Weiten (in m) erzielt:
7a: 4,21; 4,38; 4,27; 4,59; 4,45; 4,56
7b: 4,47; 4,44; 4,55; 4,58; 4,40; 4,38
7c: 4,44; 4,41; 4,48; 4,48; 4,47; 4,60
7d: 4,42; 4,17; 4,47; 4,57; 4,65; 4,30
a) In welcher Klasse ist die Spannweite am größten?
b) In welcher Klasse wurde die durchschnittlich größte Weite gestoßen?
c) Gib die Spannweite und den Mittelwert für die ganze Jahrgangsstufe an.

1 Bei einem Open-Air-Konzert werden einige Besucher gefragt, wie sie von dem Konzert erfahren haben.

Quelle	Zeitung	Plakat	Rundfunk	andere
Anzahl	296	182	106	136

a) Stelle das Ergebnis in einem Kreisdiagramm dar.
b) Stelle das Ergebnis in einem Streifendiagramm dar. Dabei soll 1 cm hundert Nennungen entsprechen.

2 Das Streifendiagramm gibt die Anzahl der Schulbesuchsjahre (allgemeinbildende Schule) für 100 befragte Erwachsene an.

a) Stelle eine Häufigkeitsliste auf.
b) Gib den häufigsten Wert an.

3 Bei den Bundesjugendspielen gewinnt die Klasse, die im Durchschnitt die meisten Punkte erreicht hat.

Klasse	Anzahl der Schüler	Punkte
5	28	46 200
6	26	44 330
7	25	42 600
8	29	48 865
9	24	40 176
10	23	38 272

Berechne die durchschnittliche Punktzahl pro Schüler einer Klasse und lege die Rangfolge fest.

4 Am Ende eines Schuljahres wird in einer Klasse 7 die Zahl der Fehltage ermittelt. Werte die statistische Erhebung mithilfe der Kennwerte Minimum, Maximum, Spannweite und Mittelwert aus.
4; 0; 9; 2; 0; 1; 3; 5; 6; 0; 2; 1; 0; 8; 1; 1; 12; 2; 0; 7; 5; 2; 1; 3; 6; 2; 1; 0

Paradiese am Äquator

1 mm Niederschlag
=
1 Liter Wasser pro m²

Millionenfach geartet

In den immerfeuchten tropischen Regenwäldern fallen jährlich über 2000 mm Niederschlag.
Die Wälder bedecken zwar nur 6 % der etwa 144,5 Mio. km² festen Erdoberfläche, beheimaten wahrscheinlich aber rund 75 % aller Tierarten. Der Käferkundler Terry Erwin schätzt, dass in allen tropischen Regenwäldern der Erde ca. 30 Mio. Tierarten leben, von denen jedoch nur ein kleiner Bruchteil entdeckt ist.

- Wie viel Liter Regenwasser pro m² fallen täglich im Regenwald? Und in Deutschland? Eine Badewanne fasst 100 l, ein Eimer 10 l. Vergleiche.
- Welche Gesamtfläche bedecken die tropischen Regenwälder auf der Erde? Wie oft passt Deutschland da hinein?
- Wie viele Tierarten gibt es schätzungsweise weltweit?
- Formuliert Aussagen zum Diagramm.

Niederschläge im Jahr:
Manaus (Brasilien)
2043 mm
Kiel
755 mm

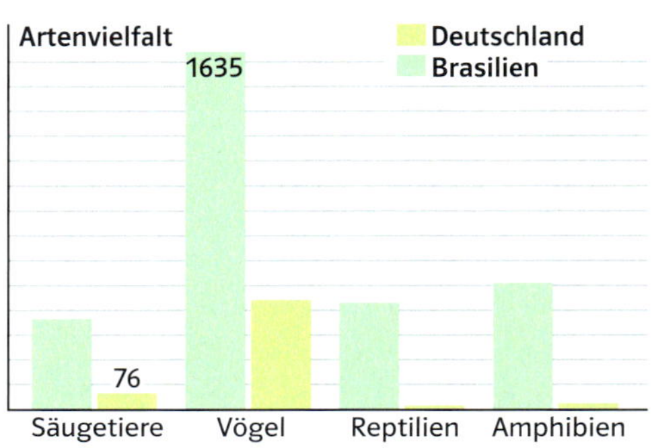

Vom Boden in luftige Höhe

Zwei Drittel aller tropischen Tiere leben großteils unentdeckt in den Baumkronen. Zur Forschung in Höhen von 30 m bis 40 m haben Wissenschaftler ein Baumfloß aus 13,60 m langen Plastikschläuchen und Netzen gebaut. Obwohl es 750 kg wiegt, gibt es genügend Halt ohne auf den Baumwipfeln Äste abzubrechen.

- Könnt ihr das erklären?
- Zeichnet das Baumfloß maßstabsgetreu und schätzt, welche Fläche es bedeckt.

Kleine Schwerstarbeiter

Die Blattschneiderameisen sind Wanderer zwischen Boden und Blätterdach. Eine meist rund 2 Mio. Ameisen umfassende Kolonie legt zur eigenen Versorgung unterirdische Pilzkolonien an und nährt sie mit Blattstücken aus den Baumkronen.

- Eine Ameise hat schwer zu tragen. Erläutert und vergleicht mit euch.
- Wie lang ist der Weg „zur Arbeit" im Verhältnis zur Körperlänge der Ameisen? Wie weit müsstet ihr im Vergleich laufen?
- Welche Blättermasse wird in der Kolonie am Tag verarbeitet? Und pro Ameise?

Blattschneiderameise
Länge: 0,9 cm
Gewicht: 0,003 g
Kolonieverbrauch:
6000 kg Blätter im Jahr

Grüne Riesen

Die Bäume der tropische Regenwälder werden in so genannte Stockwerke eingeteilt. In den einzelnen Höhenstufen herrschen ganz unterschiedliche Bedingungen.

- Beschreibt und erklärt das nebenstehende Schaubild.
- Was erlebt ein Baumsteigerfrosch, wenn er von 20 m in 40 m Höhe steigt? Was ist, wenn er auf den Boden fällt?
- Zeichnet die Baumriesen neben ein passendes Hochhaus und euch Schüler.

Stockwerkbau des Tropischen Regenwaldes

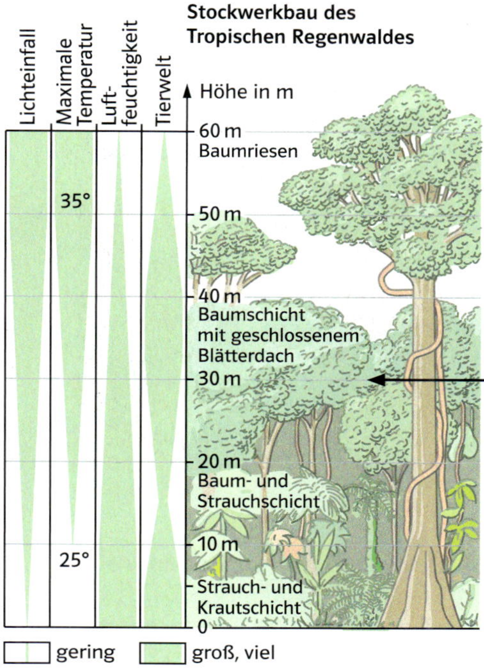

Einzigartig und unwiederbringlich

Heute werden die einzigartigen tropischen Lebensräume zur Schaffung von neuem Siedlungs- und Wirtschaftsraum sowie zur Holzgewinnung unwiederbringlich zerstört. Jede Minute vernichtet der Mensch weltweit tropischen Regenwald in der Fläche von etwa 76 Fußballfeldern.

Naturwunder gefährdet!

Brasilia – Umweltschützer gingen bislang davon aus, dass in Brasilien pro Jahr 1,5 Mio. ha Regenwald vernichtet werden.

Neuste Forschungen mit hochauflösenden Satellitenaufnahmen haben gezeigt, dass die jährliche Zerstörung sogar doppelt so schnell voranschreitet. Ein Fünftel des brasilianischen Regenwaldes ist bereits endgültig zerstört. Heute beträgt die Fläche des Tropenwaldes ca. 530 Mio. Hektar.

- Wie viel Regenwald wird weltweit während einer Unterrichtsstunde zerstört? Stellt die Fläche anschaulich dar.
- Wie viel Prozent des Tropenwaldes wird in Brasilien jedes Jahr zerstört?
- Zeichnet ein Schaubild, das die Zerstörung des Regenwaldes in Brasilien bis ins Jahr 2020 in unterschiedlicher Geschwindikeit zeigt. Wann ist er völlig zerstört?
- Vergleicht die Abnahmewerte mit der Fläche von Deutschland und NRW. Beachtet die unterschiedlichen Größeneinheiten.
- Wie groß war der Regenwald am Amazonas ursprünglich?

Zwei mittelgroße Fußballfelder sind ca. 1 Hektar (100 m · 100 m) groß.

Flächen
Deutschland:
357 000 km²
NRW:
34.000 km²

... und jetzt Demo!

Die Einzigartigkeit des tropischen Regenwaldes bedarf des unbedingten Schutzes vor weiterem Raubbau. Gestaltet Plakate, eine Zeitung oder ein Theaterstück, durch die ihr über die katastrophale Zerstörung der Regenwälder informiert. Macht die Angaben dabei in Schaubildern so anschaulich wie möglich. Die Ergebnisse könnt ihr bei einer Schulveranstaltung präsentieren.
Vielleicht kann eure Klasse über eine Umweltorganisation auch Pate für eine Schutzfläche im Regenwald werden. Wurde in eurer Schule schon einmal über den Einsatz von Umweltpapier nachgedacht?

Ideen verändern die Welt

Zweirad
von Gottlieb Daimler
- *250 ccm*
- *368 Watt (0,5 PS)*
- *max. 12 km/h*

Motorwagen
von Karl F. Benz
- *1 Zylinder*
- *0,63 kW (0,85 PS)*
- *13 bis 16 km/h*

Das erste funktionierende Benzinauto
Im Jahre 1885 bauten zwei Deutsche, Gottlieb Daimler und Karl Friedrich Benz, die ersten brauchbaren benzingetriebenen Fahrzeuge der Welt.

- Angenommen, Karl Benz wollte seinen Motorwagen im 617 km entfernten Berlin dem Kaiser vorstellen: Mit welcher Fahrzeit für die Hin- und Rückfahrt müsste er rechnen, wenn er am Tag höchstens zehn Stunden fahren kann?
Wie lange bräuchte Gottlieb Daimler?
Wie lange seid ihr unterwegs, wenn ihr von zu Hause nach Berlin reisen wollt?
- Lest aus der Grafik die Durchschnittsgeschwindigkeiten ab. Vergleicht.

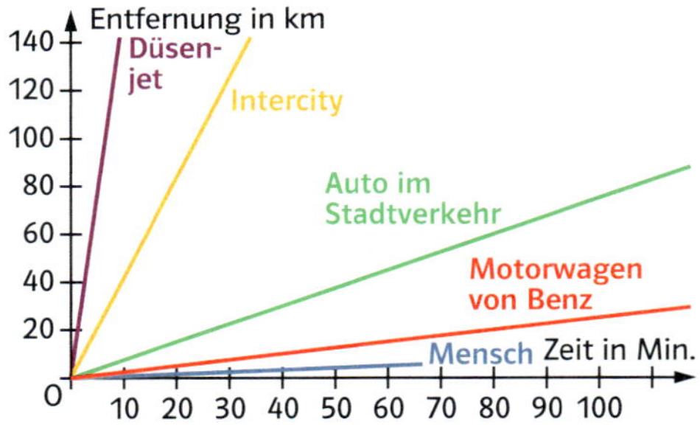

- Die Leistung eines Pkw muss heute in Kilowatt (kW) angegeben werden. Viele benutzen aber dennoch die alte Leistungseinheit Pferdestärke (PS). Gebt einen Term an zur Umrechnung von kW in PS und umgekehrt. Formuliert eine Faustregel.

Die Büroklammer
1899 erfand der Norweger Johann Vaalen die Büroklammer. Sie ist aus gebogenem Metalldraht gefertigt und meist etwa 3 cm lang und 1 cm breit.

- Stellt euch vor, eure Klasse möchte, um ins „Buch der Rekorde" zu kommen, insgesamt 10 000 Büroklammern möglichst schnell zu einer langen Kette zusammenstecken. Wie lange bräuchtet ihr? Was ist, wenn acht Schülerinnen und Schüler vorzeitig aufgeben? Wie wirkt es sich aus, wenn fünf Klassenmitglieder zwischendurch für 30 Min. zur Schulleitung müssen?
- Das unten abgebildete Rechteck besteht aus acht Büroklammern. Wie lang und wie breit ist es?

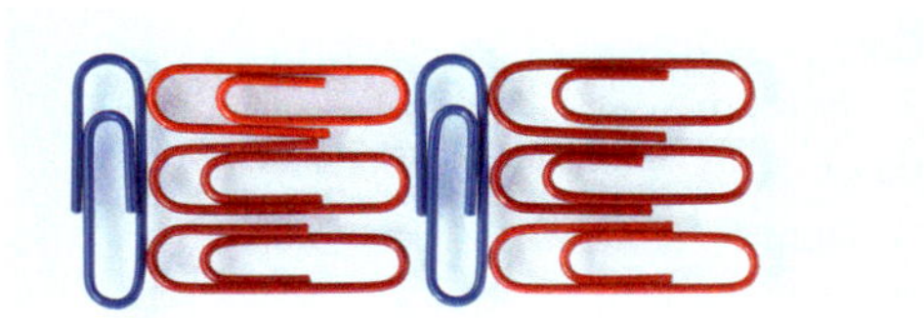

- Setzt das Muster fort. Welche Länge und Breite kann ein Rechteck aus 10 000 Klammern haben?
- Versucht, aus den Klammern ein Quadrat zu legen.
- Erfindet ein eigenes Muster und berechnet ebenfalls Länge und Breite des Rechtecks aus 10 000 Büroklammern.

Coca Cola

Der Apotheker John Styth Pemberton entwickelte 1886 einen Sirup gegen Müdigkeit und Kopfschmerzen. Er mischte ihn mit Sodawasser und fertig war die Coca-Cola. Die geheime Formel für das Originalgetränk liegt in einem Tresor in Atlanta. Ihren typischen Geschmack erhält Coca-Cola durch die koffeinhaltige Kolanuss vom afrikanischen Kolabaum.

- Recherchiert im Internet nach Informationen über den Kolabaum, über die Verarbeitung der Frucht und die Zusammensetzung von Cola.
Stellt die Ergebnisse auf Plakaten zusammen.
- Führt in allen 7er-Klassen eine Umfrage zum wöchentlichen Cola-Verbrauch durch. Wertet die erhaltenen Daten am PC aus und stellt eure Ergebnisse grafisch dar.
- Jeder Deutsche trinkt im Schnitt 46 Liter Cola im Jahr. Ein Liter enthält 110 Gramm Zucker. Wie viele Stücke Würfelzucker sind das im Jahr? Schätzt zuerst und überprüft.

Die erste mechanische Uhr

1510 schuf der Schlosser Peter Henlein eine Taschenuhr, das Nürnberger Ei. Armbanduhren kamen erst 400 Jahre später auf. In alten Uhren kann man das Zahnradgetriebe noch deutlich erkennen:

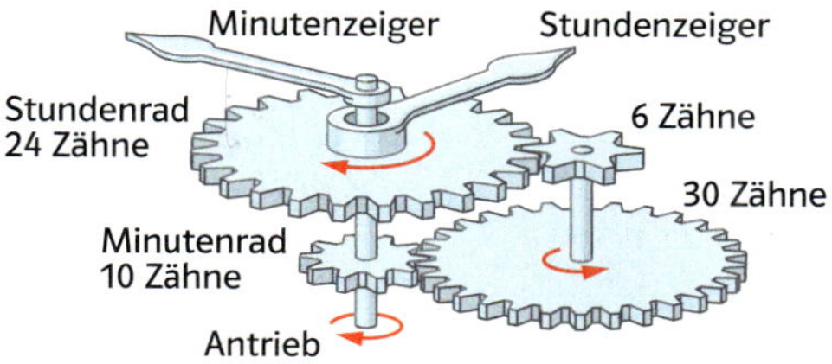

- Wie funktioniert das Getriebe?
- Dreht sich der Minutenzeiger einmal komplett, so hat der Stundenzeiger ein Zwölftel des Kreises zurückgelegt. Erklärt anhand der Abbildung.
- Beschreibt das Getriebe für eine Uhr mit Sekundenzeiger.

Der Füller

Ein amerikanischer Kaufmann namens Lewis Edson Watermann ärgerte sich beim Schreiben ständig über die Tintenklekse seiner Feder und erfand ein kleines Gefäß für Tinte, das durch feine Kanäle mit der Feder verbunden war. Am 12.02.1884 meldete er die Erfindung beim Patentamt an.

- Schätzt, wie viele leere Tintenpatronen in eurer Schule in einem Schuljahr zusammen kommen.
- Um Kunststoffmüll zu vermeiden, können Füller nachgefüllt werden. Die in 60 Patronen enthaltene Menge Tinte ist in einem einzigen 30 ml-Tintenglas abgefüllt. Stellt Preis- und Abfallvergleiche an.

... und jetzt eine Reise in die Vergangenheit!

Findet heraus, wann und von wem ein Gegenstand, den ihr euch aus eurem Alltag nicht mehr wegdenken könnt, erfunden wurde. Wie wurde er weiterentwickelt?
Was meint ihr, wie geht die Entwicklung möglicherweise weiter?
Gestaltet gemeinsam eine Infowand für eure Klasse, für die gesamte Jahrgangsstufe, für den Eingangsbereich der Schule oder für den Verwaltungsbereich. Vielleicht steht ja auch eine Projektwoche an.

Fit for life

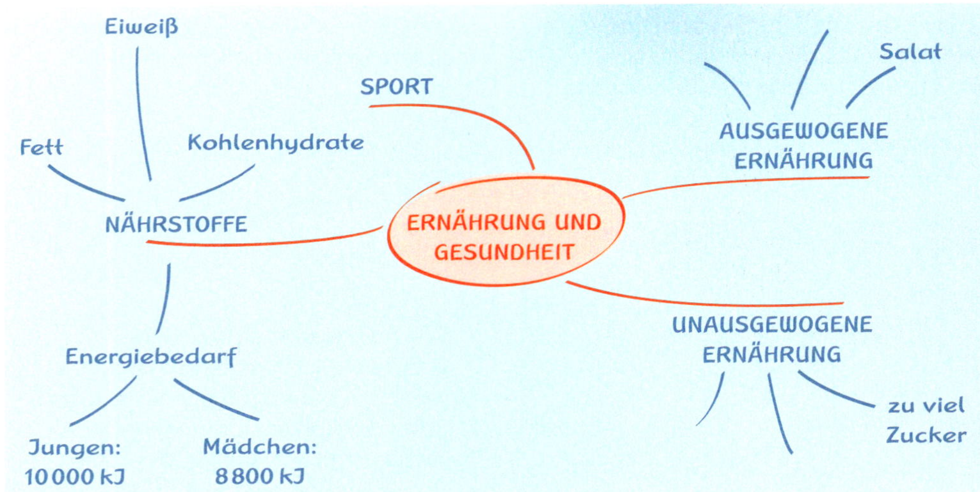

*Früher wurde der Energiegehalt statt in **Kilojoule** in **Kilokalorien** angegeben.*
1 kcal = 4,2 kJ

Aufgaben und Energiegehalt der Nährstoffe:

Fett:
- *Deckung des Energiebedarfs,*
- *Wärme und Organschutz,*
- *Träger fettlöslicher Vitamine*
- *1 g entspricht 37,8 kJ*

Eiweiß:
- *Wachstum,*
- *Zell- und Gewebeerneuerung*
- *1 g entspricht 16,7 kJ*

Kohlenhydrate:
- *Deckung des Energiebedarfs*
- *1 g entspricht 16,7 kJ*

Wozu werden Vitamine, Mineralien, Ballaststoffe und Wasser benötigt?

Was der Körper braucht
Der menschliche Körper braucht Nährstoffe zur Deckung seines Energiebedarfs und zur Gewinnung von körpereigenen Baustoffen. Pro Kilogramm Körpergewicht benötigt der Mensch täglich durchschnittlich 0,8 g Fett, 0,9 g Eiweiß und 5 g Kohlenhydrate.

- Erstellt eure eigene Mindmap zum Thema Gesundheit und Ernährung.
- Bestimmt den Nährstoffbedarf in Gramm und Kilojoule für euer Körpergewicht.
- Vergleicht euren Bedarf mit dem eines Erwachsenen.

Versteckter Zucker
In Deutschland werden pro Person im Durchschnitt 120 g Zucker pro Tag konsumiert. Um den täglichen Bedarf zu decken, genügen jedoch schon 1 bis 2 g Zucker pro Kilogramm Körpergewicht.

- Wie viel Zucker solltet ihr am Tag aufnehmen? Wie viele Stücke Würfelzucker sind das?
- Wie viel Zucker nehmt ihr täglich zu euch? Liegt ihr damit im bundesweiten Durchschnitt?
- Stellt den Zuckergehalt verschiedener Getränke grafisch dar und vergleicht.

Unsere Energielieferanten
Der Tagesbedarf an Energie wird durch die Aufnahme von Nahrungsmitteln gedeckt. Die Nährstoffzusammensetzung von Lebensmitteln wird auf den Verpackungen angegeben.
Beispiel:

Nährstoffe je 100 g	Haselnusscreme	Orangenlimonade
Eiweiß in g	7	< 0,1
Fett in g	30	< 0,1
Kohlenhydrate in g	54	0,3

- Überlegt, wie man mithilfe einer Tabellenkalkulation die Energiemenge der dargestellten Nahrungsmittel in kJ bestimmen kann.
- Untersucht mithilfe einer Tabellenkalkulation, wieviel Energie verschiedene Lebensmittel liefern.
Betrachtet dabei die eurer Meinung nach gesunden und ungesunden Lebensmittel. Vergleicht die Ergebnisse.
- In welcher Reihenfolge werden die Inhalte auf der Verpackung angegeben? Erkundigt euch nach den gesetzlichen Bestimmungen.

Leckere Flüssigkeitsspender

Täglich sollten wir etwa zwei bis drei Liter Flüssigkeit zu uns nehmen. Unser Flüssigkeitsbedarf wird nicht nur durch Getränke sondern auch durch feste Nahrung gedeckt. Verspürt man Durst, so leidet der Körper bereits unter Flüssigkeitsmangel. Deshalb sollte man auch trinken, wenn man keinen Durst hat.

- Welches Obst und Gemüse ist Wasserspender Nummer 1?
- Vergleicht den Fruchtgehalt verschiedener Fruchtgetränke und stellt ihn grafisch dar.
- Chantal hat bereits einen Liter ihres Flüssigkeitsbedarfs durch Getränke gedeckt. Wie kann sie ihren restlichen Bedarf ausgewogen decken?
- Wie sieht eure heutige Flüssigkeitsversorgung bis jetzt aus?

Wie geht's weiter?

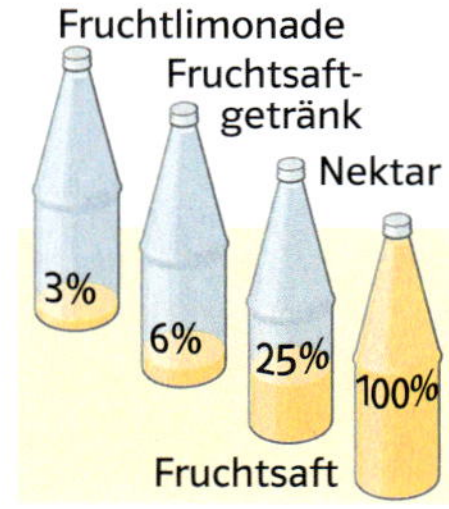

3,5 kg Wassermelone	3,22 l
250 g Erdbeeren	222,75 ml
95 g Apfel	79,8 ml
450 g Banane	336,6 ml

75 g Mais	57,75 ml
50 g Tomaten	46,9 ml
125 g Kohl	107,5 ml
500 g Kartoffeln	390 ml

Eiserne Energiekiller

Jede körperliche Tätigkeit verbraucht Energie. Sport ist ein wahrer Energiekiller. Ein Triathlet, der am Ironman auf Hawaii teilnimmt, muss 3,8 km schwimmen, 180 km radfahren und 41,195 km laufen. Ein 70 kg schwerer Triathlet rechnet mit Wettkampfzeiten von 1:35 Stunden für das Schwimmen, 6 Stunden für das Radfahren und 3:45 Stunden für den Marathonlauf.

- Bestimmt den Energieverbrauch in kJ eines Ironman-Teilnehmers.
- Recherchiert. Wie viele Kartoffeln bzw. Nudeln müsste er essen, um diesen Energieverbrauch auszugleichen? Wie füllen die Triathleten den Energiespeicher im Wettkampf auf?
- Wie lange müsstet ihr eure verschiedenen alltäglichen Tätigkeiten verrichten, um die gleiche Menge an Energie zu verbrauchen?
- Wie viel Energie verbraucht ihr bei eurer Lieblingssportart?

Schlafen	273 kJ pro h
Liegen	323 kJ pro h
Gehen	840 kJ pro h

... und jetzt ran an die Essgewohnheiten!

Wie eine ausgewogene Ernährung aussieht, zeigt euch der Ernährungskreis.

- Erstellt ein eigenes Ernährungsprotokoll für einen Tag und vergleicht es mit dem Ernährungskreis.
- Gibt es eine bessere Darstellungsart als ein Kreisdiagramm? Zeigt es.
- Entwerft Steckbriefe zu verschiedenen Ernährungsweisen, wie zum Beispiel vegetarische, vegane, mediterrane Kost usw.

Stellt dazu jeweils einen Ernährungsplan für einen Tag auf.

Der Ernährungskreis

Lösungen des Basiswissens

Basiswissen | Kreis und Winkel, Seite 6

2

a) ein Kreisausschnitt: Drittelkreis
gefärbter Anteil der Kreisfläche: zwei Drittel
b) ein Kreisausschnitt: Achtelkreis
gefärbter Anteil der Kreisfläche: fünf Achtel
c) ein Kreisausschnitt: Sechzehntelkreis
gefärbter Anteil der Kreisfläche: vier Sechzehntel oder ein Viertel

3

a) $\alpha = 45°$ b) $\alpha = 142°$
c) $\alpha = 25°$ d) $\alpha = 180°$

4

45° spitzer Winkel
90° rechter Winkel
135° stumpfer Winkel
240° überstumpfer Winkel
310° überstumpfer Winkel

5

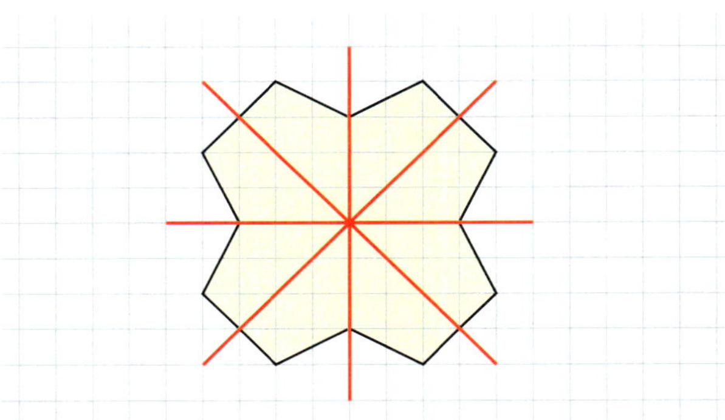

Basiswissen | Rechnen mit Brüchen, Seite 7/8

1

a) $\frac{4}{6}$; $\frac{6}{9}$; $\frac{8}{12}$ b) $\frac{10}{15}$; $\frac{12}{18}$; $\frac{20}{30}$
c) $\frac{18}{24}$; $\frac{24}{32}$; $\frac{30}{40}$ d) $\frac{6}{8}$; $\frac{9}{12}$; $\frac{12}{16}$
e) $\frac{10}{12}$; $\frac{25}{30}$; $\frac{40}{48}$ f) $\frac{15}{18}$; $\frac{20}{24}$; $\frac{50}{60}$

2

a) $\frac{4}{7}$ b) $\frac{5}{8}$ c) $\frac{2}{3}$
d) $\frac{5}{6}$ e) $\frac{3}{4}$ f) $\frac{3}{5}$

3

a) > b) < c) <
d) > e) > f) <

4

a) $\frac{1}{4} < \frac{3}{8} < \frac{1}{2} < \frac{7}{12} < \frac{17}{24} < \frac{5}{6}$
b) $\frac{3}{5} < \frac{2}{3} < \frac{17}{25} < \frac{52}{75} < \frac{7}{10} < \frac{11}{15} < \frac{37}{50}$

5

a) 1 b) $\frac{3}{7}$ c) 2
d) $\frac{11}{12}$ e) $\frac{4}{5}$ f) $1\frac{1}{15}$
g) $1\frac{1}{3}$ h) $\frac{3}{8}$ i) $\frac{1}{2}$

6

a) $1\frac{5}{24}$ b) $1\frac{11}{20}$ c) $\frac{7}{36}$
d) $1\frac{27}{40}$ e) $\frac{11}{35}$ f) $\frac{4}{15}$
g) $\frac{13}{56}$ h) $\frac{59}{63}$ i) $\frac{11}{72}$

7

a) $1\frac{1}{4}$ b) $4\frac{1}{6}$ c) $4\frac{13}{24}$
d) $\frac{27}{40}$ e) $1\frac{5}{18}$ f) $2\frac{1}{3}$

8

a) $2\frac{1}{3}$ b) $1\frac{1}{4}$ c) $1\frac{23}{28}$
d) $2\frac{3}{8}$ e) $1\frac{27}{28}$ f) $2\frac{35}{36}$

9

a) $\frac{3}{10}$ b) $\frac{9}{10}$ c) $\frac{1}{3}$
d) $\frac{3}{8}$ e) $\frac{9}{28}$ f) $\frac{5}{7}$
g) $\frac{6}{5}$ h) $\frac{1}{2}$ i) $\frac{8}{9}$

10

a) $\frac{7}{10}$ b) $\frac{15}{56}$ c) $\frac{16}{45}$
d) $\frac{7}{36}$ e) $\frac{35}{36}$ f) $\frac{16}{63}$
g) $1\frac{1}{54}$ h) $\frac{35}{72}$ i) $\frac{21}{64}$

11

a) $\frac{2}{3}$ b) $\frac{2}{15}$ c) $\frac{1}{6}$
d) 2 e) $3\frac{3}{4}$ f) $2\frac{1}{2}$

12

a) $\frac{1}{2}$ b) $\frac{5}{14}$ c) 1
d) $\frac{4}{5}$ e) $\frac{3}{20}$ f) $\frac{1}{18}$

Basiswissen | Rechnen mit Dezimalbrüchen, Seite 9

1

a) 0,9 b) 0,23 c) 0,901
d) 0,14 e) 0,245 f) 5,45

2

a) $\frac{7}{10}$ b) $\frac{45}{100} = \frac{9}{20}$ c) $\frac{567}{1000}$
d) $1\frac{6}{10} = 1\frac{3}{5}$ e) $54\frac{3}{10}$ f) $10\frac{1}{100}$

3

a) 0,036; 0,36; 0,42; 0,95; 0,951; 4,02
b) 2,56; 2,65; 5,26; 5,62; 6,25; 6,52
c) 0,0780; 0,0788; 0,087; 0,0877; 0,0878

4

a) 136 cm b) 34 cm c) 8250 m
d) 19 350 g e) 1750 kg f) 4500 mg
g) 4200 dm^3 h) 55 m^2 i) 12 340 mm^2

5

a) 0,53; 0,59; 0,64; 0,71; 0,77
b) 8,53; 8,58; 8,64; 8,7; 8,77

6

a) 6,8 b) 4,3 c) 20,4
d) 11,8 e) 0,37 f) 10,53

7

a) 11,348 b) 0,524
c) 183,341 d) 3,439

8

a) 78,144 b) 435,8125 c) 62,18
d) 64,5232 e) 42,963 f) 0,1

9

a) 15 b) 9,5 c) 12

10

a) 208 b) 4,47 c) 102,2
d) 51,98 e) 607,608 f) 3,8356
g) 5,1957 h) 0,006 65

11

a) 0,3 b) 0,05
c) 1,692 d) 0,85

12

a) 20 b) 20 c) 2,8
d) 3,4 e) 1233,333… f) 4250
g) 0,7 h) 0,0135

13

a) 12,8 b) 0,256 c) 8
d) 6,7 e) 7,65 f) 4,0656

14

a) 109,5 b) 0,15
c) 2,8 d) 1

15

a) 0,3 b) 1,5 c) 0,02
d) 2,5 e) 0,1

16

a) $9{,}0 \cdot 7{,}4 = 66{,}6$
b) $0{,}9 \cdot 4{,}7$

17

$7{,}5 \cdot 2{,}4 - 19{,}6 : 3{,}5 = 12{,}4$

Lösungen der Rückspiegel

Rückspiegel, Seite 29, links

1

a) Die Zuordnung ist proportional.
b) Die Zuordnung ist keines von beiden.
c) Die Zuordnung ist antiproportional.
d) Die Zuordnung ist proportional.

2

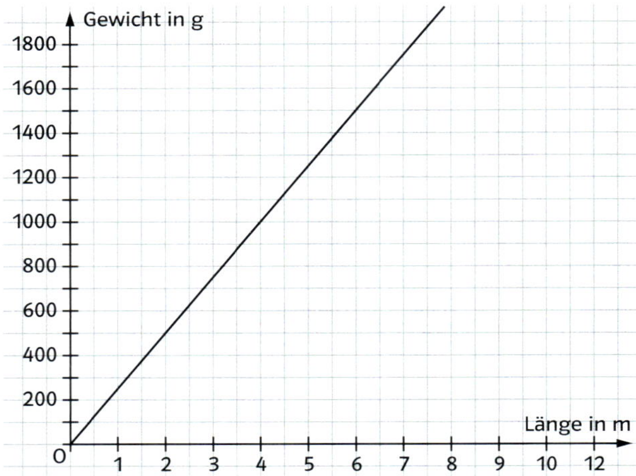

3

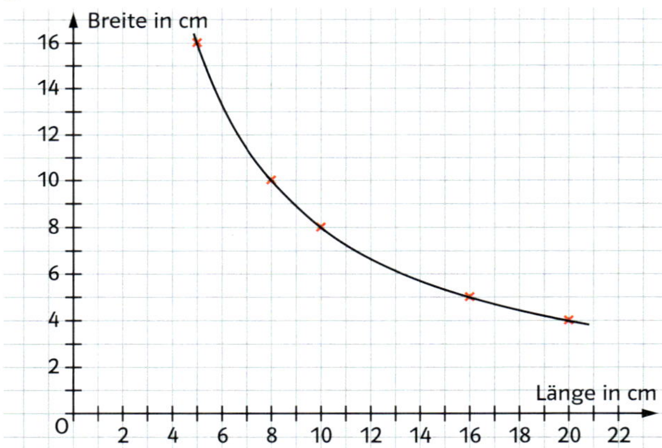

4

a) 50 min b) 17,5 km

5

a) 5,40 €
b) 2,25 €
c) Die 850-g-Dose ist teurer (100 g kosten ungefähr 19 ct) als die 560-g-Dose (100 g kosten ungefähr 18 ct).

Rückspiegel, Seite 29, rechts

1

a)

Zeit	Kosten
15 h	540 €
5 h	180 €
25 h	900 €

b)

Anzahl	Kosten
2	5,00 €
18	45,00 €
9	22,50 €

c)

Arbeiter	Zeit
40	5 h
20	10 h
8	25 h

d)

Anzahl	Kosten
36	25 €
20	45 €
24	37,50 €

2

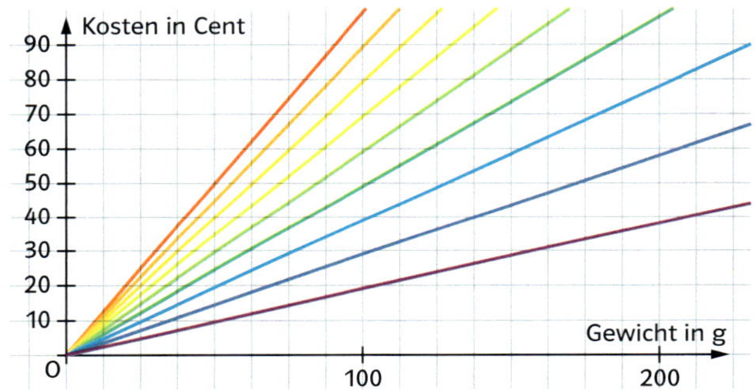

3

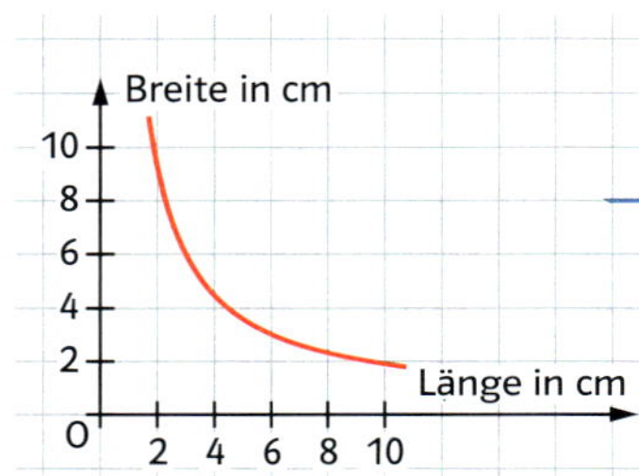

Länge in cm	Breite in cm	Flächeninhalt in cm^2
2	9	18
3	6	18
4	4,5	18
6	3	18

4

a) proportionale Zuordnung

x	0	1	2	3	4	5	6	7
y	0	0,5	1	1,5	2	2,5	3	3,5

b) antiproportionale Zuordnung

x	1	2	3	4	5	6	7
y	4	2	1,3	1	0,8	0,7	0,6

5

a) 250 g würden 3,25 € kosten.
b) $2\frac{1}{2}$ kg kosten 3,56 €.
c) 3 kg sind günstiger (1 kg kosten ungefähr 2,55 €) als 4,5 kg Waschmittel (1 kg kosten ungefähr 2,61 €).
d) 650 g lose sind günstiger als eine Tüte (100 g kosten ungefähr 0,31 €).

Rückspiegel, Seite 47, links

1

a) −2; −0,5; 2,5
b) −92; −74; −58

2

a)

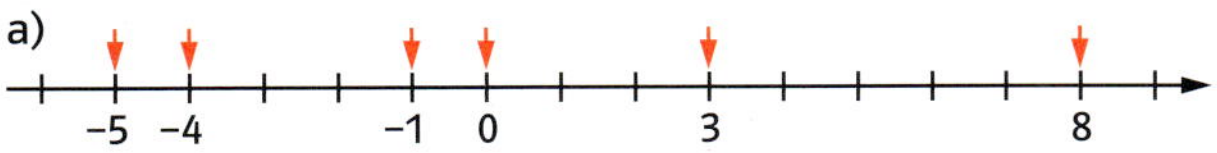

b)

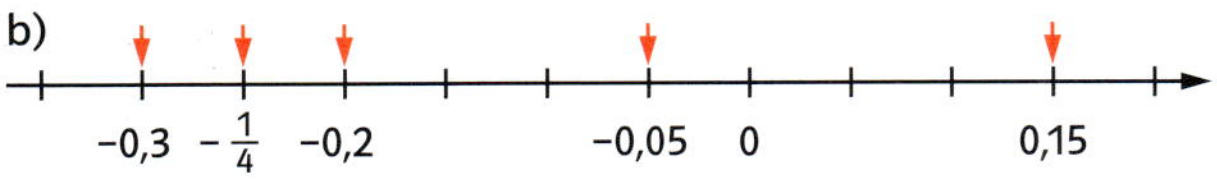

3

a) 23 > −27
−108 < −96
−4312 < −1234

b) 0,17 > −0,71
−0,908 < −0,809
$-0{,}056 < -\frac{1}{2}$

4

a) −450; −405; −54; −45; 45; 540
b) −0,502; −0,205; −0,052; 0,025; 0,52

5

a) −2,25 b) 1,25

6

a) −1 b) −1,75

7

Moskau	−27 °C	Helsinki	−18 °C
Wien	−7 °C	Brüssel	0 °C
Athen	11 °C	Las Palmas	20 °C

8

Januar – Februar	−3700
Februar – März	−2500
März – April	+3150
April – Mai	−4500
Mai – Juni	+2890

Rückspiegel, Seite 47, rechts

1

a) −2,3; −1,6; −1,1
b) −11 020; −10 960; −10 890

2

a)

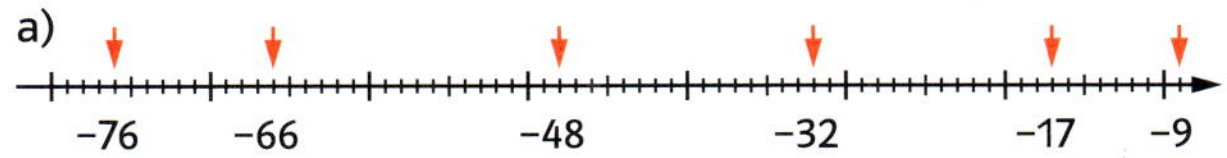

b)

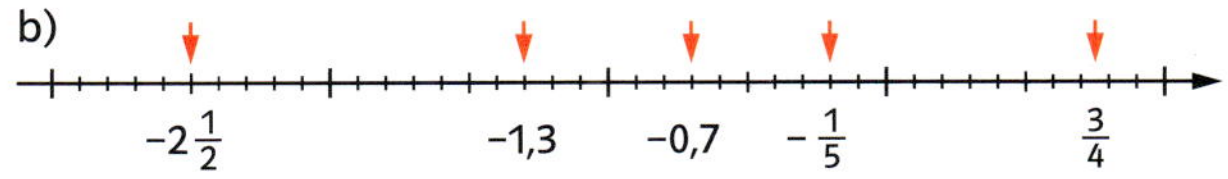

3

a) −6,3 < 2,9
−3,3 > −4,4
$-0{,}8 = -\frac{4}{5}$

b) $-\frac{21}{5} < -4{,}19$
$-\frac{1}{9} < -0{,}1$
$-\frac{1}{4} = -0{,}25$

4

a) −8,73 < −7,83 < −3,87 < 3,78 < 7,83
b) $-1\frac{1}{2} < -1\frac{1}{4} < -1\frac{1}{10} < 1{,}25 < 1{,}55$

5

a) −0,75 b) $-\frac{5}{12}$

6

a) −3,5 b) 0,75

7

1025,00 €	5,09 €
−1,00 €	−75,80 €
−100,00 €	−234,56 €

8

Montag	8,3
Dienstag	8,7
Mittwoch	6,9
Donnerstag	10,4
Freitag	13,5
Samstag	7,5
Sonntag	8,2

Größte Differenz also am Freitag.

Rückspiegel, Seite 71, links

1
a) −17 b) −13
c) 102 d) −83

2
a) −96 b) −105
c) −9 d) 6
e) 264 f) −4

3
a) 6 b) −20
c) 110 d) 90

4
a) −58 b) 44
c) 65 d) 51

5

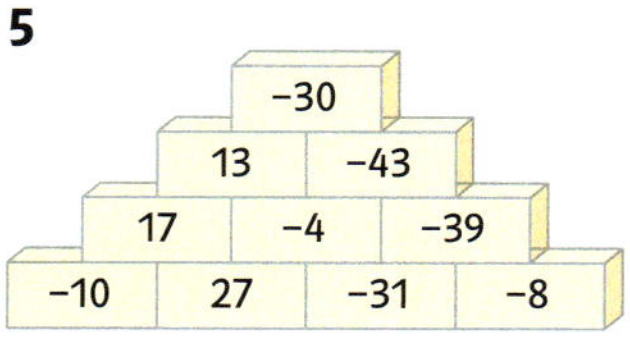

6
a) −4 b) −56
c) −5 d) 86
e) 90

7
−17 − (23 + 36) = −76

8
529 m unter dem Meeresspiegel

Rückspiegel, Seite 71, rechts

1
a) −51 b) −171
c) −36,1 d) 3,04

2
a) −15 b) 8,96
c) −12 d) −3,75
e) $-\frac{2}{3}$ f) −6

3
a) −18,5 b) −106,12
c) $-2\frac{3}{4}$ d) −23

4
a) −61 b) 26,4 c) 5,3

5

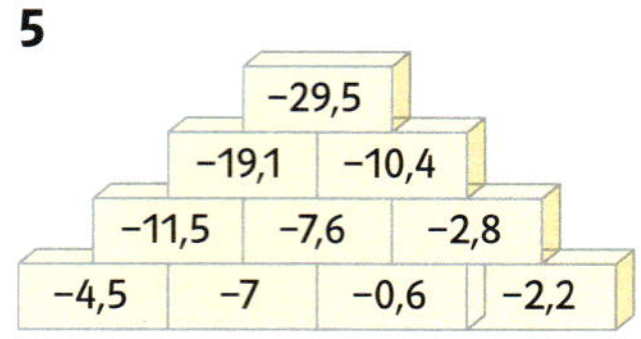

6
a) −112 b) −3,2
c) −1 d) 9,9

7
(−88 − (−76)) · (84 : (−28)) = 36

8
Rückgang um 0,5 °C pro 100 m

Rückspiegel, Seite 97, links

1

α	27°	39°	107°	18°	62°
β	52°	79°	57°	108°	117°
γ	101°	62°	16°	54°	1°

2
γ = 80°

3
Dreieck ABC: stumpfwinklig
Dreieck ABD: stumpfwinklig
Dreieck BCD: stumpfwinklig
Dreieck ACD: spitzwinklig

4

Die Konstruktionszeichnungen sind verkleinert abgebildet.

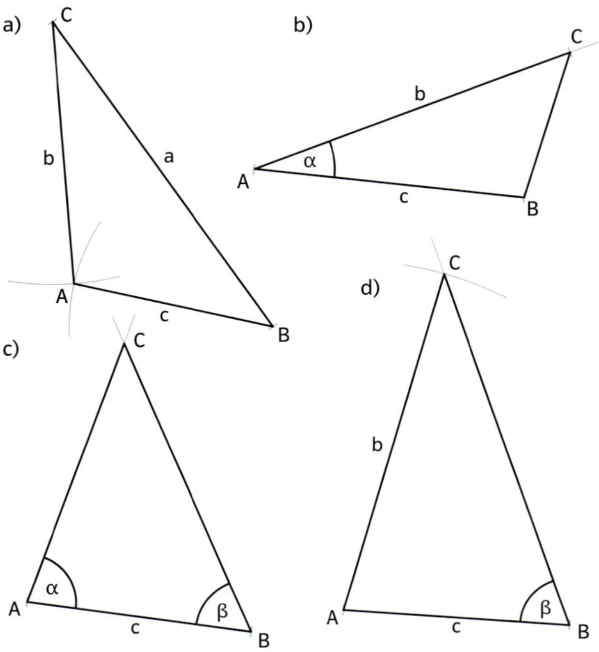

5

1 : 200 000
1 cm entspricht 2 km

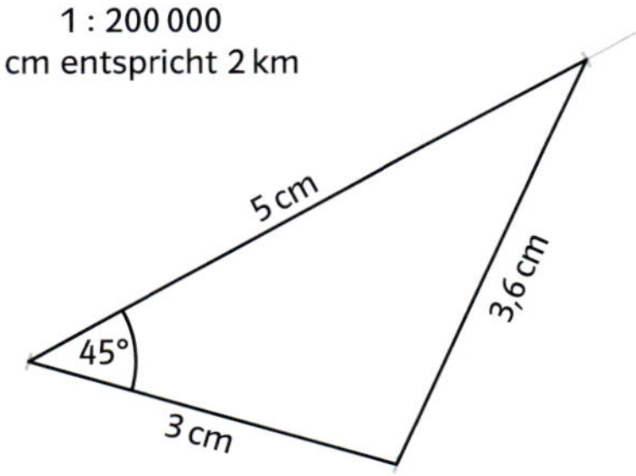

Geeigneter Maßstab z. B.: 1 : 200 000
Die Entfernung beträgt ca. 7,2 km.

Rückspiegel, Seite 97, rechts

1

a) $\alpha = 46°$; $\gamma = 68°$
b) $\alpha = 41°$; $\beta = 84°$; $\gamma = 55°$

2

a) $\alpha = 68°$
b) $\alpha = \beta = 54°$
c) $\gamma = 28°$; $\alpha = 124°$

3

a) Winkelsumme von 180° lässt dritten Winkel nicht zu.
b) Die beiden kurzen Seiten „liegen auf der längsten Seite".
(Dreiecksungleichung)

4

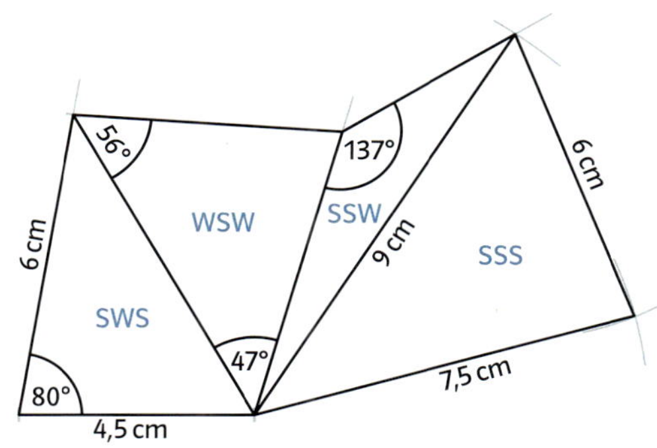

5

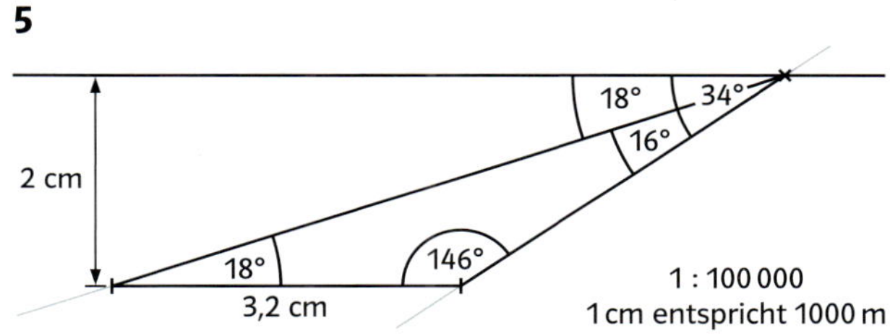

Geeigneter Maßstab z. B.: 1 : 100 000
Die Höhe beträgt ca. 2000 m.

Rückspiegel, Seite 111, links

1

a) 19
b) 21
c) 26
d) 14

2

a) $8 \cdot 5 + 4 \cdot 8 = 72\,\text{cm}$
$8 \cdot x + 4 \cdot y$
b) $4 \cdot 6 + 4 \cdot 5 + 4 \cdot 8 = 76\,\text{cm}$
$4 \cdot x + 4 \cdot y + 4 \cdot z$

3

a) $40a - 20b$
b) $10x + 20y$
c) $10a + 25c$
d) $9x - 52y$

4

a) $9y$
b) $12x$
c) $5bc$
d) $25ab$
e) $8x \cdot 4xy$ u. ä.
f) $12p^2 \cdot 4qr$ u. ä.
g) $5xy$
h) $0{,}6p^2q$
i) $-16t^2v$
j) $5yz^2$

5

a) $5x - 2x = 3x$ b) $3xy - xy = 2xy$

c) $(10b + 50 - 10b):2 = 50:2 = 25$

Rückspiegel, Seite 111, rechts

1

a) -5 b) 8,5 c) 9 d) -4

2

a) $6 \cdot 4{,}5 + 6 \cdot 9 = 81\,cm$

$6 \cdot x + 6 \cdot y$

b) $4 \cdot 5{,}5 + 6 \cdot 6{,}4 + 4 \cdot 4 + 4 \cdot 1{,}5 = 82{,}4\,cm$

$4 \cdot x + 6 \cdot y + 4 \cdot z + 4(x - z)$

3

a) $20a$ b) $-15r - 30s$

c) $-2x + 13{,}8y$ d) $-62{,}6c - 16{,}8d$

4

a) $-15x^2y$ b) $-60a^3bc$

c) $63uv^2w$ d) $-3v^4w^2$

e) $-0{,}6ab^2$ f) $8r^2s^3t$

g) $-7ab^2$ h) $6x^2y^2$

i) $-0{,}25t^2v^2$ j) $0{,}4a^2bc^2$

5

a) $x + 2x = 3x$

b) $x + (x + 1) + (x + 2) = 3x + 3 = 3 \cdot (x + 1)$

Rückspiegel, Seite 127, links

1

a) $x = 4$ b) $x = 6$ c) $x = 9$

d) $x = 4$ e) $x = 7{,}5$ f) $x = -3$

2

a) $x = 2$ b) $x = \frac{1}{2}$ c) $x = 6$

d) $x = 2$ e) $y = 2$ f) $y = 4$

3

a) Statt 24 muss es -24 heißen (man subtrahiert 28).

b) Statt 25 muss es 15 heißen (man subtrahiert 5).

c) Statt 54 muss es 6 heißen (man muss durch 3 dividieren).

d) Statt 0 muss es 1 heißen, denn die Division durch 22 ergibt 1.

4

$x + 2x + 4 = x + 50$

$x = 23$

5

Karens Alter vor 10 Jahren: x

$6x = x - 10$

$x = 2$

Karen ist heute 12 Jahre alt.

6

$u = 30\,cm$

$a = 8\,cm$

$b = 9\,cm$

Rückspiegel, Seite 127, rechts

1

a) $x = 4$ b) $x = 3$ c) $x = 46$

d) $y = 4$ e) $y = -\frac{3}{2}$ f) $y = -0{,}4$

2

a) $x = 1$ b) $x = \frac{14}{15}$ c) $x = 5\frac{3}{5}$

d) $x = 2$ e) $x = 1$ f) $x = 1$

3

a) Statt 10 muss es 2 heißen; es muss durch 10 dividiert werden.

b) Statt 2 muss es $\frac{1}{2}$ heißen, da 7 durch 14 dividiert werden muss.

c) Es muss $4x = 22$ heißen; es wurden verschiedenartige Summanden zusammengefasst.

d) Es muss $\frac{1}{2}x$ heißen; hier wurde die Regel „Punkt vor Strich“ missachtet.

4

$\frac{1}{6}x + 5 = \frac{1}{3}x$

$x = 30$

5

Karens Alter heute: x

$x + 20 = 9 \cdot (x - 4)$

$x = 7$

Karen ist heute 7 Jahre alt.

6

$\alpha = 60°$

$\beta = 72°$

$\gamma = 48°$

Rückspiegel, Seite 145, links

1
a) 5,0 %; 45,0 %; 80,0 %; 22,0 %; 33,3 %
b) 53,3 %; 81,8 %; 83,3 %
c) 25 %; 70 %

2
0,85; 0,17; 0,09; 1,2; 0,035

3
Jan: 48 %; Mira: 32 %; Leon: 16 %; Sina: 4 %

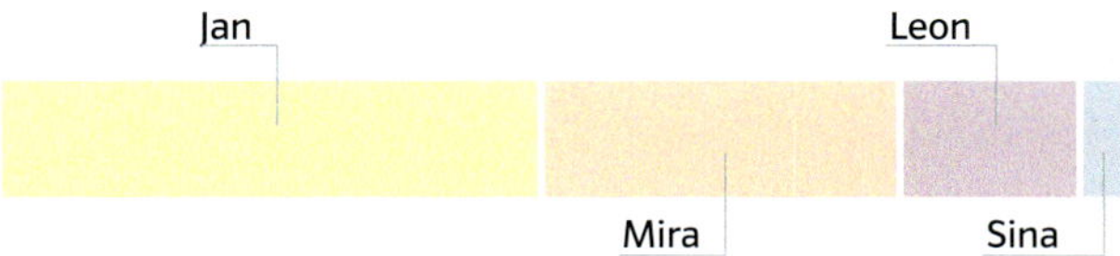

4

Grundwert	Prozentwert	Prozentsatz
520 €	56 €	10,8 %
48,5 m	36,9 m	76 %
46,1 kg	17,5 kg	38 %

5
Der neue Preis beträgt 193,70 €.

6
„wichtig": 340 Jugendliche
„unwichtig": 125 Jugendliche
„keine Meinung": 35 Jugendliche

7
Der Preis ohne Rabatt war 900 €.

Rückspiegel, Seite 145, rechts

1
a) 66,7 %; 48,0 %; 60,0 %; 3,6 %; 55,0 %
b) 18,5 %; 55,6 %; 187,5 %
c) 6 %; 25 %

2
0,07; 0,125; 0,0225; 0,0325; 2,5

3
Europa: 7,1 %; Amerika: 28,9 %;
Asien: 29,9 %; Australien: 4,0 %;
Afrika: 20,7 %; Antarktis: 9,6 %;

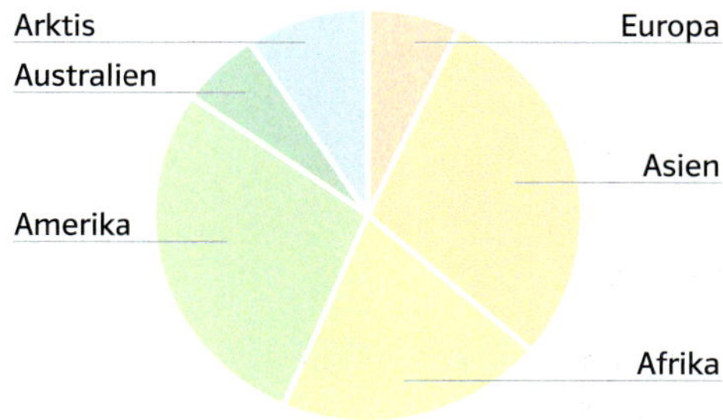

4

Grundwert	Prozentwert	Prozentsatz
107,25 €	3,75 €	3,5 %
3,8 km	4,75 km	125 %
250 kg	11,25 kg	$4\frac{1}{2}$ %

5
Der Preis wurde um etwa 25 % ermäßigt.

6
Industrie: 18,4 Mio. Tonnen
Haushalte: 37,6 Mio. Tonnen
Verkehr (30 %): 24,0 Mio. Tonnen

7
Marina musste 237,50 € bezahlen.

Rückspiegel, Seite 161, links

1
a)

Lkw	Pkw	Motorrad	Fahrrad	Sonst.
8	37	3	17	2

b)

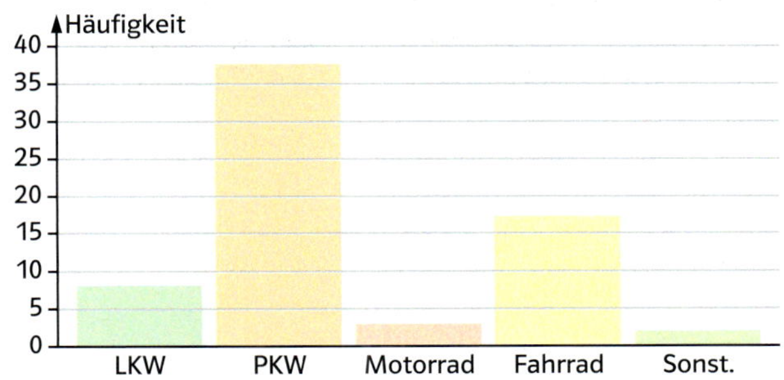

2

Gemeinsame Freizeit in Std.	1	2	3	4	5	6	7	8
Anzahl	5	11	9	7	10	3	4	1

Bilddiagramm:

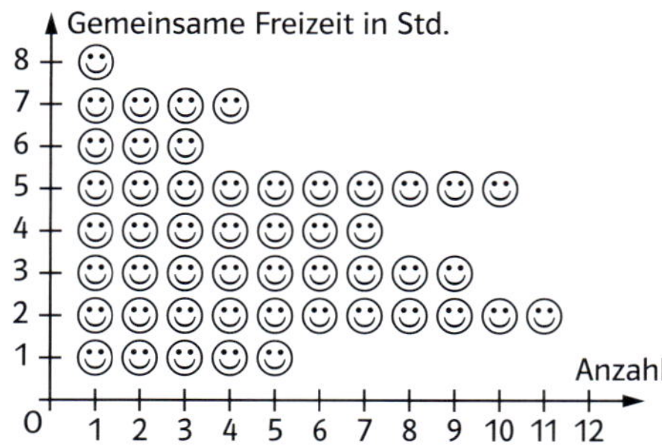

3

a) Tagesdurchschnitt: $\frac{308}{7}$ km = 44 km

b) Um die gleiche Tour in 5 Tagen zu schaffen, müssen Petra und Sabine im Durchschnitt täglich $\frac{308}{5}$ km = 61,6 km zurücklegen.

4

a) Die größte Spannweite liegt mit 0,48 m in der Klasse 7d vor.

b) Die durchschnittlich größte Weite wurde mit 5,48 m in der Klasse 7c gestoßen.

c) Für die ganze Jahrgangsstufe beträgt die Spannweite 0,48 cm und der Mittelwert 5,4475 m ≈ 5,45 m.

Rückspiegel, Seite 161, rechts

1

Es wurden insgesamt 720 Personen befragt.

a) Kreisdiagramm:

Zeitung: 296 Nennungen; 148°
Plakat: 182 Nennungen; 91°
Rundfunk: 106 Nennungen; 53°
anders: 136 Nennungen; 68°

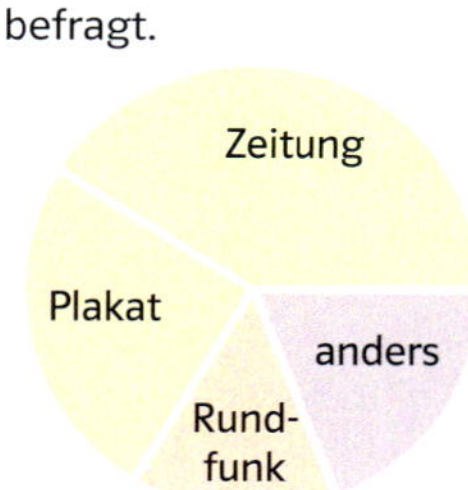

b) Streifendiagramm:

Wähle eine Streifenlänge von 72 mm.

Zeitung: 296 Nennungen; 30 mm
Plakat: 182 Nennungen; 18 mm
Rundfunk: 106 Nennungen; 10,5 mm
anders: 136 Nennungen; 13,5 mm

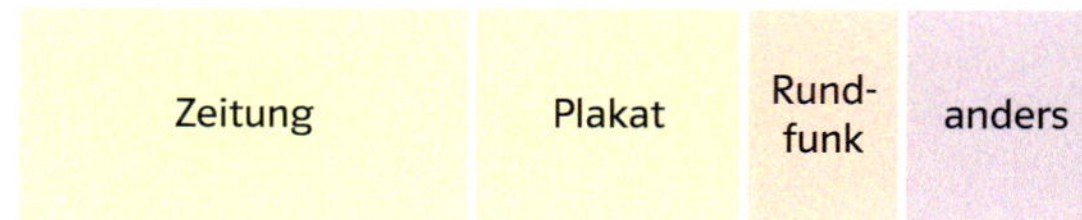

2

a) Häufigkeitsliste

Schulbesuchsjahre	10	11	12	13	14
Häufigkeit	44	8	14	24	10

b) Der häufigste Wert liegt bei 10 Schulbesuchsjahren.

3

Rangfolge der Klassen:

Klasse	6	7	8	9	10	5
Mittelwert	1705	1704	1685	1674	1664	1650

4

Anzahl der erhobenen Daten: 28
Minimum: 0 Tage
Maximum: 12 Tage
Spannweite: 12 Tage
Mittelwert: 3 Tage
Dies bedeutet:
Es gab einige Schülerinnen und Schüler, die in dem Schuljahr keinen Tag gefehlt haben.
Niemand hat in dem Schuljahr mehr als 12 Tage gefehlt.
Der Unterschied zwischen dem, der am meisten, und dem, der am wenigsten gefehlt hat, beträgt 12 Tage.
Die durchschnittliche Fehlzeit pro Schülerin bzw. Schüler beträgt 3 Tage.

Register

Mathematische Symbole

=	gleich
<	kleiner als
>	größer als
$\mathbb{N}$	Menge der natürlichen Zahlen
$\mathbb{Z}$	Menge der ganzen Zahlen
$\mathbb{Q}$	Menge der rationalen Zahlen
$g \perp h$	die Geraden g und h sind zueinander senkrecht
⊾	rechter Winkel
$g \parallel h$	die Geraden g und h sind parallel
g, h, …	Buchstaben für Geraden
A, B, … , P, Q, …	Buchstaben für Punkte
$\alpha, \beta, \gamma, \delta, \dots$	griechische Buchstaben für Winkel
$\overline{AB}$	Strecke mit den Endpunkten A und B
$A(-2\mid 4)$	Punkt im Koordinatensystem mit dem x-Wert −2 und y-Wert 4

Maßeinheiten und Umrechnungen

Zeiteinheiten

Jahr		Tag		Stunde		Minute		Sekunde
1 a	=	365 d						
		1 d	=	24 h				
				1 h	=	60 min		
						1 min	=	60 s

Gewichtseinheiten

Tonne		Kilogramm		Gramm		Milligramm
1 t	=	1000 kg				
		1 kg	=	1000 g		
				1 g	=	1000 mg

Längeneinheiten

Kilometer		Meter		Dezimeter		Zentimeter		Millimeter
1 km	=	1000 m						
		1 m	=	10 dm				
				1 dm	=	10 cm		
						1 cm	=	10 mm

Flächeneinheiten

Quadrat-kilometer		Hektar		Ar		Quadrat-meter		Quadrat-dezimeter		Quadrat-zentimeter		Quadrat-millimeter
1 km^2	=	100 ha										
		1 ha	=	100 a								
				1 a	=	100 m^2						
						1 m^2	=	100 dm^2				
								1 dm^2	=	100 cm^2		
										1 cm^2	=	100 mm^2

Raumeinheiten

Kubikmeter		Kubikdezimeter		Kubikzentimeter		Kubikmillimeter
1 m^3	=	1000 dm^3				
		1 dm^3	=	1000 cm^3		
		1 l	=	1000 ml		
				1 cm^3	=	1000 mm^3

Bildquellenverzeichnis

U1.1: Mellenthin, Klaus, Stuttgart – 4.1: Getty Images (Erlanson Productions), München – 4.2: Avenue Images GmbH (Comstock), Hamburg – 4.3: Getty Images (David Gould), München – 4.4: Avenue Images GmbH (StockTrek); 5.1: (BrandXPictures), Hamburg – 5.2: Corbis (zefa/LWA-Stephen Welstead), Düsseldorf – 5.3: Avenue Images GmbH (PhotoDisc), Hamburg – 5.4: Getty Images (altrendo images), München – 5.5: iStockphoto (RF/David Freund), Calgary, Alberta – 10.1: Getty Images (Erlanson Productions), München – 15.1: Mauritius (Jiri), Mittenwald – 19.2: Ecomed Verlag: Enzyklopädie der Holzgewächse – 19.3: Corbis (Sally A. Morgan), Düsseldorf – 19.4: Ecomed Verlag: Enzyklopädie der Holzgewächse – 19.5: Alamy Images RM (Reino Hanninen), Abingdon, Oxon – 19.6: Geotop, München – 21.1: Getty Images (Image Bank), München – 21.3: Creativ Collection Verlag GmbH, Freiburg – 23.1; 25.2: Werner Otto, Oberhausen – 26.1: Caro Fotoagentur (Bastian), Berlin – 26.2: Bananastock RF, Watlington / Oxon – 28.2: Silva Deutschland GmbH, Friedrichsdorf – 30.1: Avenue Images GmbH (Comstock), Hamburg – 30.4: Getty Images (Miguel Salmeron), München – 30.5: The NOAA Photo Library (Bortniak) – 30.6: Avenue Images GmbH (PhotoDisc), Hamburg – 31.1: Getty Images (Alistair Berg), München – 34.2: Masterfile (Bryan Reinhart), Düsseldorf – 38.1: plainpicture (G. Schade), Hamburg – 38.2: Getty Images/Bongarts, Hamburg – 39.1: Visum (Schultze/Zeitenspiegel), Hamburg – 40.3: Astrofoto, Sörth – 46.1: Corbis (van Hasselt), Düsseldorf – 48.1: Getty Images (David Gould); 49.1: (James Darell), München – 50.1: Corbis (Tom Stewart); 60.2: (LATREILLE FRANCOIS/CDP), Düsseldorf – 62.2: MEV, Augsburg – 65.3: Corbis (James Randklev), Düsseldorf – 65.4: AKG, Berlin – 70.1: Picture-Alliance (dpa), Frankfurt – 70.3: Arco Images GmbH (Therin-Weise), Lünen – 72.1: Avenue Images GmbH (StockTrek), Hamburg – 83.4: MEV, Augsburg – 85.4: laif, Köln – 90.1: AKG, Berlin – 95.5: Picture-Alliance (KPA/Ziese), Frankfurt – 98.1: Avenue Images GmbH (BrandXPictures), Hamburg – 98.3: Zentrale für Unterrichtsmedien im Internet e.V – 99.2: Fotosearch RF (Brand X Pictures), Waukesha, WI – 99.3: Dieter Gebhardt, Asperg – 100.1: laif (Hub), Köln – 104.1: vario images (Christoph Papsch), Bonn – 112.1: Corbis (zefa/LWA-Stephen Welstead), Düsseldorf – 112.3: Avenue Images GmbH (BrandXPictures), Hamburg – 113.1: Corbis (zefa/Dan Kenyon), Düsseldorf – 113.2: Getty Images (Clarissa Leahy), München – 120.1: altrofoto.de, Regensburg – 125.4: Getty Images (Stone/Holly Harris), München – 126.2: ullstein bild, Berlin – 126.3: Picture-Alliance (akg-images / Werner), Frankfurt – 128.1: Avenue Images GmbH (PhotoDisc), Hamburg – 129.1: Avenue Images GmbH (BrandXPictures), Hamburg – 130.1: Getty Images (Bongarts/Lars Baron), München – 131.1: MEV, Augsburg – 132.1: Picture-Alliance (dpa), Frankfurt – 134.4: Getty Images (Image Bank/ Lori Adamski Peek), München – 135.1: Mauritius (age), Mittenwald – 137.1: Alamy Images RM (iWitness Photos), Abingdon, Oxon – 138.2: Avenue Images GmbH (Stockbyte), Hamburg – 139.1: Avenue Images GmbH (Index Stock), Hamburg – 143.1: Getty Images (Image Bank/Romilly Lockyer), München – 143.3: Getty Images (Stone / Catherine Ledner), München – 144.3: Otto Bock Healthcare GmbH, Duderstadt – 144.4: Corbis (Robert Dowling), Düsseldorf – 146.1: Getty Images (altrendo images), München – 149.1: Juniors Bildarchiv (M. Wegler), Ruhpolding – 156.1: Corbis (Philip James Corwin), Düsseldorf – 157.1; 157.2; 157.3: Getty Images RF (PhotoDisc), München – 157.4: Picture-Alliance (dpa/Thissen), Frankfurt – 159.3: Fotosearch RF (Maps Resources), Waukesha, WI – 162.1: STUDIO X (Gamma/Gaillarde), Limours – 164.2: AKG, Berlin – 165.1: Okapia (Arnold), Frankfurt – 165.3: Germanisches Nationalmuseum, Nürnberg

Alle übrigen Fotos entstammen dem Archiv des Ernst Klett Verlages, Stuttgart.

Nicht in allen Fällen war es uns möglich, den uns bekannten Rechteinhaber ausfindig zu machen. Berechtigte Ansprüche werden selbstverständlich im Rahmen der üblichen Vereinbarungen abgegolten.